Python

数据分析与可视化
项目实战

王振丽◎编著

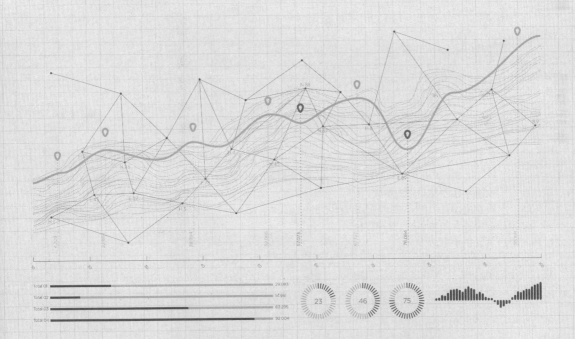

清华大学出版社
北京

内 容 简 介

本书由浅入深地讲解了使用 Python 语言实现大型商业案例项目数据分析的知识，几乎覆盖了当今主流的数据分析行业。全书共 9 章，分别讲解了电影产业市场数据分析和可视化系统，电商客户数据分析和可视化系统，房产信息数据分析和可视化系统，城市智能交通数据分析和可视化系统，NBA 球星技术统计信息数据分析和可视化系统，股票数据分析和可视化系统，民宿信息数据分析和可视化系统，足球数据可视化分析和机器学习预测系统，网络舆情数据分析和可视化系统等。

本书适用于已经了解 Python 语言基础语法，希望进一步提高自己 Python 开发水平的读者，同时还可以作为大专院校相关专业的师生用书和培训机构的教材。

图书在版编目(CIP)数据

Python 数据分析与可视化项目实战/王振丽编著. —北京：清华大学出版社，2023.11
ISBN 978-7-302-64904-5

Ⅰ. ①P⋯　Ⅱ. ①王⋯　Ⅲ. ①软件工具—程序设计　Ⅳ. ①TP311.561

中国国家版本馆 CIP 数据核字(2023)第 222898 号

责任编辑：魏　莹
装帧设计：李　坤
责任校对：马素伟
责任印制：沈　露

出版发行：清华大学出版社
　　　　　网　　　址：https://www.tup.com.cn, https://www.wqxuetang.com
　　　　　地　　　址：北京清华大学学研大厦 A 座　　　　邮　　编：100084
　　　　　社 总 机：010-83470000　　　　　　　　　邮　　购：010-62786544
　　　　　投稿与读者服务：010-62776969, c-service@tup.tsinghua.edu.cn
　　　　　质量反馈：010-62772015, zhiliang@tup.tsinghua.edu.cn
印 装 者：三河市天利华印刷装订有限公司
经　　销：全国新华书店
开　　本：185mm×230mm　　　印　张：22.25　　　字　数：528 千字
版　　次：2023 年 12 月第 1 版　　　　　　　　印　次：2023 年 12 月第 1 次印刷
定　　价：89.00 元

产品编号：100780-01

```
... the end -add back the deselected mirror modifier object
r_ob.select = 1
fier_ob.select=1
context.scene.objects.active = modifier_ob
("Selected" + str(modifier_ob)) # modifier ob is the active ob
mirror_ob.select = 0
= bpy.context.selected_objects[0]
.data.objects[one.name].select = 1

rint("please select exactly two objects, the last one gets the modifier unless its not a mesh")

    OPERATOR CLASSES
```

.types.Operator):

前言

    互联网的飞速发展带来了海量信息，而海量信息的背后对应的则是海量数据。如何从这些海量数据中获取有价值的信息来供人们学习和工作使用，这就不得不用到大数据挖掘和分析技术。数据可视化分析作为大数据技术的核心一环，其重要性不言而喻。

    随着云时代的来临，数据可视化分析技术将具有越来越重要的战略意义。大数据已经渗透到每一个行业和业务领域，逐渐成为重要的生产要素，人们对于海量数据的运用预示着新一轮生产率增长浪潮的到来。数据可视化分析技术将帮助企业在合理时间内攫取、管理、处理、整理海量数据，为企业经营决策提供积极的帮助。数据可视化分析作为数据存储和挖掘分析的前沿技术，已广泛应用于物联网、云计算、移动互联网等战略性新兴产业。虽然数据可视化分析目前在国内还处于初级阶段，但是其商业价值已经显现出来，有实践经验的数据可视化分析人才更是成为各企业争夺的对象。为了满足对数据可视化分析人才日益增长的需求，很多大学开始尝试开设数据可视化分析课程。

本书的特色

1．内容编排以实际项目为主导

    本书以实际项目为基础，通过一系列的数据分析和可视化项目，帮助读者将理论知识转化为实际应用。每个项目都提供了详细的代码和数据，读者可以通过实际操作来巩固所学的知识。

2．商业项目，新颖并具代表性

    本书 9 个大型商业项目的实现过程，几乎覆盖了当今主流的应用领域，这些项目十分新颖，通过学习这几个商业项目，可以帮助读者探索自己的创新解决方案。

3．简洁易懂的讲解风格

本书通过直观、易懂的案例来讲解。读者可以快速地掌握数据分析和可视化的基本概念和技术，并能够应用于实际项目开发中。

4．二维码布局全书，扫码后可以观看讲解视频

本书正文的每一个二级目录都有一个二维码，通过二维码扫描可以观看讲解视频，既包括实例讲解也包括教程讲解，帮助读者快速掌握本书案例。

本书的读者对象

- 软件工程师；
- Python 初学者和自学者；
- 专业数据分析人员；
- 数据库工程师和管理员；
- 研发工程师；
- 大学及中学教育工作者。

致谢

本书由王振丽编著，在编写过程中，得到了清华大学出版社各位编辑的大力支持。正是各位专业人士的耐心和高效，才使本书能够在这么短的时间内出版。另外，也十分感谢我的家人给予的巨大支持。本人水平毕竟有限，书中存在纰漏之处在所难免，诚请读者提出宝贵的意见或建议，以便修订并使之更臻完善。

最后感谢您购买本书，希望本书能成为您编程路上的领航者，祝您阅读快乐！

编　者

Contents 目录

第 1 章

电影产业市场数据分析和可视化系统
(Flask+FastAPI+Vue+Echarts)

在当前的市场环境下，去影院看电影仍是消费者休闲娱乐的主要方式之一，这一点可以从近些年电影市场的高速发展和私人影院的迅速崛起得到佐证。大数据分析电影票房并提取出有关资料，对电影行业从业者们尤为重要。本章通过一个综合实例，详细讲解使用 Python 开发一个电影产业市场数据分析和可视化系统的方法。

1.1　电影产业介绍

扫码看视频

电影产业是指以电影的制作、发行和放映三个行业为主，同时包括电影的后产品开发(如音像制品、电影频道、相关图书、玩具等)以及与电影相关的市场活动的总称，属第三产业中娱乐业的一部分。其主要功能是通过视听技术传递艺术形象信息，为人们提供审美、娱乐、宣教服务。

从电影行业整体来看，其产业链包括电影制作、出品、发行、放映环节。电影制作作为整个产业的最前端，决定了行业的影片供给数量、质量等情况，具有一定的议价权。影片制作完成后，通过出品及发行方使得影片得以面世，向下游院线企业进行宣发。电影产业的终端是院线市场，其基本职能是提供放映服务获取票务收入，一般占据 45%的票房分账比例，同时还为合作商提供广告服务、卖品等衍生品服务以获得非票务收入。

在电影产业链中，发行上承制片方，下连院线播映方，是将影片全国推广的渠道。电影制作方主要包括国内外文学与剧本等原始作品方，如国外的漫威、迪士尼，国内的华策影视、腾讯文学等；内容出品方包括海外的华纳兄弟、环球影业，国内的万达影视、华谊兄弟等专业影视公司；宣传发行方包括华纳兄弟、环球影业等传统影视公司发行方，以及淘票票、爱奇艺与猫眼电影等网络发行方；电影产业链终端的院线平台代表公司有海外的AMC 与国内的万达影院、大地影院、横店影视等。

1.2　电影市场的需求分析

在中国影视行业政策注重内容端的输出、市场竞争加大的背景下，影视行业的作品将迎来规范化发展，影视 IP 产业链的变现能力有待充分挖掘。在过去的 3 年中，由于受到疫情影响，中国线下影视行业受到较大的冲击。随着疫情逐渐可控化，以及中国人均文化娱乐支出的提升，中国影视行业市场规模预计将在 2024 年达到 3618 亿元。在如此大的市场下，精细化分析电影产业市场的数据势在必行。

扫码看视频

1.2.1　市场需要高质量作品

在过去十年里，国产电影规模飞速增长，虽然期间有波动，但整体趋势向好。伴随着人口红利的逐渐减弱、互联网票补减少、政策监管趋严、进口片票房下滑、影院扩张边际递减等因素的叠加影响，国内电影行业增速放缓，这就意味着，上一波靠城镇院线扩张和互联网票补红利驱动的粗放式票房增长带来的电影牛市已告一段落。在下一个十年，国产电影的辉煌需要靠提高优质影片的供给推动。得益于国民经济的快速发展，持续增加的居民精神消费构成了电影产业蓬勃发展的重要支撑。

1.2.2　国内电影市场的变化

中国电影市场在制作端持续沉淀、劣后产能出清的过程中保持蓬勃发展态势，中国电影票房已经由数量驱动转为质量驱动，工业化体系逐渐形成。国内市场的突出变化如下。

(1) 明星效应淡化，口碑效应提升，优质内容和口碑的传递已经成为国内电影市场的核心驱动力。一方面，评分 8～9 分区间的电影票房占比不断扩大，口碑效应对电影的影响力传播效果更显著；另一方面，很多头部影片即使没有流量明星的加盟，一样可以凭借内容本身赢得市场的认可。区别于以往，流量明星的票房带动效能减弱，内容制作的精良更能驱动票房的增长。

(2) 电影题材更丰富，小众电影逆袭。近两年，电影类型丰富多元，小众电影也能突出重围，多部现实主义题材的影片成绩斐然，收获了经济效益与社会效益的双赢，引起了观众的强烈反响。

(3) 从 2019 年开始，流量明星尽数退场，实力派演员成为各大出品方青睐的阵容主体，中生代与新生代实力派也成为更加普遍的新型组合。一方面，电影公司对艺人偏向的集体转化直接反映出当下市场的理性回归，口碑的“自来水效应”成为传播的最大利器；另一方面，电影的类型更加多元化，不再仅仅局限于传统电影公司青睐的喜剧、悬疑、爱情等题材，互联网公司的入局，更加重视小众电影的试水，科幻、动画、现实主义题材影片也逐渐得到大众的认可，精良的制作、不受限制的题材都将赢得市场；同时，行业的“二八效应”仍在深化，各大电影公司的主控影片相对较少，更多地以参投的形式布局，以弱化投资风险，将有限的资金分布于多部影片，加大压中爆款的概率，不难看出抱团取暖不失为行业寒冬中的明智之举。

1.3　系统架构

扫码看视频

在开发一个大型应用程序时，系统架构是一项非常重要的前期准备工作，是整个项目的实现流程能否顺利完成的关键。根据严格的市场需求分析，得出本项目的系统架构，如图 1-1 所示。

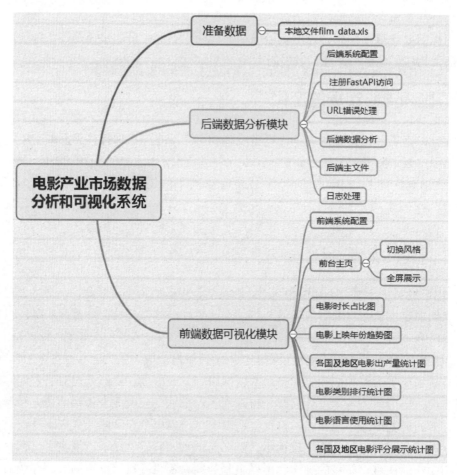

图 1-1　系统架构

1.4　准备数据

在本地文件 film_data.xls 中保存了 5804 部在国内上映的电影信息，上映时间从 2009 年到 2022 年，保存的数据包括：译名、片名、年代、产地、类别、语言、字幕、上映日期、豆瓣评分、片长、导演、编剧、主演、简介，如图 1-2 所示。

扫码看视频

图 1-2　文件 film_data.xls 中的电影数据

本项目将分析文件 film_data.xls 中的数据，以可视化方式展示电影产业市场的数据。

1.5　后端数据分析模块

本项目由前端和后端构成，其中后端主要负责数据分析，保存在 data_analysis 目录中。后端模块由 Python 和相关的库实现，各个库的版本信息保存在文件 requirements.txt 中。

扫码看视频

1.5.1　后端系统配置

本项目的后端系统配置功能由文件 config.py 实现，实现了系统跨域访问参数、API 接口和访问日志等功能，主要实现代码如下所示。

```
from typing import Union, List
from pydantic import BaseSettings, AnyHttpUrl


class Settings(BaseSettings):
    PROJECT_VERSION: Union[int, str] = 5.0          # 版本
    BASE_URL: AnyHttpUrl = "http://127.0.0.1:8000"  # 开发环境
```

```
API_PREFIX: str = "/api"                  # 接口前缀
TEMPLATES_DIR: str = 'templates'          # 静态文件目录
GLOBAL_ENCODING: str = 'utf-8'            # 全局编码
CORS_ORIGINS: List[AnyHttpUrl] = ["http://101.43.79.137:8999",
                                  "http://localhost:8999"]  # 跨域请求
JWT_SECRET_KEY = "09d25e094faa6ca2556c818166b7a9563b93f7099f6f0f4caa6cf63b88e8d3e7"
JWT_ALGORITHM = "HS256"
JWT_ACCESS_TOKEN_EXPIRE_MINUTES = 24 * 60
TOKEN_URL = "/111"


# DATABASE_URI: str = "mysql+asyncmy://root:123456@localhost:3306/zyr_init?charset=utf8mb4"
# MySQL(异步)
# DATABASE_URI: str = "mysql+pymysql://root:123456@localhost:3306/zyr_init?charset=utf8"
DATABASE_ECHO: bool = False  # 是否打印数据库日志 (可看到创建表、表数据增删改查的信息)
# REDIS_URI: str = "redis://:@localhost:6379/1"  # redis

LOGGER_DIR: str = "logs"  # 日志文件夹名
LOGGER_NAME: str = '{time:YYYY-MM-DD_HH-mm-ss}.log'  # 日志文件名 (时间格式)
LOGGER_LEVEL: str = 'DEBUG'  # 日志等级: ['DEBUG' | 'INFO']
LOGGER_ROTATION: str = "12:00"  # 日志分片: 按时间段/文件大小切分日志。例如 ["500 MB" |
    "12:00" | "1 week"]
LOGGER_RETENTION: str = "7 days"  # 日志保留的时间: 超出将删除最早的日志。例如 ["1 days"]
```

1.5.2 注册 FastAPI 访问

FastAPI 是用于构建 Web API 的现代、开源、快速、高性能的 Web 框架。正如它的名字那样，FastAPI 就是为构建快速的 API 而生。FastAPI 适用于构建高性能的 API，本身支持异步。如果要构建异步 API，可以优先选择 FastAPI，如 Netflix 将其用于内部危机管理。它还可以在部署准备就绪的机器学习模型时完美缩放，因为当 ML(机器学习)模型封装在 REST API 并部署在微服务中时，它在生产中会发挥最佳作用。

在本项目后端，通过 FastAPI 构建了不同功能的 API 接口，这些接口将和前端 URL 建立映射，将后端实现的数据分析结果在前端用图形化的方式(Echarts)展示出来。

(1) 编写文件 router.py，注册路径导航路由，具体实现代码如下所示。

```
from fastapi import FastAPI
from api import api_router
from core import settings


def register_router(app: FastAPI):
    """ 注册路由 """
    app.include_router(api_router, prefix=settings.API_PREFIX)
```

(2) 编写文件 middleware.py,实现请求拦截与响应拦截功能,将访问用户的 IP 信息添加到日志文件中,具体实现代码如下所示。

```python
def register_middleware(app: FastAPI):

    @app.middleware("http")
    async def intercept(request: Request, call_next):
        logger.info(f"访问记录:IP:{request.client.host}-method:{request.method}-url:
                    {request.url}")
        return await call_next(request)  # 返回请求(跳过token)
```

(3) 编写文件 exception.py,创建错误信息处理函数,用于处理不同的错误类型,例如 HTTP 异常、存储失败、权限不足、请求参数丢失等,具体实现代码如下所示。

```python
from fastapi import FastAPI
from fastapi.exceptions import RequestValidationError, HTTPException
from pydantic import ValidationError
from pymysql import ProgrammingError
from requests import Request
from sqlalchemy.orm.exc import UnmappedInstanceError
from starlette.responses import JSONResponse
from utils import IpError, ErrorUser, UserNotExist, IdNotExist, SetRedis, AccessTokenFail,
    PermissionNotEnough, resp_400, resp_401, resp_403, resp_500, resp_422, resp_404
from core import logger

def register_exception(app: FastAPI):
    """ 全局异常捕获 """

    @app.exception_handler(HTTPException)
    async def http_error_handler(request: Request, exc: HTTPException):
        """
        http异常处理
        :param _:
        :param exc:
        :return:
        """
        if exc.status_code == 401:
            logger.warning(f"{exc.detail}\nURL:{request.method}-{request.url}\nHeaders:
                        {request.headers}")
            return resp_401()
        if exc.status_code == 403:
            logger.warning(f"{exc.detail}\nURL:{request.method}-{request.url}\nHeaders:
                        {request.headers}")
            return resp_403()
        if exc.status_code == 404:
            logger.warning(f"{exc.detail}\nURL:{request.method}-{request.url}\nHeaders:
                        {request.headers}")
```

```python
        return resp_404()
    return JSONResponse({
        "code": exc.status_code,
        "message": exc.detail,
        "back": exc.detail
    }, status_code=exc.status_code, headers=exc.headers)


@app.exception_handler(IpError)
async def ip_error_handler(request: Request, exc: IpError):
    """ ip错误(自定义异常) """
    logger.warning(f"{exc.err_desc}\nURL:{request.method}-{request.url}\nHeaders:
                {request.headers}")
    return resp_400(msg=exc.err_desc)


@app.exception_handler(IdNotExist)
async def id_not_exist_handler(request: Request, exc: IdNotExist):
    """ 查询id不存在(自定义异常) """
    logger.warning(f"{exc.err_desc}\nURL:{request.method}-{request.url}\nHeaders:
                {request.headers}")
    return resp_400(msg=exc.err_desc)


@app.exception_handler(SetRedis)
async def set_redis_handler(request: Request, exc: SetRedis):
    """ Redis存储失败(自定义异常) """
    logger.warning(f"{exc.err_desc}\nURL:{request.method}-{request.url}\nHeaders:
                {request.headers}")
    return resp_400(msg=exc.err_desc)


@app.exception_handler(AccessTokenFail)
async def access_token_fail_handler(request: Request, exc: AccessTokenFail):
    """ 访问令牌失败(自定义异常) """
    logger.warning(f"{exc.err_desc}\nURL:{request.method}-{request.url}\nHeaders:
                {request.headers}")
    return resp_401(msg=exc.err_desc)


@app.exception_handler(PermissionNotEnough)
async def permission_not_enough_handler(request: Request, exc: AccessTokenFail):
    """ 权限不足，拒绝访问(自定义异常) """
    logger.warning(f"{exc.err_desc}\nURL:{request.method}-{request.url}\nHeaders:
                {request.headers}")
    return resp_403(msg=exc.err_desc)


@app.exception_handler(ProgrammingError)
async def programming_error_handle(request: Request, exc: ProgrammingError):
    """ 请求参数丢失 """
    logger.error(f"请求参数丢失\nURL:{request.method}-{request.url}\nHeaders:
                {request.headers}\nerror:{exc}")
```

```
        return resp_400(msg='请求参数丢失! (实际请求参数错误)')

    @app.exception_handler(RequestValidationError)
    async def request_validation_exception_handler(request: Request, exc: RequestValidationError):
        """ 请求参数验证异常 """
        logger.error(f"请求参数格式错误\nURL:{request.method}-{request.url}\nHeaders:
                    {request.headers}\nerror:{exc.errors()}")
        return resp_422(msg=exc.errors())

    @app.exception_handler(ValidationError)
    async def inner_validation_exception_handler(request: Request, exc: ValidationError):
        """ 内部参数验证异常 """
        logger.error(f"内部参数验证错误\nURL:{request.method}-{request.url}\nHeaders:
                    {request.headers}\nerror:{exc.errors()}")
        return resp_500(msg=exc.errors())

    @app.exception_handler(Exception)
    async def all_exception_handler(request: Request, exc: Exception):
        """ 捕获全局异常 """
        logger.error(f"全局异常\n{request.method}URL:{request.url}\nHeaders:
                    {request.headers}\n{traceback.format_exc()}")
        return resp_500(msg="服务器内部错误")
```

1.5.3　URL 错误处理

在本项目中提供了各种数据分析的可视化结果页面,为了提高用户体验,将在访问 URL 的过程中对所遇见的错误进行集中处理。上述功能由文件 resp_code.py 实现,具体实现代码如下所示。

```python
from typing import Union, Any, Optional
from starlette import status
from starlette.responses import Response
from fastapi.responses import ORJSONResponse
from core.logger import logger


def resp_200(*, data: Any = '', msg: str = "Success") -> dict:
    logger.info(msg)
    return {'code': 200, 'back': data, 'msg': msg}


def resp_400(code: int = 400, data: str = None, msg: str = "请求错误(400)") -> Response:
    return ORJSONResponse(status_code=status.HTTP_400_BAD_REQUEST, content={'code': code,
'msg': msg, 'back': data})


def resp_401(*, data: str = None, msg: str = "未授权,请重新登录(401)") -> Response:
    return ORJSONResponse(status_code=status.HTTP_401_UNAUTHORIZED, content={'code': 401,
'msg': msg, 'back': data})
```

```python
def resp_403(*, data: str = None, msg: str = "拒绝访问(403)") -> Response:
    return ORJSONResponse(status_code=status.HTTP_403_FORBIDDEN, content={'code': 403,
        'msg': msg, 'back': data})

def resp_404(*, data: str = None, msg: str = "请求出错(404)") -> Response:
    return ORJSONResponse(status_code=status.HTTP_404_NOT_FOUND, content={'code': 404,
        'msg': msg, 'back': data})

def resp_422(*, data: str = None, msg: Union[list, dict, str] = "不可处理的实体") -> Response:
    return ORJSONResponse(status_code=status.HTTP_422_UNPROCESSABLE_ENTITY,
                    content={'code': 422, 'msg': msg, 'back': data})

def resp_500(*, data: str = None, msg: Union[list, dict, str] = "服务器错误(500)") ->
Response:
    return ORJSONResponse(headers={'Access-Control-Allow-Origin': '*'},
                    status_code=status.HTTP_500_INTERNAL_SERVER_ERROR,
                    content={'code': 500, 'msg': msg, 'back': data})

def resp_502(*, data: str = None, msg: str = "网络错误(502)") -> Response:
    return ORJSONResponse(status_code=status.HTTP_502_BAD_GATEWAY, content={'code': 502,
        'msg': msg, 'back': data})

def resp_406(*, data: str = None, msg: str = "请求的格式不可得(406)") -> Response:
    return ORJSONResponse(status_code=status.HTTP_406_NOT_ACCEPTABLE, content={'code':
        406, 'msg': msg, 'back': data})

def resp_408(*, data: str = None, msg: str = "请求超时(408)") -> Response:
    return ORJSONResponse(status_code=status.HTTP_408_REQUEST_TIMEOUT, content={'code':
        408, 'msg': msg, 'back': data})

def resp_410(*, data: str = None, msg: str = "请求的资源被永久删除，且不会再得到的(410)") ->
Response:
    return ORJSONResponse(status_code=status.HTTP_410_GONE, content={'code': 410, 'msg':
msg, 'back': data})

def resp_501(*, data: str = None, msg: str = "服务未实现(501)") -> Response:
    return ORJSONResponse(status_code=status.HTTP_501_NOT_IMPLEMENTED, content={'code':
        501, 'msg': msg, 'back': data})

def resp_503(*, data: str = None, msg: str = "服务不可用(503)") -> Response:
    return ORJSONResponse(status_code=status.HTTP_503_SERVICE_UNAVAILABLE,
                    content={'code': 503, 'msg': msg, 'back': data})

def resp_504(*, data: str = None, msg: str = "网络超时(504)") -> Response:
    return ORJSONResponse(status_code=status.HTTP_504_GATEWAY_TIMEOUT, content={'code':
        504, 'msg': msg, 'back': data})
```

```
def resp_505(*, data: str = None, msg: str = "HTTP 版本不受支持(505)") -> Response:
    return ORJSONResponse(status_code=status.HTTP_505_HTTP_VERSION_NOT_SUPPORTED,
                          content={'code': 505, 'msg': msg, 'back': data})
```

1.5.4　后端数据分析

本项目的后端数据分析功能由文件 film.py 实现，在此文件中定义了多个映射能函数，用于实现不同的数据分析功能，每个功能函数和一个 URL 相对应。文件 film.py 的具体实现流程如下所示。

(1) 编写映射参数 release_year，数据分析 2008 年到 2022 年的电影上映情况，对应代码如下所示。

```
@router.get('/release_year', summary="年份上映情况")
async def excel():
    # filename 是文件的路径名称
    workbook = xlrd2.open_workbook('./models/film_data.xls')
    # 通过 sheet 名称获取
    table = workbook.sheet_by_name(sheet_name='Sheet1')
    table_list = table.col_values(colx=2, start_rowx=1, end_rowx=None)

    # year_list={''+str(i)+':'+str(1) for i in range(2008,2023)}
    year_list = {'2008': 1, '2009': 1, '2010': 1, '2011': 1, '2012': 1, '2013': 1, '2014':
1, '2015': 1, '2016': 1, '2017': 1, '2018': 1, '2019': 1, '2020': 1, '2021': 1, '2022': 1}

    for i in range(0, len(table_list)):
        try:
            if year_list.get('' + str(int(table_list[i]))):
                year_list['' + str(int(table_list[i]))] = year_list['' +
str(int(table_list[i]))] + 1
        except ValueError:
            pass

    data_list = [year_list[i] for i in year_list]
    return resp_200(msg="查询成功! ", data={"data": data_list,
                                "year": [2008, 2009, 2010, 2011, 2012, 2013, 2014, 2015,
                                    2016, 2017, 2018, 2019, 2020, 2021, 2022]})
```

(2) 编写映射参数 language_use，分析 top10 上映电影中所使用的语言，对应代码如下所示。

```
@router.get('/language_use', summary="语言使用统计(top10)")
async def excel():
    # filename 是文件的路径名称
```

```
workbook = xlrd2.open_workbook('./models/film_data.xls')
# 通过 sheet 名称获取
table = workbook.sheet_by_name(sheet_name='Sheet1')
table_list = table.col_values(colx=5, start_rowx=1, end_rowx=None)
result = {}
# 数据统计
for i in table_list:
    data = re.split("[ /无,,;]", i)
    for j in data:
        if j == '':
            break
        if j not in result:
            result[j] = 1
        else:
            result[j] = result[j] + 1

result["普通话"] = result["普通话"] + result["国语"]
result["普通话"] = result["普通话"] + result["汉语普通话"]
del result["国语"]
del result["汉语普通话"]
# 数据排序
result = sorted(result.items(), key=lambda x: x[1], reverse=True)
return resp_200(msg="查询成功！", data=result[0:10])
```

(3) 编写映射参数 film_type，分析 top20 电影类型，对应代码如下所示。

```
@router.get('/film_type', summary="电影类型统计(top20)")
async def excel():
    # filename 是文件的路径名称
    workbook = xlrd2.open_workbook('./models/film_data.xls')
    # 通过 sheet 名称获取
    table = workbook.sheet_by_name(sheet_name='Sheet1')
    table_list = table.col_values(colx=4, start_rowx=1, end_rowx=None)
    result = {}
    # 数据统计
    for i in table_list:
        data = re.split("[ /无,,;]", i)
        for j in data:
            if j == '':
                break
            if j not in result:
                result[j] = 1
            else:
                result[j] = result[j] + 1
    # 数据排序
    result = sorted(result.items(), key=lambda x: x[1], reverse=True)
    return resp_200(msg="查询成功！", data=result[0:20])
```

(4) 编写映射参数 country_film_score，分析各国及地区 top10 电影的评分信息，要求电影总数不少于 30 部，对应代码如下所示。

```
@router.get('/country_film_score', summary="各国及地区电影评分(top10)电影数不少于30部")
async def excel():
    # filename是文件的路径名称
    workbook = xlrd2.open_workbook('./models/film_data.xls')
    # 通过sheet名称获取
    table = workbook.sheet_by_name(sheet_name='Sheet1')
    country_list = table.col_values(colx=3, start_rowx=1, end_rowx=None)
    score_list = table.col_values(colx=8, start_rowx=1, end_rowx=None)
    del_list = ["中国大陆", "中国香港", "中国台湾", '']
    result = {}
    score_result = []
    result_list = {}

    for i in score_list:
        # 非数字无法转成float，直接变成0
        try:
            data = re.split("[ /,无]", i)
            score_result.append(float(data[0]))
        except ValueError:
            score_result.append(0)

    for i in range(len(country_list)):
        i_data = re.split("[ /,无N]", country_list[i])
        for data in i_data:
            if data in del_list:
                break
            if data not in result:
                result[data] = {"count": 0, "score": 0}
            else:
                result[data]["count"] = result[data]["count"] + 1
                result[data]["score"] = result[data]["score"] + score_result[i]

    # 求平均数
    for i in result:
        if result[i]["score"] < 0 or result[i]["count"] < 30:
            pass
        else:
            result_list[i] = round(result[i]["score"] / result[i]["count"], 1)
    # 数据排序
    result_list = sorted(result_list.items(), key=lambda x: x[1], reverse=True)

    return resp_200(msg="查询成功! ", data=result_list[0:12])
```

(5) 编写映射参数 film_time_play，分析各电影时长的占比情况，对应代码如下所示。

```
@router.get('/film_time_play', summary="电影时长占比")
async def excel():
    # filename 是文件的路径名称
    workbook = xlrd2.open_workbook('./models/film_data.xls')
    # 通过 sheet 名称获取
    table = workbook.sheet_by_name(sheet_name='Sheet1')
    time_list = table.col_values(colx=9, start_rowx=2, end_rowx=None)
    result = {"30": 0, "60": 0, "90": 0, "120": 0, "150": 0, "180": 0, "210": 0, "更多": 0}
    result_list = []
    tihuan = ''
    for i in time_list:
        data = re.split("[分钟h:m:s Min Mins 无]", str(i))
        try:
            if int(data[0]):
                for j in result:
                    if int(data[0]) > 210:
                        result["更多"] = result["更多"] + 1
                        break
                    if int(data[0]) < 30:
                        result["30"] = result["30"] + 1
                        break
                    if int(data[0]) > int(j):
                        tihuan = j
                        continue
                    else:
                        result[tihuan] = result[tihuan] + 1
                        tihuan = ''
                        break
        except Exception:
            pass
    for i in result:
        result_list.append({"value": result[i], "name": i+'分钟左右'})
    return resp_200(msg="查询成功! ", data=result_list)
```

(6) 编写映射参数 film_from_country，分析各国及地区电影出产量(不少于 10 部)的信息，对应代码如下所示。

```
@router.get('/film_from_country', summary="各国及地区电影出产量(不少于 10 部)")
async def excel():
    # filename 是文件的路径名称
    workbook = xlrd2.open_workbook('./models/film_data.xls')
    # 通过 sheet 名称获取
    table = workbook.sheet_by_name(sheet_name='Sheet1')
    table_list = table.col_values(colx=3, start_rowx=1, end_rowx=None)
    result = {"中国":0}
    result_list=[]
    agin_list = ["中国大陆", "中国香港", "中国台湾"]
```

```
del_list=[]
# 数据统计
for i in range(len(table_list)):
    i_data = re.split("[ /,无N]", table_list[i])
    for data in i_data:
        if data=='':
            break
        if data in agin_list:
            result["中国"] = result["中国"] + 1
            break
        if data not in result:
            result[data] = 0
        else:
            result[data] = result[data] + 1
# 数据筛选(不少于10部)
for i in result:
    if result[i]<10:
        del_list.append(i)
for i in del_list:
    del result[i]
# 数据重构
for i in result:
    result_list.append({"name":i,"value":result[i]})
return resp_200(msg="查询成功! ", data=result_list)
```

1.5.5 后端主文件

本项目的后端主文件是 main.py，功能是调用前面的功能函数，实现后端 API 和前端的跨域访问，具体实现代码如下所示。

```
import uvicorn
from fastapi import FastAPI
from core import logger
from register import register_exception, register_router, register_middleware,
register_cors

app = FastAPI()

def create_app():
    """ 注册中心 """
    register_exception(app)              # 注册捕获全局异常

    register_router(app)                 # 注册路由

    register_middleware(app)             # 注册请求响应拦截
```

```
    register_cors(app)                      # 注册跨域请求

    logger.info("日志初始化成功！！！")    # 初始化日志

@app.on_event("startup")
async def startup():
    create_app()                            # 加载注册中心

@app.on_event("shutdown")
async def shutdown():
    pass

if __name__ == '__main__':
    uvicorn.run(app='main:app', host="localhost", port=38000, log_level="info")
```

1.5.6　日志处理

为了提高易维护性，本项目提供了日志处理模块，只要有用户访问本项目，就会记录此用户的详细访问信息。日志处理模块由文件 logger.py 实现，它不仅能在控制台显示日志信息，而且还会在本地目录中生成.log 格式的日志文件。文件 logger.py 的主要实现代码如下所示。

```
import os
from loguru import logger
from core import settings
from utils import create_dir

def logger_file() -> str:
    """ 创建日志文件名 """
    log_path = create_dir(settings.LOGGER_DIR)

    """ 保留日志文件夹下最大个数(本地调试用)
    本地调试需要多次重启, 日志轮转片不会生效 """
    file_list = os.listdir(log_path)
    if len(file_list) > 3:
        os.remove(os.path.join(log_path, file_list[0]))
    # 日志输出路径
    return os.path.join(log_path, settings.LOGGER_NAME)

logger.add(
    logger_file(),
    encoding=settings.GLOBAL_ENCODING,
    level=settings.LOGGER_LEVEL,
```

```
    rotation=settings.LOGGER_ROTATION,
    retention=settings.LOGGER_RETENTION,
    enqueue=True
)
```

在控制台中显示的日志信息如图 1-3 所示。

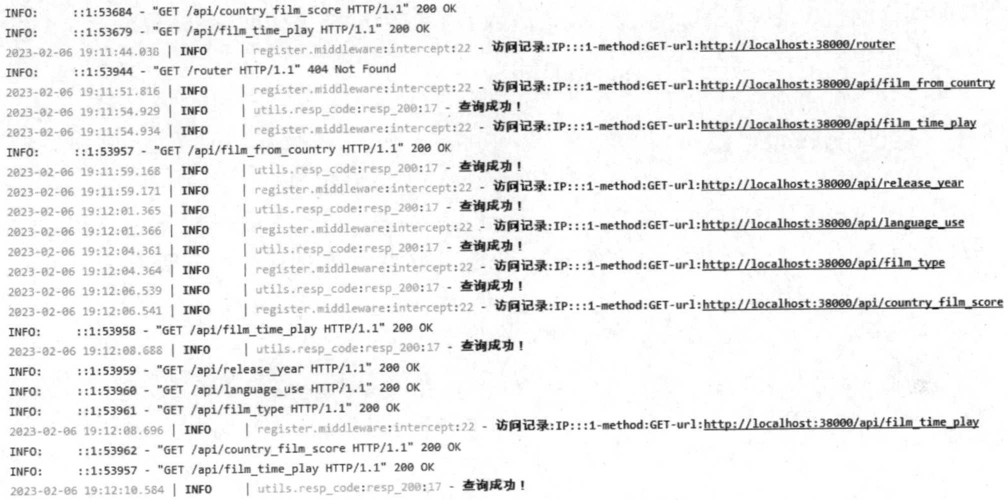

```
INFO:     ::1:53684 - "GET /api/country_film_score HTTP/1.1" 200 OK
INFO:     ::1:53679 - "GET /api/film_time_play HTTP/1.1" 200 OK
2023-02-06 19:11:44.038 | INFO     | register.middleware:intercept:22 - 访问记录:IP:::1-method:GET-url:http://localhost:38000/router
INFO:     ::1:53944 - "GET /router HTTP/1.1" 404 Not Found
2023-02-06 19:11:51.816 | INFO     | register.middleware:intercept:22 - 访问记录:IP:::1-method:GET-url:http://localhost:38000/api/film_from_country
2023-02-06 19:11:54.929 | INFO     | utils.resp_code:resp_200:17 - 查询成功!
2023-02-06 19:11:54.934 | INFO     | register.middleware:intercept:22 - 访问记录:IP:::1-method:GET-url:http://localhost:38000/api/film_time_play
INFO:     ::1:53957 - "GET /api/film_from_country HTTP/1.1" 200 OK
2023-02-06 19:11:59.168 | INFO     | utils.resp_code:resp_200:17 - 查询成功!
2023-02-06 19:11:59.171 | INFO     | register.middleware:intercept:22 - 访问记录:IP:::1-method:GET-url:http://localhost:38000/api/release_year
2023-02-06 19:12:01.365 | INFO     | utils.resp_code:resp_200:17 - 查询成功!
2023-02-06 19:12:01.366 | INFO     | register.middleware:intercept:22 - 访问记录:IP:::1-method:GET-url:http://localhost:38000/api/language_use
2023-02-06 19:12:04.361 | INFO     | utils.resp_code:resp_200:17 - 查询成功!
2023-02-06 19:12:04.364 | INFO     | register.middleware:intercept:22 - 访问记录:IP:::1-method:GET-url:http://localhost:38000/api/film_type
2023-02-06 19:12:06.539 | INFO     | utils.resp_code:resp_200:17 - 查询成功!
2023-02-06 19:12:06.541 | INFO     | register.middleware:intercept:22 - 访问记录:IP:::1-method:GET-url:http://localhost:38000/api/country_film_score
INFO:     ::1:53958 - "GET /api/film_time_play HTTP/1.1" 200 OK
2023-02-06 19:12:08.688 | INFO     | utils.resp_code:resp_200:17 - 查询成功!
INFO:     ::1:53959 - "GET /api/release_year HTTP/1.1" 200 OK
INFO:     ::1:53960 - "GET /api/language_use HTTP/1.1" 200 OK
INFO:     ::1:53961 - "GET /api/film_type HTTP/1.1" 200 OK
2023-02-06 19:12:08.696 | INFO     | register.middleware:intercept:22 - 访问记录:IP:::1-method:GET-url:http://localhost:38000/api/film_time_play
INFO:     ::1:53962 - "GET /api/country_film_score HTTP/1.1" 200 OK
INFO:     ::1:53957 - "GET /api/film_time_play HTTP/1.1" 200 OK
2023-02-06 19:12:10.584 | INFO     | utils.resp_code:resp_200:17 - 查询成功!
```

图 1-3　在控制台中显示的日志信息

在本地目录 logs 中保存日志文件，例如文件 2023-02-06_18-17-51.log 的日志信息如图 1-4 所示。

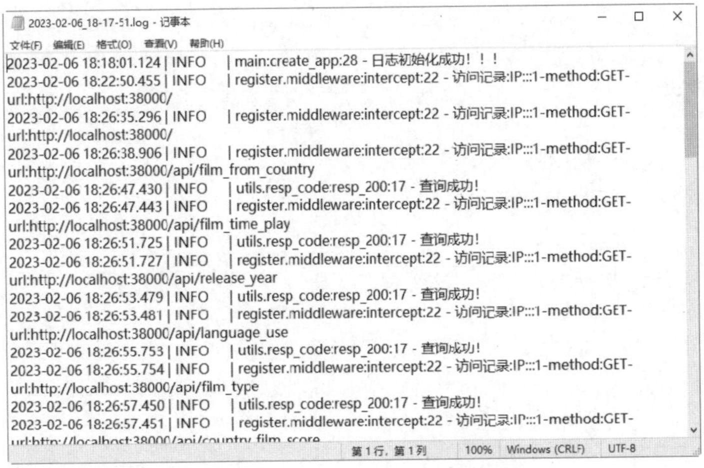

```
2023-02-06_18-17-51.log - 记事本
文件(F) 编辑(E) 格式(O) 查看(V) 帮助(H)
2023-02-06 18:18:01.124 | INFO     | main:create_app:28 - 日志初始化成功！！！
2023-02-06 18:22:50.455 | INFO     | register.middleware:intercept:22 - 访问记录:IP:::1-method:GET-
url:http://localhost:38000/
2023-02-06 18:26:35.296 | INFO     | register.middleware:intercept:22 - 访问记录:IP:::1-method:GET-
url:http://localhost:38000/
2023-02-06 18:26:38.906 | INFO     | register.middleware:intercept:22 - 访问记录:IP:::1-method:GET-
url:http://localhost:38000/api/film_from_country
2023-02-06 18:26:47.430 | INFO     | utils.resp_code:resp_200:17 - 查询成功!
2023-02-06 18:26:47.443 | INFO     | register.middleware:intercept:22 - 访问记录:IP:::1-method:GET-
url:http://localhost:38000/api/film_time_play
2023-02-06 18:26:51.725 | INFO     | utils.resp_code:resp_200:17 - 查询成功!
2023-02-06 18:26:51.727 | INFO     | register.middleware:intercept:22 - 访问记录:IP:::1-method:GET-
url:http://localhost:38000/api/release_year
2023-02-06 18:26:53.479 | INFO     | utils.resp_code:resp_200:17 - 查询成功!
2023-02-06 18:26:53.481 | INFO     | register.middleware:intercept:22 - 访问记录:IP:::1-method:GET-
url:http://localhost:38000/api/language_use
2023-02-06 18:26:55.753 | INFO     | utils.resp_code:resp_200:17 - 查询成功!
2023-02-06 18:26:55.754 | INFO     | register.middleware:intercept:22 - 访问记录:IP:::1-method:GET-
url:http://localhost:38000/api/film_type
2023-02-06 18:26:57.450 | INFO     | utils.resp_code:resp_200:17 - 查询成功!
2023-02-06 18:26:57.451 | INFO     | register.middleware:intercept:22 - 访问记录:IP:::1-method:GET-
url:http://localhost:38000/api/country_film_score
第 1 行，第 1 列    100%    Windows (CRLF)    UTF-8
```

图 1-4　本地文件中的日志信息

1.6　前端数据可视化模块

本项目的前端主要负责数据可视化，源码保存在 data-view-master 目录中。
本项目前端借助于 Vue 和 Echarts 技术，将后端的数据分析结果在前端以图表
的方式展示出来。

扫码看视频

1.6.1　前端系统配置

本项目的前端系统配置功能由文件 vue.config.js 实现，设置了后端服务器、内容展示映
射、网络映射、入口文件等内容。文件 vue.config.js 的主要实现代码如下所示。

```
module.exports = {
 // publicPath: '/data-view', // 根据情况自行修改
 publicPath: './',
 devServer: {
   port: 8999, //端口号
   open: true, //自动打开浏览器
 },
 configureWebpack: {
   resolve: {
     alias: {
       components: '@/components',
       content: '@/components/content',
       common: '@/components/common',
       assets: '@/assets',
       network: '@/network',
       views: '@/views',
       utils: '@/utils',
     },
   },
 },
 chainWebpack: config => {
   // 发布模式
   config.when(process.env.NODE_ENV === 'production', cofnig => {
     // 根据当前模式来决定使用哪个入口文件
     config.entry('app').clear().add('./src/main-prod.js')

     // 打包时排除指定包，手动添加 CDN
     config.set('externals', {
       vue: 'Vue',
       'vue-router': 'VueRouter',
       axios: 'axios',
       lodash: '_',
```

```
      echarts: 'echarts',
    })
    // 在 public 下的 index.html 中, 可以通过以下命令拿到当前设置的值:
    // <%= htmlWebpackPlugin.options.isProd ? '' : 'dev-'%>
    config.plugin('html').tap(args => {
      args[0].isProd = true
      return args
    })
  })

  // 开发模式
  config.when(process.env.NODE_ENV === 'development', cofnig => {
    config.plugin('html').tap(args => {
      args[0].isProd = false
      return args
    })
    config.entry('app').clear().add('./src/main-dev.js')
  })
},
}
```

1.6.2 前台主页

前台主页的实现文件是 Home.vue, 具体实现流程如下所示。

(1) 展示 6 项数据分析的可视化结果:

● 电影上映年份趋势;

● 各国及地区电影出产量;

● 电影时长占比;

● 电影语言使用统计;

● 电影类别排行;

● 各国及地区电影评分展示。

对应的实现代码如下所示。

```
<template>
  <div class="screen-container" :style="containerStyle">
    <header class="screen-header">
      <div>
        <!-- <img :src="headerSrc" alt=""> -->
        <img v-show="theme == 'chalk'" src="~@/assets/images/header_border_dark.png" alt="" />
        <img v-show="theme != 'chalk'" src="~@/assets/images/header_border_light.png" alt="" />
      </div>
      <!-- <span class="logo"> <a :style="titleColor" href="https://www.bookbook.cc"
             title="去bookbook.cc主站" target="_blank">bookbook.cc</a> </span> -->
```

```
      <span class="title">电影市场数据分析展示</span>
    <div class="title-right">
      <!-- <img :src="themeSrc" class="qiehuan" @click="handleChangeTheme"
                    alt="切换主题" title="切换主题"> -->
      <img v-show="theme == 'chalk'" src="~@/assets/images/qiehuan_dark.png"
          class="qiehuan" @click="handleChangeTheme" alt="切换主题" title="切换主题" />
      <img v-show="theme != 'chalk'" src="~@/assets/images/qiehuan_light.png"
          class="qiehuan" @click="handleChangeTheme" alt="切换主题" title="切换主题" />
      <div class="datetime">{{ systemDateTime }}</div>
    </div>
  </header>
  <div class="screen-body">
    <section class="screen-left">
      <div id="left-top" :class="{ fullscreen: fullScreenStatus.trend }">

        <Trend ref="trend"></Trend>
        <div class="resize">
          <span @click="changeSize('trend')" :class="['iconfont', fullScreenStatus.trend ?
                    'icon-compress-alt' : 'icon-expand-alt']"></span>
        </div>
      </div>
      <div id="left-bottom" :class="{ fullscreen: fullScreenStatus.seller }">

        <Seller ref="seller"></Seller>
        <div class="resize">
          <span @click="changeSize('seller')" :class="['iconfont', fullScreenStatus.seller ?
                    'icon-compress-alt' : 'icon-expand-alt']"></span>
        </div>
      </div>
    </section>
    <section class="screen-middle">
      <div id="middle-top" :class="{ fullscreen: fullScreenStatus.map }">

        <single-map ref="map"></single-map>
        <div class="resize">
          <span @click="changeSize('map')" :class="['iconfont', fullScreenStatus.map ?
                    'icon-compress-alt' : 'icon-expand-alt']"></span>
        </div>
      </div>
      <div id="middle-bottom" :class="{ fullscreen: fullScreenStatus.rank }">

        <Rank ref="rank"></Rank>
        <div class="resize">
          <span @click="changeSize('rank')" :class="['iconfont', fullScreenStatus.rank ?
                    'icon-compress-alt' : 'icon-expand-alt']"></span>
        </div>
      </div>
    </section>
    <section class="screen-right">
      <div id="right-top" :class="{ fullscreen: fullScreenStatus.hot }">
```

```
      <Hot ref="hot"></Hot>
      <div class="resize">
        <span @click="changeSize('hot')" :class="['iconfont', fullScreenStatus.hot ?
                   'icon-compress-alt' : 'icon-expand-alt']"></span>
      </div>
    </div>
    <div id="right-bottom" :class="{ fullscreen: fullScreenStatus.stock }">

      <Stock ref="stock"></Stock>
      <div class="resize">
        <span @click="changeSize('stock')" :class="['iconfont', fullScreenStatus.stock ?
                   'icon-compress-alt' : 'icon-expand-alt']"></span>
      </div>
    </div>
   </section>
  </div>
 </div>
</template>
```

(2) 设置 6 项数据分析可视化结果对应的链接，代码如下。

```
<script>
import Hot from '@/components/report/Hot.vue'
import Map from '@/components/report/Map.vue'
import Rank from '@/components/report/Rank.vue'
import Seller from '@/components/report/Seller.vue'
import Stock from '@/components/report/Stock.vue'
import Trend from '@/components/report/Trend.vue'
```

通过 import 命令调用上述 6 个链接，在主页的 6 个选项卡区域中显示对应的数据分析结果。执行结果如图 1-5 所示。

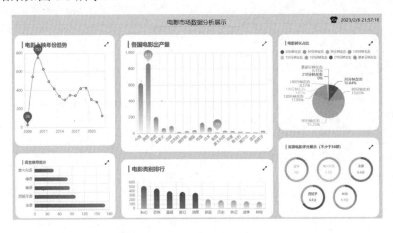

图 1-5　前台主页执行结果

(3) 设置两种网页主题，单击右上角的图标 🔁，可以将页面切换为另外一种风格，代码如下。

```javascript
import { mapState } from 'vuex'
// 导入自定义的主题工具函数，用于返回不同主题下的配置对象
import { getThemeValue } from 'utils/theme_utils'

export default {
  name: 'ScreenPage',
  components: {
    Hot,
    'single-map': Map,
    Rank,
    Seller,
    Stock,
    Trend,
  },
  created() {
    // 注册服务端广播的全屏事件
    // this.$socket.registerCallBack('fullScreen', this.recvData)
    // // 注册服务器广播的主题切换事件
    // this.$socket.registerCallBack('themeChange', this.recvThemeChange)
    this.currentTime(),
    this.handleChangeTheme()
  },
  computed: {
    ...mapState(['theme']),
    // 头部的边框路径
    headerSrc() {
      return '/static/img/' + getThemeValue(this.theme).headerBorderSrc
    },
    // 主题图片的路径
    themeSrc() {
      return '/static/img/' + getThemeValue(this.theme).themeSrc
    },
    containerStyle() {
      return {
        backgroundColor: getThemeValue(this.theme).backgroundColor,
        color: getThemeValue(this.theme).titleColor,
      }
    },
    titleColor() {
      return {
```

```
      color: getThemeValue(this.theme).titleColor,
    }
  },
},
destroyed() {
  // 组件销毁时，销毁事件
  // this.$socket.unRegisterCallBack('fullScreen')
  // this.$socket.unRegisterCallBack('themeChange')
  clearInterval(this.timerID)
},

  // 主题切换事件
  handleChangeTheme() {
    this.$store.commit('changeTheme')

    // this.$socket.send({
    //   action: 'themeChange',
    //   socketType: 'themeChange',
    //   chartName: '',
    //   value: '',
    // })
  },
  // 接收到服务器切换主题事件
  // recvThemeChange() {
  //   this.$store.commit('changeTheme')
  // },
  currentTime() {
    this.systemDateTime = new Date().toLocaleString()

    this.timerID && clearInterval(this.timerID)

    this.timerID = setInterval(() => {
      this.systemDateTime = new Date().toLocaleString()
    }, 1000)
  },
},
}
</script>
```

执行结果如图 1-6 所示。

图 1-6 另外一种网页主题的执行结果

(4) 单击 6 个选项卡区域中的图标↗，可以完成 6 个选项卡区域的全屏数据分析，对应的实现代码如下所示。

```
data() {
  return {
    // 各组件是否为全屏状态
    fullScreenStatus: {
      trend: false,
      seller: false,
      map: false,
      rank: false,
      hot: false,
      stock: false,
    },
    // 当前的系统时间
    systemDateTime: null,
    // 用于保存当前系统日期的定时器 id
    timerID: null,
  }
},
created() {
  // 注册服务端广播的全屏事件
  // this.$socket.registerCallBack('fullScreen', this.recvData)
  // // 注册服务器广播的主题切换事件
  // this.$socket.registerCallBack('themeChange', this.recvThemeChange)
  this.currentTime(),
  this.handleChangeTheme()
},
methods: {
```

```
    // 监听全屏事件
    changeSize(chartName) {
      // 1.改变 fullScreenStatus
      this.fullScreenStatus[chartName] = !this.fullScreenStatus[chartName]
      // 2.手动调用每个图表中的 screenAdapter 触发响应式
      this.$nextTick(() => {
        this.$refs[chartName].screenAdapter()
      })

      // 一端操作多端同步效果
      // 将事件发送给服务端，服务端广播事件为 true 则显示全屏，为 false 则取消全屏
      // const targetValue = !this.fullScreenStatus[chartName]
      // this.$socket.send({
      //   action: 'fullScreen',
      //   socketType: 'fullScreen',
      //   chartName: chartName,
      //   value: targetValue,
      // })
    },
    // 服务端广播全屏事件的客户端响应
    recvData(data) {
      // 取出一个图表进行切换
      const chartName = data.chartName
      // 判断切换成什么类型[true 表示全屏，false 表示取消全屏]
      const targetValue = data.value

      this.fullScreenStatus[chartName] = targetValue
      this.$nextTick(() => {
        this.$refs[chartName].screenAdapter()
      })
    },
<style lang="less" scoped>
// 全屏样式的定义
.fullscreen {
  position: fixed !important;
  top: 0 !important;
  left: 0 !important;
  width: 100% !important;
  height: 100% !important;
  margin: 0 !important;
  z-index: 9999;
}

.screen-container {
  width: 100%;
  height: 100%;
  padding: 0 20px;
```

```css
    background-color: #161522;
    color: #fff;
    box-sizing: border-box;
}
.screen-header {
 width: 100%;
 height: 64px;
 font-size: 20px;
 position: relative;
 > div {
   img {
     width: 100%;
   }
 }
 .title {
   position: absolute;
   left: 50%;
   top: 50%;
   font-size: 20px;
   transform: translate(-50%, -50%);
 }
 .title-right {
   display: flex;
   align-items: center;
   position: absolute;
   right: 0px;
   top: 50%;
   transform: translateY(-80%);
 }
 .qiehuan {
   width: 28px;
   height: 21px;
   cursor: pointer;
 }
 .datetime {
   font-size: 15px;
   margin-left: 10px;
 }
 .logo {
   position: absolute;
   left: 0px;
   top: 50%;
   transform: translateY(-80%);
   a {
     text-decoration: none;
   }
 }
```

```
}
.screen-body {
  width: 100%;
  height: 100%;
  display: flex;
  margin-top: 10px;
  .screen-left {
    height: 100%;
    width: 27.6%;
    #left-top {
      height: 53%;
      position: relative;
    }
    #left-bottom {
      height: 31%;
      margin-top: 25px;
      position: relative;
    }
  }
  .screen-middle {
    height: 100%;
    width: 41.5%;
    margin-left: 1.6%;
    margin-right: 1.6%;
    #middle-top {
      width: 100%;
      height: 56%;
      position: relative;
    }
    #middle-bottom {
      margin-top: 25px;
      width: 100%;
      height: 28%;
      position: relative;
    }
  }
  .screen-right {
    height: 100%;
    width: 27.6%;
    #right-top {
      height: 46%;
      position: relative;
    }
    #right-bottom {
      height: 38%;
      margin-top: 25px;
      position: relative;
```

```
      }
    }
}
.resize {
  position: absolute;
  right: 20px;
  top: 20px;
  cursor: pointer;
}
</style>
```

1.6.3　电影时长占比图

前台文件 Hot.vue 用于可视化展示电影时长占比图，主要实现代码如下所示。

```
export default {
  //电影时长占比(右上)
  name: 'Hot',
  data() {
    return {
      // 图表的实例对象
      chartInstance: null,
      // 从服务器中获取的所有数据
      allData: null,
      // 当前显示的一级分类数据类型
      currentIndex: 0,
      // 字体响应式大小
      titleFontSize: null,
    }
  },
  created() {
    // this.$socket.registerCallBack('hotData', this.getData)
    this.getData()
  },
  computed: {
    ...mapState(['theme']),
    cateName() {
      if (!this.allData) return ''
      return this.allData[this.currentIndex].name
    },
    themeStyle() {
      if (!this.titleFontSize) {
        return { color: getThemeValue(this.theme).titleColor }
      }
      return {
        fontSize: this.titleFontSize + 'px',
```

```
      color: getThemeValue(this.theme).titleColor,
    }
  },
},
watch: {
  theme() {
    // 销毁当前的图表
    this.chartInstance.dispose()
    // 以最新主题初始化图表对象
    this.initChart()
    // 屏幕适配
    this.screenAdapter()
    // 渲染数据
    this.updateChart()
  },
},
mounted() {
  this.initChart()
  this.getData()
  window.addEventListener('resize', this.screenAdapter)
  // 主动触发响应式配置
  this.screenAdapter()
},
destroyed() {
  window.removeEventListener('resize', this.screenAdapter)
},
methods: {
  // 初始化图表的方法
  initChart() {
    this.chartInstance = this.$echarts.init(this.$refs.hotRef, this.theme)
    const initOption = {
      title: {
        text: '▌电影时长占比',
        left: 20,
        top: 20,
      },
      legend: {
        top: '15%',
        // 图标类型：圆形
        icon: 'circle',
      },
      tooltip: {
        show: true,
        // formatter:'hhh'
        formatter: arg => {
          // 拿到三级分类的数据
          const thirdCategory = arg.data.children
```

```
        // 计算所有三级分类的数值总和，才能计算出百分比
        let total = 0
        thirdCategory.forEach(item => {
          total += item.value
        })
        // 显示的文本
        let showStr = ''
        thirdCategory.forEach(item => {
          showStr += '${item.name}: ${_.round((item.value / total) * 100, 2)}% <br/>'
        })
        return showStr
      },
    },
    series: [
      {
        type: 'pie',
        label: {
          show: true,
          formatter:'{b}\n{d}%'
        },
        // 高亮状态下的样式
        emphasis: {
          labelLine: {
            // 连接文字的线条
            show: true,
          },
        },
      },
    ],
  }
  this.chartInstance.setOption(initOption)
},
// 发送请求，获取数据
async getData() {
  const { data: res } = await this.$http.get('/film_time_play')
  this.allData = res.back
  console.log(this.allData)
  this.updateChart()
},
// 更新图表配置项
updateChart() {
  const dataOption = {
    legend: {
      data: '',
    },
    series: [
      {
        data: this.allData,
```

```
      },
    ],
  }
  this.chartInstance.setOption(dataOption)
},
// 不同分辨率的响应式
screenAdapter() {
  this.titleFontSize = (this.$refs.hotRef.offsetWidth / 100) * 3.6

  const adapterOption = {
    title: {
      textStyle: {
        fontSize: this.titleFontSize,
      },
    },
    legend: {
      itemWidth: this.titleFontSize,
      itemHeight: this.titleFontSize,
      // 图例的间隔
      itemGap: this.titleFontSize / 2,
      textStyle: {
        fontSize: this.titleFontSize / 1.2,
      },
    },
    series: [
      {
        // 饼图的半径
        radius: this.titleFontSize * 4.5,
        // 控制饼图的位置 x,y
        center: ['50%', '70%'],
      },
    ],
  }
  this.chartInstance.setOption(adapterOption)
  this.chartInstance.resize()
},
// 单击左侧按钮
toLeft() {
  this.currentIndex--
  // 已到达最左边
  if (this.currentIndex < 0) this.currentIndex = this.allData.length - 1
  this.updateChart()
},
// 单击右侧按钮
toRight() {
  this.currentIndex++
  // 已到达最右边
  if (this.currentIndex > this.allData.length - 1) this.currentIndex = 0
  this.updateChart()
```

```
    },
  },
}
</script>

<style lang="less" scoped>
.com-container {
  i {
    z-index: 999;
    position: absolute;
    transform: translateY(-50%);
    top: 50%;
    cursor: pointer;
  }
  i.icon-left {
    left: 10%;
  }
  i.icon-right {
    right: 10%;
  }
  .cate-name {
    position: absolute;
    right: 10%;
    bottom: 20px;
    z-index: 999;
  }
}
</style>
```

执行结果如图 1-7 所示。

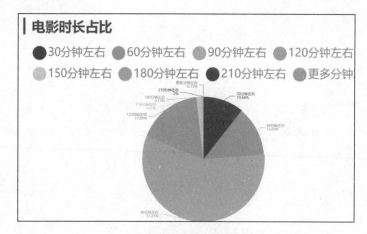

图 1-7　电影时长占比图

1.6.4　电影上映年份趋势图

前台文件 Trend.vue 用于可视化展示电影上映年份趋势图，主要实现代码如下所示。

```
<template>
 <div class="com-container">
   <div class="com-chart" ref="trendRef"></div>
 </div>
</template>

<script>
import { mapState } from 'vuex'
import { getThemeValue } from 'utils/theme_utils'

export default {
 // 电影上映年份趋势(左上)
 name: 'Trend',
 data() {
   return {
     // 图表的实例对象
     chartInstance: null,
     // 从服务器中获取的所有数据
     allData: null,
     // 是否显示可选项
     showMenu: false,
     // 默认显示的数据类型
     activeName: 'map',
     // 指明标题的字体大小
     titleFontSize: 0,
     value: ''
   }
 },
 created() {
   // 在组件创建完成之后，进行回调函数的注册
   // this.$socket.registerCallBack('trendData', this.getData)
 },
 computed: {
   ...mapState(['theme']),
   // 单击过后需要显示的数组
   selectTypes() {
     if (!this.allData) return []
     // 过滤掉当前选中的类别
     return this.allData.type.filter(item => item.key !== this.activeName)
   },
   // 显示的标题
```

```
  showTitle() {
    if (!this.allData) return ''
    return this.allData[this.activeName].title
  },
  // 设置标题的样式
  comStyle() {
    return {
      fontSize: this.titleFontSize + 'px',
      color: getThemeValue(this.theme).titleColor
    }
  }
},
watch: {
  theme() {
    // 销毁当前的图表
    this.chartInstance.dispose()
    // 以最新主题初始化图表对象
    this.initChart()
    // 屏幕适配
    this.screenAdapter()
    // 渲染数据
    this.updateChart()
  }
},
mounted() {
  this.initChart()
  this.getData()
  window.addEventListener('resize', this.screenAdapter)
  // 主动触发响应式配置
  this.screenAdapter()
},
destroyed() {
  window.removeEventListener('resize', this.screenAdapter)
  // 销毁注册的事件
  this.$socket.unRegisterCallBack('trendData')
},
methods: {
  // 初始化图表的方法
  initChart() {
    this.chartInstance = this.$echarts.init(this.$refs.trendRef, this.theme)
    const initOption = {
      title: {
        text: '电影上映年份趋势',
        left: 20,
        top: 20,
      },
      // 工具提示
```

```
      tooltip: {
        // 当鼠标指针移入坐标轴的提示
        trigger: 'axis'
      },
      legend: {
        left: 'center',
        top: '50%',
        // 图例的icon类型
        icon: 'circle'
      },

    }
    this.chartInstance.setOption(initOption)
  },
  // 发送请求，获取数据  //websocket: realData 服务端发送给客户端需要的数据
  async getData() {
    const { data: res } = await this.$http.get('/release_year')
    this.allData = res.back
    this.updateChart()
  },
  // 更新图表配置项
  updateChart() {
  const dataOption = {
  xAxis: {
  type: 'category',
  data: this.allData.year
},
yAxis: {
  type: 'value'
},
series: [
  {
    data: this.allData.data,
    type: 'line',
    smooth: true,
    markPoint:{
      data:[{
        type:'max'
      },{type:'min'}],
    },
    lineStyle: {
    color: "rgba(106, 202, 249, 1)"
  },
  }
]
    }
    this.chartInstance.setOption(dataOption)
```

```
    },
    // 不同分辨率的响应式
    screenAdapter() {
      // 测算出来的合适的字体大小
      this.titleFontSize = (this.$refs.trendRef.offsetWidth / 100) * 3.6

      const adapterOption = {
        legend: {
          itemWidth: this.titleFontSize,
          itemHeight: this.titleFontSize,
          // 间距
          itemGap: this.titleFontSize,
          textStyle: {
            fontSize: this.titleFontSize / 1.3
          }
        }
      }
      this.chartInstance.setOption(adapterOption)
      this.chartInstance.resize()
    },
    // 当前选中的类型
    handleSelect(currentType) {
      this.activeName = currentType
      this.updateChart()
    }
  }
}
</script>

<style lang="less" scoped>
.title {
  position: absolute;
  left: 50px;
  top: 20px;
  z-index: 999;
  color: white;
  cursor: pointer;

  .before-icon {
    position: absolute;
    left: -20px;
  }
  .title-icon {
    margin-left: 10px;
  }
}
</style>
```

执行结果如图 1-8 所示。

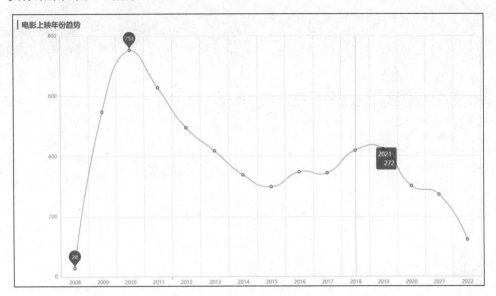

图 1-8　电影上映年份趋势图

1.6.5　各国及地区电影出产量统计图

前台文件 Map.vue 用于可视化展示各国及地区电影出产量统计图，主要实现代码如下所示。

```
<script>
import { mapState } from 'vuex'

export default {
  //各国及地区电影出产量(中上)
  name: 'Map',
  data() {
    return {
      // axios 实例对象
      axiosInstance: null,
      // 图表的实例对象
      chartInstance: null,
      // 从服务器中获取的所有数据
      allData: null,
      // 获取各国及地区矢量地图数据缓存
      cityMapData: {},
    }
```

```
    },
    computed: {
      ...mapState(['theme']),
    },
    watch: {
      theme() {
        // 销毁当前的图表
        this.chartInstance.dispose()
        // 以最新主题初始化图表对象
        this.initChart()
        // 屏幕适配
        this.screenAdapter()
        // 渲染数据
        this.updateChart()
      },
    },
    created() {
      this.getData()
    },
    mounted() {
      this.initChart()
      window.addEventListener('resize', this.screenAdapter)
      // 主动触发响应式配置
      this.screenAdapter()
    },
    destroyed() {
      window.removeEventListener('resize', this.screenAdapter)
    },
    methods: {
      // 初始化图表的方法
      async initChart() {
        this.chartInstance = this.$echarts.init(this.$refs.mapRef, this.theme)
        const initOption = {
          title: {
            text: '┃ 各国及地区电影出产量',
            left: 20,
            top: 20,
          },

        }
        this.chartInstance.setOption(initOption)
      },
      // 发送请求，获取数据
      async getData() {
        // http://101.34.160.195:8888/api/map
        const { data: res } = await this.$http.get('/film_from_country')
        this.allData = res.back
```

```
        console.log(this.allData)
        this.updateChart()
    },
    // 更新图表配置项
    updateChart() {
      const radiusdata= this.allData.map(item => item.name)
      const serdata= this.allData.map(item => item.value)
      console.log("123456",radiusdata,serdata)
      // 数据配置项
      const dataOption = {
        tooltip: {
                trigger: 'axis',
                axisPointer: {
                    type: 'shadow'
      }
 },
 grid: {
   left: '3%',
   right: '4%',
   bottom: '3%',
   containLabel: true
 },
 xAxis: [
    {
      type: 'category',
      data: radiusdata,
      axisTick: {
        alignWithLabel: true
      },
      axisLabel: {
        rotate:40,
}
    }
 ],
 yAxis: [
    {
      type: 'value'
    }
 ],
 series: [
    {
      type: 'bar',
      barWidth: '60%',
      data: serdata,
      markPoint:{
        data:[{type:'max',name:'最大值'},{type:'min',name:'最小值'}]
      },
```

```
    itemStyle:{
      barBorderRadius: 10,
      color: new this.$echarts.graphic.LinearGradient(
                    0, 0, 0, 1,
                    [{
                            offset: 0,
                            color: '#00C78C'
                    },
                    {
                            offset: 1,
                            color: '#FFFFCD'

                    }
                  ]
              )
      }
    }
]
        }
    this.chartInstance.setOption(dataOption)
},
// 不同分辨率的响应式
screenAdapter() {
  // 当前比较合适的字体大小
  const titleFontSize = (this.$refs.mapRef.offsetWidth / 100) * 3.6

  // 响应式的配置项
  const adapterOption = {
    title: {
      textStyle: {
        fontSize: titleFontSize,
      },
    },
    legend: {
      // 图例宽度
      itemWidth: titleFontSize / 2,
      // 图例高度
      itemHeight: titleFontSize / 2,
      // 间隔
      itemGap: titleFontSize / 2,
      textStyle: {
        fontSize: titleFontSize / 2,
      },
    },
  }
  this.chartInstance.setOption(adapterOption)
  this.chartInstance.resize()
```

```
    },
  },
}
</script>

<style lang="less" scoped></style>
```

执行结果如图 1-9 所示。

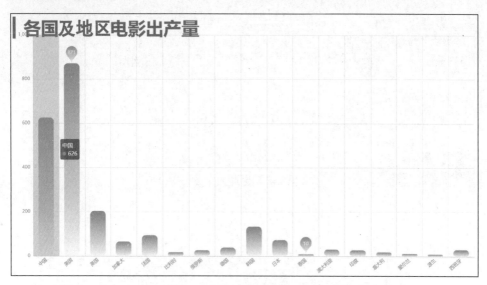

图 1-9　各国及地区电影出产量统计图

1.6.6　电影类别排行统计图

前台文件 Rank.vue 用于可视化展示电影类别排行统计图，主要实现代码如下所示。

```
<script>
import { mapState } from 'vuex'

export default {
  // 电影类别排行(中下)
  name: 'Rank',
  data() {
    return {
      // 图表的实例对象
      chartInstance: null,
      // 从服务器中获取的所有数据
      allData: null,
      // 柱形图：区域缩放起点值
```

```
      startValue: 0,
      // 柱形图: 区域缩放终点值
      endValue: 9,
      // 定时器
      timerId: null
    }
  },
  created() {
  },
  computed: {
    ...mapState(['theme'])
  },
  watch: {
    theme() {
      // 销毁当前的图表
      this.chartInstance.dispose()
      // 以最新主题初始化图表对象
      this.initChart()
      // 屏幕适配
      this.screenAdapter()
      // 渲染数据
      this.updateChart()
    }
  },
  mounted() {
    this.initChart()
    this.getData()
    window.addEventListener('resize', this.screenAdapter)
    // 主动触发响应式配置
    this.screenAdapter()
  },
  destroyed() {
    window.removeEventListener('resize', this.screenAdapter)
    clearInterval(this.timerId)
  },
  methods: {
    // 初始化图表的方法
    initChart() {
      this.chartInstance = this.$echarts.init(this.$refs.rankRef, this.theme)

      const initOption = {
        title: {
          text: '电影类别排行',
          left: 20,
          top: 20
        },
        grid: {
```

```
        top: '40%',
        left: '5%',
        right: '5%',
        bottom: '5%',
        // 把 x 轴和 y 轴纳入 grid
        containLabel: true
      },
      tooltip: {
        show: true
      },
      xAxis: {
        type: 'category'
      },
      yAxis: {
        value: 'value'
      },
      series: [
        {
          type: 'bar',
          label: {
            show: true,
            position: 'top',
            color: 'white',
            rotate: 30
          }
        }
      ]
    }
    this.chartInstance.setOption(initOption)

    // 光标经过，关闭动画效果
    this.chartInstance.on('mouseover', () => {
      clearInterval(this.timerId)
    })
    // 光标离开，开启动画效果
    this.chartInstance.on('mouseout', () => {
      this.startInterval()
    })
  },
  // 发送请求，获取数据
  async getData() {
    const { data: res } = await this.$http.get('/film_type')
    this.allData = res.back
    // 对数据进行排序(从大到小)
    // this.allData.sort((a, b) => b.value - a.value)

    this.updateChart()
```

```
    // 开始自动切换
    this.startInterval()
},
// 更新图表配置项
updateChart() {
    // 渐变色数组
    const colorArr = [
        ['#0BA82C', '#4FF778'],
        ['#2E72BF', '#23E5E5'],
        ['#5052EE', '#AB6EE5'],
        ['#F4A460', '#FDF5E6'],
        ['#1E90FF', '#3D59AB']
    ]
    // const colorArr = [
    //    ['#b8e994', '#079992'],
    //    ['#82ccdd', '#0a3d62'],
    //    ['#f8c291', '#b71540'],
    // ]
    // 所有省份组成的数组
    const provinceInfo = this.allData.map(item => item[0])
    // 所有省份对应的销售金额
    const valueArr = this.allData.map(item => item[1])

    const dataOption = {
        xAxis: {
            data: provinceInfo
        },
        dataZoom: {
            // 区域缩放组件
            show: false,
            startValue: this.startValue,
            endValue: this.endValue
        },
        series: [
            {
                data: valueArr,
                itemStyle: {
                    color: arg => {
                        let targetColorArr = null

                        if (arg.value > 1000) {
                            targetColorArr = colorArr[0]
                        } else if (arg.value > 500) {
                            targetColorArr = colorArr[1]
                        }else if (arg.value >300){
                            targetColorArr = colorArr[2]
                        }else if (arg.value >100){
```

```
                targetColorArr =colorArr[3]
              }
            else {
              targetColorArr = colorArr[4]
            }

            return new this.$echarts.graphic.LinearGradient(0, 0, 0, 1, [
              // 0%
              { offset: 0, color: targetColorArr[0] },
              // 100%
              { offset: 1, color: targetColorArr[1] }
            ])
        }
      }
    }
  ]
}
this.chartInstance.setOption(dataOption)
},
// 根据图表容器的宽度计算各属性、标签、元素的大小
screenAdapter() {
  const titleFontSzie = (this.$refs.rankRef.offsetWidth / 100) * 3.6

  const adapterOption = {
    title: {
      textStyle: {
        fontSize: titleFontSzie
      }
    },
    series: [
      {
        barWidth: titleFontSzie,
        itemStyle: {
          barBorderRadius: [titleFontSzie / 2, titleFontSzie / 2, 0, 0]
        }
      }
    ]
  }
  this.chartInstance.setOption(adapterOption)
  this.chartInstance.resize()
},
// 改变柱形图区域缩放起始点值与终点值的函数
startInterval() {
  // 如果存在则关闭
  this.timerId && clearInterval(this.timerId)

  this.timerId = setInterval(() => {
```

```
        this.startValue++
        this.endValue++
        if (this.endValue > this.allData.length - 1) {
          this.startValue = 0
          this.endValue = 9
        }
        this.updateChart()
      }, 2000)
    }
  }
}
</script>

<style lang="less" scoped></style>
```

执行结果如图 1-10 所示。

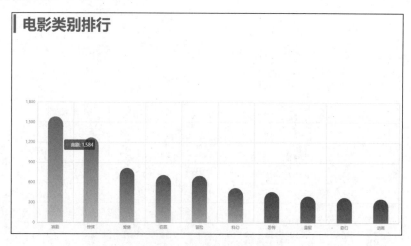

图 1-10　电影类别排行统计图

1.6.7　电影语言使用统计图

前台文件 Seller.vue 用于可视化展示电影语言使用统计图，主要实现代码如下所示。

```
<script>
import { mapState } from 'vuex'
import { getThemeValue } from 'utils/theme_utils'

export default {
  // 语言使用统计(左下)
  name: 'Seller',
  data() {
```

```
  return {
    // echarts 实例对象
    chartInstance: null,
    // 服务器返回的数据
    allData: null,
    // 当前显示的页数
    curretnPage: 1,
    // 总页数
    totalPage: 0,
    // 定时器标识
    timerId: null,
    // 当鼠标移入 axis(坐标轴)时展示底层的背景色
    PointerColor: this.axisPointerColor,
  }
},
created() {
  // this.$socket.registerCallBack('sellerData', this.getData)
},
computed: {
  ...mapState(['theme']),
  axisPointerColor() {
    return getThemeValue(this.theme).sellerAxisPointerColor
  },
},
watch: {
  theme() {
    // 销毁当前的图表
    this.chartInstance.dispose()
    // 以最新主题初始化图表对象
    this.initChart()
    // 屏幕适配
    this.screenAdapter()
    // 渲染数据
    this.updateChart()
  },
},
mounted() {
  // 由于初始化使用到了 DOM 元素, 因此需要在 mounted 生命周期内调用
  this.initChart()
  this.getData()
  // 在界面加载完成时, 主动对屏幕进行适配
  this.screenAdapter()
  window.addEventListener('resize', this.screenAdapter)
},
// 实例销毁后触发
destroyed() {
  clearInterval(this.timeID)
```

```
        // 在组件销毁的时候，把监听器取消
      window.removeEventListener('resize', this.screenAdapter)
      // this.$socket.unRegisterCallBack('sellerData')
    },
    methods: {
      // 初始化 echartsInstance 对象
      initChart() {
        this.chartInstance = this.$echarts.init(this.$refs.sellerRef, this.theme)
        // 对图表初始化的配置
        const initOption = {
          title: {
            text: '语言使用统计',
            left: 20,
            top: 20,
          },
          grid: {
            top: '20%',
            left: '3%',
            right: '6%',
            bottom: '3%',
            // 默认 grid 不包含坐标轴文字，改为 true
            containLabel: true,
          },
          xAxis: {
            type: 'value',
          },
          yAxis: {
            type: 'category',
          },
          tooltip: {
            // 当光标移入 axis(坐标轴)时展示底层的背景色
            trigger: 'axis',
            axisPointer: {
              // 展示的类型是线条类型
              type: 'line',
              lineStyle: {
                color: this.axisPointerColor,
              },
              // 将 tooltip 的层级设置为最底层
              z: 0,
            },
          },
          series: [
            {
              type: 'bar',
              label: {
                show: true,
```

```
          position: 'right',
          textStyle: {
            color: 'white',
          },
        },
        // 每一个柱的样式
        itemStyle: {
          // 创建 echarts 全局对象的一个线性渐变方法
          // 指明方向(第四象限坐标轴),以及不同百分比时的颜色值
          color: new this.$echarts.graphic.LinearGradient(0, 0, 1, 0, [
            // 0% 状态时的颜色
            { offset: 0, color: '#5052EE' },
            // 100% 状态时的颜色
            { offset: 1, color: '#AB6EE5' },
          ]),
        },
      },
    ],
  }

  this.chartInstance.setOption(initOption)

  // 在图表事件中进行鼠标事件的监听
  this.chartInstance.on('mouseover', () => {
    this.timerId && clearInterval(this.timerId)
  })
  this.chartInstance.on('mouseout', () => {
    this.startInterval()
  })
},
// 获取服务器数据
async getData() {
  // http://101.34.160.195:8888/api/seller
  const { data: res } = await this.$http.get('/language_use')

  this.allData = res.back
  // 对数组排序:从小到大
  // this.allData.sort((a, b) => b[1] - a[1])
  // 每五个元素显示一页,计算出总页数
  this.totalPage = Math.ceil(this.allData.length / 5)

  // 开始第一次渲染
  this.updateChart()
  // 开启定时器, 开始动态渲染
  this.startInterval()
},
// 更新图表
```

```
updateChart() {
  // 从数组中动态取出 5 条数据
  const start = (this.curretnPage - 1) * 5
  const end = this.curretnPage * 5
  const showData = this.allData.slice(start, end)

  // y 轴上的数据
  const sellerNames = showData.map(item => item[0])
  // x 轴上的数据
  const sellerValues = showData.map(item => item[1])

  // 当拿到数据后，准备数据的配置项
  const dataOption = {
    yAxis: {
      data: sellerNames,
    },
    series: [
      {
        data: sellerValues,
      },
    ],
  }

  // 设置数据
  this.chartInstance.setOption(dataOption)
},
// 开启动态渲染的定时器
startInterval() {
  // 一般使用定时器都有一个保险操作，先关闭再开启
  this.timerId && clearInterval(this.timerId)

  this.timerId = setInterval(() => {
    this.curretnPage++
    // 当超出最大页数时，回滚到第一页
    if (this.curretnPage > this.totalPage) this.curretnPage = 1

    this.updateChart()
  }, 3000)
},
// 当浏览器窗口大小发生变化，完成屏幕适配
screenAdapter() {
  const titleFontSize = (this.$refs.sellerRef.offsetWidth / 100) * 3.6
  // 浏览器分辨率大小的相关配置项
  const adapterOption = {
    title: {
      textStyle: {
        fontSize: titleFontSize,
```

```
      },
    },
    tooltip: {
      axisPointer: {
        lineStyle: {
          width: titleFontSize,
        },
      },
    },
    series: [
      {
        barWidth: titleFontSize,
        itemStyle: {
          barBorderRadius: [0, titleFontSize / 2, titleFontSize / 2, 0],
        },
      },
    ],
  }
  this.chartInstance.setOption(adapterOption)
  // 手动调用图表的 resize 方法才能产生效果
  this.chartInstance.resize()
    },
  },
}
</script>

<style lang="less" scoped></style>
```

执行结果如图 1-11 所示。

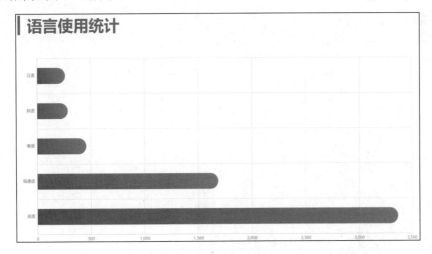

图 1-11　电影语言使用统计图

1.6.8　各国及地区电影评分展示统计图

前台文件 Stock.vue 用于可视化展示各国及地区电影评分展示统计图，主要实现代码如下所示。

```
<script>
import { mapState } from 'vuex'

export default {
  // 各国及地区电影评分展示(右下)
  name: 'Stock',
  data() {
    return {
      // 图表的实例对象
      chartInstance: null,
      // 从服务器中获取的所有数据
      allData: null,
      // 当前显示数据的页数
      currentIndex: 1,
      // 定时器标识
      timerId: null,
      // 圆环坐标
      centerArr: [
        ['18%', '40%'],
        ['50%', '40%'],
        ['82%', '40%'],
        ['34%', '75%'],
        ['66%', '75%'],
      ],
      // 圆环渐变色
      colorArr: [
        ['#4FF778', '#0BA82C'],
        ['#E5DD45', '#E8B11C'],
        ['#E8821C', '#E55445'],
        ['#5052EE', '#AB6EE5'],
        ['#23E5E5', '#2E72BF'],
      ],
    }
  },
  created() {
    // this.$socket.registerCallBack('stockData', this.getData)
  },
  computed: {
    ...mapState(['theme']),
  },
```

```
watch: {
  theme() {
    // 销毁当前的图表
    this.chartInstance.dispose()
    // 以最新主题初始化图表对象
    this.initChart()
    // 屏幕适配
    this.screenAdapter()
    // 渲染数据
    this.updateChart()
  },
},
mounted() {
  this.initChart()
  this.getData()
  // this.$socket.send({
  //   action: 'getData',
  //   socketType: 'stockData',
  //   chartName: 'stock',
  //   value: '',
  // })
  window.addEventListener('resize', this.screenAdapter)
  // 主动触发响应式配置
  this.screenAdapter()
},
destroyed() {
  window.removeEventListener('resize', this.screenAdapter)
  clearInterval(this.timerId)
  // this.$socket.unRegisterCallBack('stockData')
},
methods: {
  // 初始化图表的方法
  initChart() {
    this.chartInstance = this.$echarts.init(this.$refs.stockRef, this.theme)
    const initOption = {
      title: {
        text: '┃各国及地区电影评分展示(不少于30部)',
        left: 20,
        top: 20,
      },
    }
    this.chartInstance.setOption(initOption)

    this.chartInstance.on('mouseover', () => {
      clearInterval(this.timerId)
    })
    this.chartInstance.on('mouseout', this.startInterval)
```

```
  },
  // 发送请求，获取数据
  async getData() {
    const { data: res } = await this.$http.get('/country_film_score')
    this.allData = res.back
    this.updateChart()
  },
  // 更新图表配置项
  updateChart() {
    // 需要显示的原始数据，包含0，不包含5
    const start = (this.currentIndex - 1) * 5
    const end = start + 5
    const showData = this.allData.slice(start, end)
    // 真实显示的数据
    let seriesArr = showData.map((item, index) => {
      return {
        type: 'pie',
        // 设置成圆环图，外圆半径、内圆半径在响应式处指定
        // radius: [120, 100],

        // 饼图的位置
        center: this.centerArr[index],
        // 关闭光标移入到饼图的动画效果
        hoverAnimation: false,
        // 隐藏指示线条
        labelLine: {
          show: false,
        },
        label: {
          position: 'center',
          color: this.colorArr[index][0],
        },
        data: [
          // 销量
          {
            name: item[0]+'\n'+'\n'+item[1]+'分',
            value: item[1],
            itemStyle: {
              // 创建线性渐变的颜色：从下往上
              color: new this.$echarts.graphic.LinearGradient(0, 1, 0, 0, [
                // 0%
                { offset: 0, color: this.colorArr[index][0] },
                // 100%
                { offset: 1, color: this.colorArr[index][1] },
              ]),
            },
            // 内部的提示框，c 代表数值，d 代表百分比
```

```
            tooltip: {
              formatter: '${item[0]} <br/>评分：{c}',
            },
          },
          // 库存
          {
            value: 10-item[1],
            itemStyle: {
              color: '#bbb',
            },
            // 内部的提示框
            tooltip: {
              formatter: '${item[0]} <br/>距离满分还差：{c}分',
            },
          },
        ],
      }
    })

  const dataOption = {
    tooltip: {
      // 这里的 item 可以为内部的数据开启单独的 tooltip
      trigger: 'item',
    },
    series: seriesArr,
  }
  this.chartInstance.setOption(dataOption)

  // 开启定时切换
  this.startInterval()
},
// 不同分辨率的响应式
screenAdapter() {
  const titleFontSize = (this.$refs.stockRef.offsetWidth / 100) * 3.6
  // 圆的内圆半径和外圆半径
  const innerRadius = titleFontSize * 2.8
  const outerRadius = innerRadius * 1.2

  const adapterOption = {
    title: {
      textStyle: {
        fontSize: titleFontSize,
      },
    },
    series: [
      {
        type: 'pie',
```

```
          radius: [outerRadius, innerRadius],
          label: {
            fontSize: titleFontSize / 1.2,
          },
        },
        {
          type: 'pie',
          radius: [outerRadius, innerRadius],
          label: {
            fontSize: titleFontSize / 1.2,
          },
        },
        {
          type: 'pie',
          radius: [outerRadius, innerRadius],
          label: {
            fontSize: titleFontSize / 1.2,
          },
        },
        {
          type: 'pie',
          radius: [outerRadius, innerRadius],
          label: {
            fontSize: titleFontSize / 1.2,
          },
        },
        {
          type: 'pie',
          radius: [outerRadius, innerRadius],
          label: {
            fontSize: titleFontSize / 1.2,
          },
        },
      ],
    }
  this.chartInstance.setOption(adapterOption)
  this.chartInstance.resize()
},
// 定时器不断切换当前页数
startInterval() {
  this.timerId && clearInterval(this.timerId)

  this.timerId = setInterval(() => {
    this.currentIndex++
    if (this.currentIndex > 2) this.currentIndex = 1
    // 在更新完数据后，需要更新页面
    this.updateChart()
```

```
      }, 5000)
    },
  },
}
</script>

<style lang="less" scoped>
</style>
```

执行结果如图 1-12 所示。

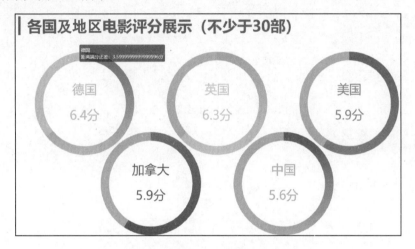

图 1-12　各国及地区电影评分展示统计图

第2章

电商客户数据分析和可视化系统
(Jupyter Notebook+Scikit-Learn+
Matplotlib+Pandas)

当今时代，电子商务已日益成为经济社会发展的领军力量，深刻改变着人们的生产生活，电子商务将带给人类一次史无前例的商业革命，而且其影响将远远超出商务活动本身。网上购物已经成为人们日常生活中必不可少的一项内容，对电商数据进行可视化分析已经关系到商家和厂家的市场定位战略。本章通过一个综合实例详细讲解使用 Python 开发一个电商客户数据分析和可视化系统的方法。

2.1 电商行业发展介绍

1997年11月，国际商会在法国巴黎举行了世界电子商务会议，从商业角度提出了电子商务的概念：电子商务(Electronic Commerce)是指实现整个贸易活动的自动化和电子化。电子商务涵盖的业务包括：信息交换、售前和售后服务(如提供产品服务的细节、提供产品使用技术指南、回答顾客意见)、销售、电子支付(如使用电子资金转账、信用卡、电子支票、电子现金等)、运输(包括商品的发送管理和运输跟踪，以及可以电子化传送的产品)、组建网上企业等。

扫码看视频

2.1.1 国内电商市场现状分析

据权威数据显示，中国电子商务市场规模持续引领全球，服务能力和应用水平进一步提高。目前，中国网民规模已超过9亿人。

就我国电商零售竞争格局而言，主要包括京东、阿里巴巴、苏宁易购、唯品会、拼多多和国美等。就2022年营收数据而言，中国电商零售业务营收百亿元以上的有：京东7458.02亿元、阿里巴巴5298.94亿元、苏宁易购2523亿元、唯品会1019亿元、拼多多594.92亿元、国美零售441.19亿元，分别占比40.84%、29.02%、13.82%、5.58%、3.26%和2.42%。在总资产上，超万亿的仅阿里巴巴一家，超千亿的有五家。电商零售上市公司中，总资产金额悬殊极大，大部分电商零售上市公司资产在百亿元以下。

从电商零售产业主要企业营收与利润情况而言，京东平台主要布局于中高端市场，大件电器与家具等产品占比较重，整体营收规模最大，达7458.02亿元；同时因京东主打售后服务和品质保证，成本支出较高，导致净利润远低于阿里巴巴。而阿里巴巴主要布局于中低端市场，以各类日用品和服装产品为主，整体营收低于京东，却因销售成本较低，整体数量较大，净利润占据第一，为1557.87亿元。

2.1.2 电商行业发展趋势介绍

全球速递运输领军企业联邦快递最新发布的《电子商务大趋势概览》揭示了中国及全球电子商务领域呈现的几大显著趋势：多元购物体验，重塑消费业态，智慧城市和智能家居，互联消费，拓展市场边界，共享经济，以及"购买"时间。

从零售业的发展趋势来看，疫情加速了零售业的变革创新。《2021年度中国零售百强分析》中总结：零售业将继续朝着以品质为中心、以服务为中心、以数字化技术为中心、注重绿色经营等方向转变，新技术、新产品、新品质、新业态、新模式的快速发展，将推动零售业向高质量发展转型升级。

业内人士分析称，随着"30分钟万物到家"需求的迅速普及，即时零售将在未来几年继续保持高成长性。不同于传统电商将消费行为由线下迁移至线上，即时零售依托于本地的实体业态，将助力传统商超突围复苏，为本地实体经济带来更大增长空间。

随着互联网科学技术的发展，特别是随着5G、移动支付、智能手机等基础条件的逐步成熟，中国各行业乘着直播的东风，将带动电商零售产业持续扩展。电商行业的发展也将为依赖线上营销的新消费领域持续创造成长机遇，新需求、新赛道和新品牌将持续涌现。

从电商零售产业链而言，零售电子商务产业链主要涵盖了商品从生产者到达消费者所涉及的商品供应商、电商平台以及电商物流、支付等环节。随着我国互联网的快速普及，电商平台市场飞速发展，农村市场电商需求不断释放，地域网络消费鸿沟进一步缩小，助力我国经济形成国内国际双循环发展新格局，我国电商零售产业快速发展。电商平台能够出现在人们的日常生活中，这还得益于互联网的发展，同时也有许多电商平台不断崛起。

2.2 需求分析

A公司是国内一线电商购物平台，为了进一步为消费者提供更加优质的购物体验，需要了解平台内消费者的消费趋势。现委托国内知名数据分析公司B分析平台内各"年"时间段内的订单数据，并可视化展示用户的黏合度。所有的订单数据保存在本地文件"某电商网站订单数据.xlsx"中，由于数据规模十分庞大，本项目只分析2019年度的部分订单数据。因为分析部分数据和分析所有数据的方法是一样的，这不会影响读者的学习。

扫码看视频

2.2.1 电商的商业模式

在进行具体的数据分析之前，需要先了解平台的商业模式，也明确平台的业务是B端业务还是C端业务，因为不同业务的需求和评价指标都是不同的。通常来说，电商的商业模式分类如下。

- B2B：商家对商家(企业卖家对企业买家)，交易双方都是企业。最典型的案例就是阿里巴巴，平台中汇聚了各行业的供应商，特点是订单量一般较大。

- B2C：商家对个人(企业卖家对个人买家)，如唯品会、聚美优品。
- B2B2C：商家对商家再到个人，如天猫、京东。
- C2C：个人卖家对个人买家，如淘宝、人人车。
- O2O：线上售卖、线下提货，将线下的商务机会与互联网结合，让互联网成为线下交易平台，如美团、饿了么。
- C2B：个人对商家(个人买家对企业卖家)，先由消费者提出需求，后由商家按需求组织生产，如商品宅配。

2.2.2　核心指标需求分析

指标是具备业务含义、能够反映业务特征的数据。指标包含如下几个要点。

(1) 指标必须是数值，不能是文本、日期等。

(2) 指标都是汇总计算出来的，单个明细数据不是指标。

在本数据分析系统中，主要涉及下面的指标。

(1) 新老用户。

- 新(老)用户数量占比。
- 新(老)用户金额占比。

(2) 复购率和回购率(由于获客成本变高，实现 1 个用户的多次购买是十分重要的)。

- 复购率：复购(某段时间有 2 次及以上购买行为)用户的占比。复购率能反映用户的忠诚度，监测周期一般较长。
- 回购率：回购率的监测周期一般较短，可以反映短期促销活动对用户的吸引力。

(3) 用户交易常用指标。

- 访问次数(Page View，PV)：一定时间内浏览某个页面的次数。
- 访问人数(Unique Vistor，UV)：一定时间内访问某个页面的人数。
- 加购数：将某款商品加入到购物车的用户数。
- 收藏数：收藏某款商品的用户数。
- GMV(Gross Merchandise Volume，总交易额、成交总额)：通常指交易"流水"。
- 客单价(Average Revenue Per User，ARPU)：计算公式为"总收入/总用户数"→ ARPPU(Average Revenue Per Paying Use)即每用户平均收入。
- 转化率：即"付费用户数/访客数"。
- 折扣率：即"GMV/吊牌总额"，其中"吊牌总额"为"吊牌价×销量"。
- 拒退量：拒收和退货的总数量。

● 拒退额：拒收和退货的总金额。
● 实际销售额：即"GMV-拒退额"。

(4) 商品管理常用指标。

● SPU(Standard Product Unit)数：标准化产品单元。
● SKU(Standard Keeping Unit)数：库存产品。
● 售卖比：即"GMV/备货值"，可以用于了解商品流转情况，优化库存。
● 动销率：即"有销量的 SKU 数/在售 SKU 数"。

在电商系统中，商品的核心属性及其关系如图 2-1 所示。

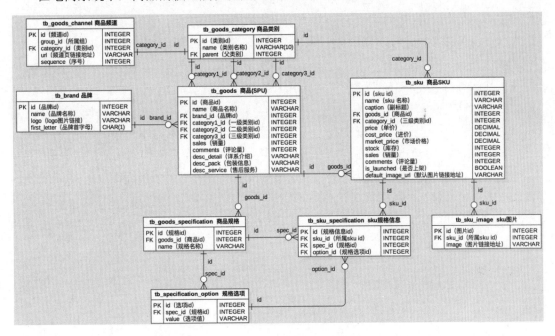

图 2-1　商品的核心属性关系图

2.2.3　指标体系需求分析

　　一个指标并不能解决复杂的业务问题，从不同维度来评估业务需要使用多个指标。指标体系是根据运营的目标对多个指标创建联系后形成的整体，本项目的指标体系如图 2-2 所示。

　　使用指标体系的好处如下。

● 监控业务状况。
● 通过拆解指标找到问题。

● 评估业务值得改进的地方。

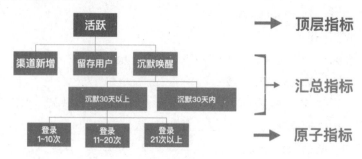

图 2-2　指标体系

建立指标体系的基本步骤如下。

(1) 厘清业务阶段和方向。

● 创业期：关注市场规模的大小、用户数量，围绕用户量提升目标对指标做各种维度的拆解。

● 发展期：关注产品健康度，优化当前用户结构，提升留存率。

● 成熟期：关注市场份额，关注和收入相关的指标，做好市场份额和竞品的监控。

(2) 确定核心指标——KPI(Key Performance Indicator，关键绩效指标)和OKR(Objectives and Key Results，目标与关键成果法)都是业绩考核指标。

● 通过KPI/OKR，找到一级指标——北极星指标及其伴随指标，如图2-3所示。

北极星指标	伴随指标
注册	活跃、留存
活跃	注册、留存、收入
留存	注册、活跃、收入
收入	活跃、留存、注册

图 2-3　北极星指标和伴随指标

● 了解业务运营状况，找到二级指标。

● 梳理业务流程，找到三级指标。

(3) 拆解指标维度，如图2-4所示。

(4) 指标的宣贯和落地。

● 业务埋点；

- 创建报表；
- 统一口径；
- 更新周期。

常用维度	维度类型
渠道	注册渠道、社交渠道、购买渠道
品类	美妆、数码、电器
性别	男、女
地理	省份、城市
设备	手机、电视、电脑、平板
系统	Android、iOS、其他
品牌	华为、小米、Apple、Vivo
年龄	小于 20 岁、20~30 岁、大于 30 岁
兴趣	阅读、游戏、旅游

图 2-4　拆解指标维度

在搭建指标体系的过程中，常见问题如下。

- 没有北极星指标，抓不住重点。
- 指标间没有逻辑联系，找不出问题。
- 指标缺乏业务意义，为了拆解而拆解。
- 缺乏和业务方的沟通。

2.2.4　数据分析方法

在本项目中用到的数据分析的方法如下。

- 对比分析法：对比分析法用于比较不同时间段、不同群体或不同条件下的数据，以识别趋势、差异和关键因素。通过比较数据，可以发现业务的增长、下降或变化趋势，并采取相应的措施来改进业务绩效。
- 相关分析法：相关分析法用于确定两个或多个变量之间的关联程度。在项目中，这可能用于确定不同因素之间的相关性，例如广告投放与销售额之间的关系，以便更好地理解业务运营。
- RFM 模型分析法：RFM 模型是一种用于客户分群和营销策略的方法。它基于客户的最近购买频率(Recency)、购买金额(Frequency)和购买产品的多样性(Monetary)来将客户划分为不同的组群，以便更精确地针对不同群体的客户制定营销策略。
- AARRR 模型分析法：AARRR 模型是一种用户行为分析模型，用于优化用户在网站或应用中的转化率。AARRR 代表着不同阶段的用户行为：获取(Acquisition)、激活(Activation)、留存(Retention)、推荐(Referral)、收入(Revenue)。这个模型帮助项目团队了解用户在不同阶段的表现，并采取措施提高转化率。

● 漏斗分析法：漏斗分析法用于分析用户在完成特定行动序列(例如注册、购买等)时的流失情况。通过识别用户在每个步骤中的流失率，项目团队可以确定哪些环节需要改进，以提高用户转化率。

2.2.5 电商平台"人"的指标思维导图

在电商平台中，"人"的指标思维导图如图 2-5 所示。

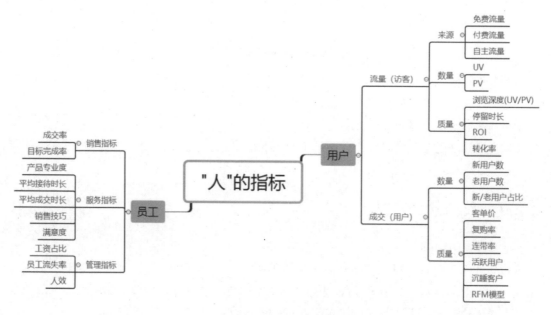

图 2-5 "人"的指标思维导图

2.3 系统架构

在开发一个大型应用程序时，系统架构是一项非常重要的前期准备工作，是整个项目的实现流程能否顺利完成的关键。根据严格的市场需求分析，得出本项目的系统架构，如图 2-6 所示。

扫码看视频

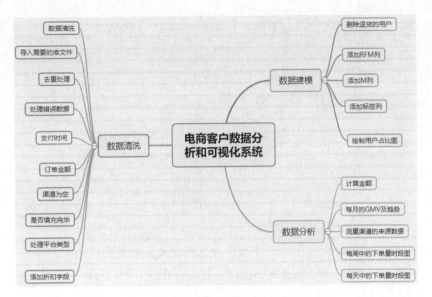

图 2-6　系统架构

2.4　准备数据

扫码看视频

在本地文件"某电商网站订单数据.xlsx"中保存了公司 2019 年度的部分订单数据，如图 2-7 所示。

	A	B	C	D	E	F	G	H	I
1	id	orderID	userID	goodsID	orderAmount	payment	channelID	platfromType	orderTime
2	1	sys-2018-254118086	user-157213	PR000064	272.51	272.51	渠道-0396	APP	2018/2/14 12:20
3	2	sys-2018-263312190	user-191121	PR000583	337.93	337.93	渠道-0765	Wec hatMP	2018/8/14 9:40
4	3	sys-2018-188208169	user-211918	PR000082	905.68	891.23	渠道-0530	Wec hatMP	2018/11/2 20:17
5	4	sys-2018-203314910	user-201322	PR000302	786.27	688.88	渠道-0530	WEB	2018/11/19 10:36
6	5	sys-2018-283989279	user-120872	PR000290	550.77	542.51	渠道-0765	APP	2018/12/26 11:19
7	6	sys-2019-279103297	user-146548	PR000564	425.2	425.20	渠道-0765	Wec hatMP	2019/1/1 0:12
8	7	sys-2019-316686066	user-104210	PR000709	1764.37	1707.04	渠道-0396	Wec hatMP	2019/1/1 0:23
9	8	sys-2019-306447069	user-104863	PR000499	499.41	480.42	渠道-0530	APP	2019/1/1 1:05
10	9	sys-2019-290267674	user-206155	PR000253	1103	1050.95	渠道-0330	APP	2019/1/1 1:16
11	10	sys-2019-337079027	user-137939	PR000768	465.41	465.41	渠道-9527	AL i MP	2019/1/1 1:16
12	11	sys-2019-417411381	user-181957	PR000483	279.53	279.53	渠道-0007	APP	2019/1/1 1:36
13	12	sys-2019-254206596	user-174586	PR000322	622.7	622.70	渠道-0283	Wec hatMP	2019/1/1 2:57
14	13	sys-2019-303647260	user-178023	PR000685	969.61	913.58	渠道-0765	APP	2019/1/1 2:31
15	14	sys-2019-347419495	user-209896	PR000483	279.18	225.15	渠道-0396	APP	2019/1/1 2:31
16	15	sys-2019-384544993	user-148994	PR000004	3424.76	3424.78	渠道-0530	Wec hatMP	2019/1/1 1:57
17	16	sys-2019-322802617	user-125220	PR000812	430.69	4223.48	渠道-0530	Wech hatMP	2019/1/1 7:59
18	17	sys-2019-399101394	user-183646	PR000025	703.39	553.37	渠道-0396	APP	2019/1/1 8:16
19	18	sys-2019-274413321	user-162256	PR000013	227.42	200.37	渠道-0765	Wec hatMP	2019/1/1 8:16
20	19	sys-2019-362677803	user-217238	PR000400	169.04	106.99	渠道-0789	APP	2019/1/1 8:19
21	20	sys-2019-374760896	user-266455	PR000268	299.84	299.84	渠道-0789	WEB	2019/1/1 8:26
22	21	sys-2019-382631761	user-164587	PR000839	737.52	642.90	渠道-0568	APP	2019/1/1 8:52
23	22	sys-2019-275435502	user-257339	PR000458	720.06	651.25	渠道-0905	Wec hatMP	2019/1/1 8:59
24	23	sys-2019-331632417	user-156861	PR000916	603.72	523.63	渠道-0530	APP	2019/1/1 9:20
25	24	sys-2019-339816516	user-157911	PR000616	409.83	340.51	渠道-0283	APP	2019/1/1 9:20
26	25	sys-2019-390137299	user-101342	PR000190	309.82	309.82	渠道-0765	APP	2019/1/1 9:22
27	26	sys-2019-254565706	user-187303	PR000765	1020.41	841.68	渠道-0789	AP P	2019/1/1 9:22
28	27	sys-2019-338578746	user-141237	PR000739	513.82	489.87	渠道-0283	Wech hatMP	2019/1/1 9:41
29	28	sys-2019-270315594	user-200791	PR000997	502.45	471.36	渠道-9527	AP P	2019/1/1 9:47
30	29	sys-2019-386430384	user-174644	PR000731	1904.5	1904.50	渠道-9527	AP P	2019/1/1 9:47

图 2-7　某电商网站订单数据.xlsx

本项目将通过分析文件"某电商网站订单数据.xlsx"中的数据，可视化展示电商平台中的数据。

2.5 数据分析

本节通过订单数据提取用户信息，可视化展示目标发展用户的数据分析结果。

扫码看视频

2.5.1 数据清洗

提取文件中的订单数据后，第一步工作是数据清洗，主要工作如下。

- 处理与业务流程不符的数据(支付时间早于下单时间、支付时长超过 30 分钟、订单金额小于 0、支付金额小于 0)。
- 处理渠道为空的数据(补充众数)。
- 处理平台类型(去掉多余空格，保持数据一致)。
- 添加折扣字段，处理折扣大于 1 的字段(将支付金额改为'订单金额 * 平均折扣')。

数据清洗阶段工作的具体实现流程如下。

(1) 导入需要的库文件，并设置汉字的展示功能，代码如下：

```
import numpy as np
import pandas as pd
import matplotlib.pyplot as plt
plt.rcParams['font.sans-serif'] = ['SimHei']
plt.rcParams['axes.unicode_minus'] = False
%matplotlib inline
```

(2) 设置 df 表格输出样式，代码如下：

```
table.dataframe td, table.dataframe th {
   border: 1px blue solid !important;
 color: black !important;
}
```

(3) 导入要处理的文件，并展示文件中的信息，代码如下：

```
order_df = pd.read_excel('某电商网站订单数据.xlsx', index_col='id')
order_df.head()

order_df.info()
```

执行代码后输出如下：

```
<class 'pandas.core.frame.DataFrame'>
Int64Index: 104557 entries, 1 to 104557
Data columns (total 10 columns):
 #   Column       Non-Null Count   Dtype
---  ------       --------------   -----
 0   orderID      104557 non-null  object
 1   userID       104557 non-null  object
 2   goodsID      104557 non-null  object
 3   orderAmount  104557 non-null  float64
 4   payment      104557 non-null  float64
 5   chanelID     104549 non-null  object
 6   platfromType 104557 non-null  object
 7   orderTime    104557 non-null  datetime64[ns]
 8   payTime      104557 non-null  datetime64[ns]
 9   chargeback   104557 non-null  object
dtypes: datetime64[ns](2), float64(2), object(6)
memory usage: 8.8+ MB
```

(4) 去重处理，代码如下：

```
order_df.drop(columns='goodsID', inplace=True)

# 去除重复值
order_df.drop_duplicates('orderID', inplace=True)

# 去除之后的形状
order_df.shape
```

(5) 提取 2019 年的数据，并验证是否是 2019 年的数据，代码如下：

```
from datetime import datetime
start = datetime(2019, 1, 1)
end = datetime(2019, 12, 31, 23, 59, 59)
order_df.drop(order_df[order_df.orderTime < start].index, inplace=True)
order_df.drop(order_df[order_df.orderTime > end].index, inplace=True)

# 验证是否是 2019 年数据
order_df.head()
order_df.tail()
```

执行结果如图 2-8 所示。

id	orderID	userID	orderAmount	payment	chanelID	platfromType	orderTime	payTime	chargeback
104297	sys-2019-344079195	user-182248	831.29	766.07	渠道-0896	We c hatMP	2019-12-31 23:32:55	2019-12-31 23:33:06	否
104298	sys-2019-296195955	user-143322	1565.67	1414.89	渠道-0007	APP	2019-12-31 23:33:05	2019-12-31 23:34:36	是
104299	sys-2019-382387725	user-220484	3326.83	3273.54	渠道-0530	WE B	2019-12-31 23:37:30	2019-12-31 23:37:44	否
104300	sys-2019-303891464	user-285133	241.75	241.75	渠道-0765	Wech atMP	2019-12-31 23:38:43	2019-12-31 23:39:01	是
104301	sys-2019-291405901	user-298747	442.85	339.78	渠道-0283	Wech atMP	2019-12-31 23:48:34	2019-12-31 23:49:04	否

图 2-8　执行结果

(6) 开始处理错误数据。首先处理与业务流程不符的数据，具体流程如下。

● 处理支付时间早于下单时间的数据，代码如下：

```
order_df.drop(order_df[order_df.payTime < order_df.orderTime].index, inplace=True)
order_df[order_df.payTime < order_df.orderTime]  # 验证是否已成功删除支付时间早于订单时间的行
```

执行结果如下：

```
orderID userID orderAmount payment chanelID platfromType orderTime payTime chargeback
id
```

● 处理支付时长超过 30 分钟的数据，代码如下：

```
order_df.drop(order_df[(order_df.payTime - order_df.orderTime).dt.days > 0].index,
inplace=True)
order_df.drop(order_df[(order_df.payTime - order_df.orderTime).dt.seconds > 1800].index,
inplace=True)
# 检验是否删除成功
order_df[(order_df.payTime - order_df.orderTime).dt.days > 0]
order_df[(order_df.payTime - order_df.orderTime).dt.seconds > 1800]
```

执行结果如下：

```
orderID userID orderAmount payment chanelID platfromType orderTime payTime chargeback
id
```

● 处理订单金额或者支付金额小于 0 的数据，代码如下：

```
order_df.drop(order_df[(order_df['payment'] < 0)].index, inplace=True)
# order_df[(order_df['orderAmount'] < 0)]
# 检查是否删除干净
order_df[order_df.payment < 0]
```

执行结果如下：

```
orderID userID orderAmount payment chanelID platfromType orderTime payTime chargeback
id
```

(7) 处理渠道为空的数据，具体流程如下。

- 查看渠道为空的数据，代码如下：

```
order_df[order_df.chanelID.isna()]
```

执行结果如下：

```
orderID userID orderAmount payment chanelID platfromType orderTime payTime chargeback
id
11598    sys-2019-353765060 user-120690    534.12    477.100000    NaN WEB 2019-03-02
10:11:38 2019-03-02 10:11:55    否
11639    sys-2019-339868263 user-264491    206.33    206.330000    NaN We c hatMP
    2019-03-02 14:02:58    2019-03-02 14:03:22    否
14234    sys-2019-313502796 user-180054    669.09    669.090000    NaN We c hatMP
    2019-03-16 15:13:31    2019-03-16 15:13:55    否
35716    sys-2019-300339928 user-270141    328.83    295.470000    NaN Wech atMP
    2019-06-06 11:03:46    2019-06-06 11:04:19    否
55444    sys-2019-286784634 user-183770    488.07    476.810000    NaN AP P 2019-08-04
18:53:34 2019-08-04 18:53:49    否
62378    sys-2019-288609013 user-213725    1316.69    10496.526809    NaN Wech atMP
    2019-08-26 23:55:30    2019-08-26 23:56:57    否
77890    sys-2019-251942165 user-100835    3613.63    3545.980000    NaN Wech atMP
    2019-10-15 22:59:12    2019-10-15 22:59:28    否
86627    sys-2019-322891956 user-116711    802.18    748.850000    NaN Wech atMP
    2019-11-13 00:06:21    2019-11-13 00:06:39    否
```

- 检验是否填充完毕，代码如下：

```
order_df.rename(columns={'chanelID': 'channelID'}, inplace=True)

mode_channelID = order_df.channelID.mode()[0]
order_df.channelID.fillna(mode_channelID, inplace=True)

order_df[order_df.channelID.isna()]
order_df.info()
```

执行结果如下：

```
<class 'pandas.core.frame.DataFrame'>
Int64Index: 103321 entries, 6 to 104301
Data columns (total 9 columns):
 #   Column        Non-Null Count   Dtype
---  ------        --------------   -----
 0   orderID       103321 non-null  object
 1   userID        103321 non-null  object
 2   orderAmount   103321 non-null  float64
 3   payment       103321 non-null  float64
 4   channelID     103321 non-null  object
 5   platfromType  103321 non-null  object
```

```
 6   orderTime       103321 non-null  datetime64[ns]
 7   payTime         103321 non-null  datetime64[ns]
 8   chargeback      103321 non-null  object
dtypes: datetime64[ns](2), float64(2), object(5)
memory usage: 11.9+ MB
```

(8) 处理平台类型(去掉多余空格，保持数据一致)，具体代码如下：

```
order_df.rename(columns={'platfromType': 'platformType'}, inplace=True);

# 统一写法，将空格去掉，将字母全部小写， 这里是正则匹配的写法
order_df.platformType = order_df.platformType.str.replace(r'\s', '',
regex=True).str.lower()
order_df.head(10)
```

执行结果如下：

```
orderID userID orderAmount payment channelID platformType orderTime payTime chargeback
id
6      sys-2019-279103297user-146548   425.20     425.20    渠道-0765 wechatmp 2019-01-01
00:12:23 2019-01-01 00:13:37      否
7      sys-2019-316686066user-104210   1764.37    1707.04   渠道-0396 wechatmp 2019-01-01
00:23:06 2019-01-01 00:23:32      否
8      sys-2019-306447069user-104863   499.41     480.42    渠道-0007 wechatmp 2019-01-01
01:05:50 2019-01-01 01:06:17      否
9      sys-2019-290267674user-206155   1103.00    1050.95   渠道-0330 app 2019-01-01
01:16:12 2019-01-01 01:16:25      否
10     sys-2019-337079027user-137939   465.41     465.41    渠道-9527 alimp     2019-01-01
01:31:00 2019-01-01 01:31:36      否
11     sys-2019-417411381user-181957   279.53     279.53    渠道-0007 app 2019-01-01
01:36:17 2019-01-01 01:36:56      否
12     sys-2019-254286596user-174586   622.70     622.70    渠道-0283 wechatmp 2019-01-01
01:37:00 2019-01-01 01:37:14      否
13     sys-2019-303647260user-178023   969.61     913.58    渠道-0765 app 2019-01-01
02:11:23 2019-01-01 02:12:56      否
14     sys-2019-347419495user-209896   279.18     225.15    渠道-0396 app 2019-01-01
02:31:13 2019-01-01 02:32:40      否
15     sys-2019-384544993user-148994   3424.78    3424.78   渠道-0530 wechatmp 2019-01-01
02:57:16 2019-01-01 02:57:42      否
```

(9) 添加折扣字段，处理折扣大于 1 的字段，将支付金额改为'订单金额 * 平均折扣'，具体代码如下：

```
order_df['discount'] = np.round(order_df.payment / order_df.orderAmount, 4)

# 注意计算平均折扣一定要在正常范围内计算，找出所有折扣小于等于 1 的数据取折扣一列数值
mean_discount = np.mean(order_df[order_df.discount <= 1].discount)
```

```
# 先将折扣改成正确的
order_df.discount = order_df.discount.apply(lambda x: x if x <= 1 else mean_discount)

# 再将支付金额改成对的
order_df.payment = order_df.orderAmount * order_df.discount

order_df.shape
```

执行结果如下：

```
(103321, 10)
```

2.5.2 数据分析

完成数据清洗工作后，接下来用清洗后的数据进行数据分析，具体步骤如下。

(1) 分析数据中的计算金额，包含交易总金额(GMV)、总销售额、实际销售额、退货率、客单价等，具体代码如下：

```
# 计算交易总金额(GMV)、总销售额、实际销售额、退货率、客单价(ARPPU)
gmv = order_df.orderAmount.sum() # 交易总额 -> 订单总额
total_payment = order_df.payment.sum() # 总销售额 -> 用户付的钱
real_payment = order_df[order_df.chargeback=='否'].payment.sum() # 实际销售额 -> 除去退货
chargeback_rate = order_df[order_df.chargeback=='是'].payment.count() / order_df.shape[0]
# 退货率 -> 退货数量除以总数量
user_count = order_df.userID.nunique() # 不重复的用户数量，因为可能一个用户多次购买
arppu = real_payment / user_count # 客单价 = 实际销售额 / 用户数

l1 = [gmv, total_payment, real_payment, chargeback_rate, user_count, arppu]
l2 = 'gmv, total_payment, real_payment, chargeback_rate, user_count, arppu'.split(', ')
mp = dict(zip(l2, l1))
mp
```

执行结果如下：

```
{'gmv': 108495929.7,
 'total_payment': 102600896.62845252,
 'real_payment': 88915993.09978104,
 'chargeback_rate': 0.13173507805770365,
 'user_count': 78634,
 'arppu': 1130.75759976322}
```

(2) 分析每月的 GMV 及趋势，并绘制出对应的折线图，代码如下：

```
# 每个月的 GMV(订单总和)
# 加一列月份
order_df['month'] = order_df.orderTime.dt.month
```

```
# 看是否加上了
order_df.columns

# 先按月分组，然后找到orderAmount，统计求和，这样就得到了每月的GMV(交易总额)
# 每个都除以10000，表示以万元为单位
gmv_by_month = order_df.groupby('month').orderAmount.sum() / 10000 # 每月交易额

# 相似的方法求出其他值
pay_by_month = order_df.groupby('month').payment.sum() / 10000 # 每月销售额
real_by_month = order_df[order_df.chargeback=='否'].groupby('month').payment.sum() /
                10000# 每月实际销售额

# 可视化过程，折线图展示
plt.figure(figsize=(6, 4), dpi=120) # 加dpi是为了让图像显示更加清楚
gmv_by_month.plot(kind='line', label='每月总交易额')
pay_by_month.plot(kind='line', label='每月总销售额')
real_by_month.plot(kind='line', label='每月实际销售额', marker='*')
plt.title('每月交易额和销售额')
plt.legend() # 图例
plt.xticks(list(range(1, 13))) # x轴刻度
plt.xlabel('月份') # x轴标注
plt.ylabel('金额(万元)') # y轴标注
plt.grid(axis='y', linestyle='--', alpha=0.5) # 网格线
for i in range(1, 13):
    plt.text(i, real_by_month[i]-20, np.round(real_by_month[i], 2))
plt.show()
```

执行结果如图2-9所示。

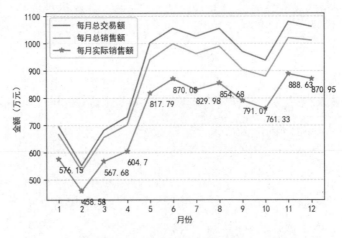

图2-9　每月GMV趋势图

(3) 分析流量渠道的来源数据，并绘制出对应的饼图，代码如下：

```
# 流量渠道来源分析(饼图)
gmv_by_channel = order_df.groupby('channelID').orderAmount.sum()
gmv_by_channel

plt.figure(figsize=(6, 6), dpi= 120)
gmv_by_channel.nlargest(10).plot(
    kind='pie',
    autopct='%.2f%%',
    pctdistance=0.8, # 百分比的位置
    wedgeprops= { #环状图
        'width': 0.35,# 掏空的大小
        'linewidth': 1,
        'edgecolor': 'white'
    }
)
plt.ylabel(None)
plt.show()
```

执行结果如图 2-10 所示。

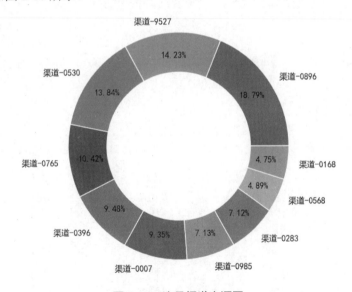

图 2-10　流量渠道来源图

(4) 分析周一～周日哪天的下单量最高，并绘制出对应的柱状图。需要注意的是，想要统计周几下单最高，需要先加一列星期的列，然后根据星期分组统计出一周内的下单量。代码如下：

```
order_df['weekday'] = order_df.orderTime.dt.weekday
ser = order_df.groupby('weekday').orderID.count()

plt.figure(figsize=(6, 4), dpi=120)
# ser.reindex([1, 2, 3, 4, 5, 6, 0])
ser.plot(
    kind='bar',
    color=np.random.rand(7, 3),
)
plt.xticks(ser.index, labels=[f'周{i}' for i in '日一二三四五六'], rotation=0)
# 找到位置，标记就行了

plt.show()

# 统计每天哪个时段下单量最高
# 想要统计哪个时段的下单量最高，先要分时段，这里需要做取整操作
# 处理完成之后取 time 就拿到了时间，然后以时间分组
order_df['time'] = order_df.orderTime.dt.floor('30T').dt.time
order_df.head(10)
ser1 = order_df.groupby('time').orderID.count()

plt.figure(figsize=(10, 6), dpi=120)
ser1.plot(
    kind='bar',
    color=np.random.rand(48, 3)
)
plt.show()
```

执行结果如图 2-11 所示。

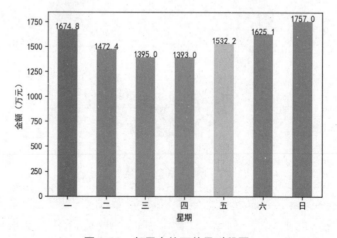

图 2-11　每周中的下单量时段图

绘制每天中下单量最高时段对应的柱状图，执行结果如图 2-12 所示。

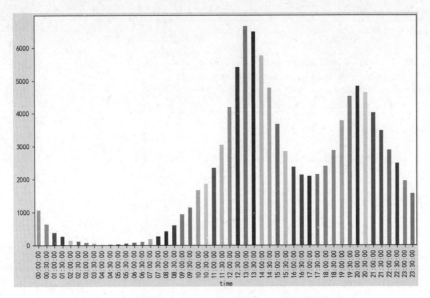

图 2-12　每天中的下单量时段图

（5）计算用户的复购率。计算复购率的技巧是将所有的 1 变成 0，将所有大于 1 的数值变成 1，这样计算复购时可以求和。代码如下：

```
temp = pd.pivot_table(data=order_df, index=['userID'], columns='month',
values=['orderID'], aggfunc='count')

# 计算购买人数时可以使用 count
def handle_data(x):
    return 1 if x > 1 else 0 if x == 1 else np.nan
temp = temp.applymap(handle_data)
temp.info()
```

执行结果如下：

```
<class 'pandas.core.frame.DataFrame'>
Index: 78634 entries, user-100000 to user-299995
Data columns (total 12 columns):
 #   Column       Non-Null Count  Dtype
---  ------       --------------  -----
 0   (orderID, 1)  6241 non-null  float64
 1   (orderID, 2)  4907 non-null  float64
 2   (orderID, 3)  5796 non-null  float64
 3   (orderID, 4)  6483 non-null  float64
 4   (orderID, 5)  9360 non-null  float64
```

```
5   (orderID, 6)    10347 non-null  float64
6   (orderID, 7)    9356 non-null   float64
7   (orderID, 8)    9259 non-null   float64
8   (orderID, 9)    9141 non-null   float64
9   (orderID, 10)   8704 non-null   float64
10  (orderID, 11)   10680 non-null  float64
11  (orderID, 12)   10365 non-null  float64
dtypes: float64(12)
memory usage: 7.8+ MB
```

通过如下代码计算复购率：

```
repurchase_rate = temp.sum() / temp.count() * 100
repurchase_rate
```

执行结果如下：

```
    Month   orderID
1           1.826630
2           1.141227
3           1.742581
4           2.020669
5           3.055556
6           3.054025
7           2.522445
8           3.164489
9           2.472377
10          2.791820
11          2.911985
12          3.087313
dtype: float64
```

2.5.3　数据建模

在数据分析过程中，数据需求最初被记录为概念数据模型。它本质上是一组关于数据的技术规范，用于与业务利益相关者讨论初始需求；然后，概念数据模型被转换为逻辑数据模型，该模型记录了可以在数据库中实现的数据结构，一个概念数据模型的实现可能需要多个逻辑数据模型；最后，逻辑数据模型被转换为物理数据模型，将数据组织成表格，并说明访问、性能和存储细节。数据建模不仅定义了数据元素，还定义了数据的结构和数据之间的关系。

数据建模是一个过程，用来定义和分析数据的需求，以支持所需的业务流程，属于相应的信息系统。因此，数据建模的过程涉及专业的数据建模者与业务利益相关者，以及信息系统的潜在用户。

本项目将使用 RFM 模型建模。RFM 模型是衡量客户价值和客户创利能力的重要工具和手段。在众多的客户关系管理(CRM)分析模式中，RFM 模型是被广泛使用的，它会通过一个客户的近期购买行为、购买的总体频率以及花了多少钱 3 项指标来描述该客户的价值状况。根据美国数据库营销研究所 Arthur Hughes 的研究，客户数据库中有 3 个神奇的要素，构成了数据分析最好的指标：

- 最近一次消费时间间隔(Recency)；
- 消费频率(Frequency)；
- 消费金额(Monetary)。

具体说明如图 2-13 所示。

用户分类	最近一次消费时间间隔（R）	消费频率（F）	消费金额（M）
1.重要价值用户	高	高	高
2.重要发展用户	高	低	高
3.重要保持用户	低	高	高
4.重要挽留用户	低	低	高
5.一般价值用户	高	高	低
6.一般发展用户	高	低	低
7.一般保持用户	低	高	低
8.一般挽留用户	低	低	低

图 2-13 三个指标

本项目数据建模的过程如下。

(1) 首先删除退货的用户，代码如下：

```
temp_df = order_df.drop(order_df[order_df.chargeback == '是'].index)
```

执行结果如下：

```
((89710, 13), (103321, 13))
```

然后建立 RFM 模型，代码如下：

```
temp_df.shape, order_df.shape
# 接下来建立 RFM 模型
# 流程就是分别添加 RFM 列，然后根据 RMF 值确定用户类型
# 首先添加 F 列
temp_df['F'] = 1
res_df = temp_df.pivot_table(index='userID', values=['orderTime', 'F', 'orderAmount'],
            aggfunc={
                'orderTime': max,
```

```
                      'F': sum,
                      'orderAmount': sum
             })  # 使用字典代表每个列使用的函数
res_df
```

执行结果如下：

```
userID          F     orderAmount     orderTime

user-100000     1     1978.47     2019-10-13 18:46:46
user-100003     1     521.60      2019-05-24 13:04:05
user-100006     1     466.89      2019-11-14 15:37:19
user-100007     1     2178.20     2019-01-14 18:45:35
user-100008     1     4949.65     2019-11-16 17:15:03
...  ...  ...  ...
user-299980     1     441.71      2019-10-18 10:53:37
user-299983     1     706.80      2019-12-27 17:57:11
user-299989     2     1685.18     2019-11-11 10:40:08
user-299992     1     508.75      2019-01-01 16:14:47
user-299995     1     479.94      2019-03-30 16:35:12
70592 rows × 3 columns
```

(2) 添加 RFM 列。首先添加 R 列，代码如下：

```
# 添加 R 列，统计最近一次购买行为。距离本年度最后一天的天数
cur_date = datetime(2019, 12, 31, 23, 59, 59)
res_df['R'] = (cur_date - res_df['orderTime']).dt.days
res_df
```

执行结果如图 2-14 所示。

userID	F	orderAmount	orderTime	R
user-100000	1	1978.47	2019-10-13 18:46:46	79
user-100003	1	521.60	2019-05-24 13:04:05	221
user-100006	1	466.89	2019-11-14 15:37:19	47
user-100007	1	2178.20	2019-01-14 18:45:35	351
user-100008	1	4949.65	2019-11-16 17:15:03	45
...	...	...	...	...
user-299980	1	441.71	2019-10-18 10:53:37	74
user-299983	1	706.80	2019-12-27 17:57:11	4
user-299989	2	1685.18	2019-11-11 10:40:08	50
user-299992	1	508.75	2019-01-01 16:14:47	364
user-299995	1	479.94	2019-03-30 16:35:12	276

70592 rows × 4 columns

图 2-14　执行结果

然后，添加 M 列，代码如下：

```
#添加 M 列
res_df['M'] = res_df.orderAmount

# 删除其他列
res_df.drop(['orderAmount', 'orderTime'], axis=1, inplace=True)

# 查看分布
import seaborn as sns
# sns.distplot(res_df.orderAmount)
# sns.distplot(res_df.R)
sns.displot(res_df.F)

plt.show()
```

执行结果如图 2-15 所示。通过绘制的分布图，可以决定使用什么标准来衡量不同值之间的大小。

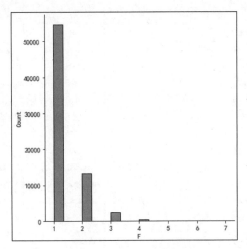

图 2-15 绘制的分布图

最后，与中位数作差，将大于中位数的值标记为 1，小于中位数标记为 0，代码如下：

```
res_df = res_df.reindex(columns=['R', 'F', 'M'])
temp_df = res_df.apply(lambda x: x - x.mean()) # 处理每一列
temp_df = temp_df.applymap(lambda x: '0' if x < 0 else '1') # 处理每个元素
temp_df
```

执行结果如图 2-16 所示。

(3) 添加标签列，定义映射函数，为后面的绘图做准备，代码如下：

```
tags_dict = {
    '111': '重要价值用户',
    '101': '重要发展用户',
    '011': '重要保持用户',
    '001': '重要挽留用户',
    '110': '一般价值用户',
    '100': '一般发展用户',
    '010': '一般保持用户',
    '000': '一般挽留用户',
}
def make_tag(model):
    key = model['R'] + model['F'] + model['M']
    return tags_dict[key]


temp_df['TAG'] = temp_df.apply(handle_df,axis=1)
temp_df
```

执行结果如图 2-17 所示。

userID	R	F	M
user-100000	0	0	1
user-100003	1	0	0
user-100006	0	0	0
user-100007	1	0	1
user-100008	0	0	1
...	...	...	...
user-299980	0	0	0
user-299983	0	0	0
user-299989	0	1	1
user-299992	1	0	0
user-299995	1	0	0

70592 rows × 3 columns

图 2-16　执行结果

userID	R	F	M	TAG
user-100000	0	0	1	重要挽留用户
user-100003	1	0	0	一般发展用户
user-100006	0	0	0	一般挽留用户
user-100007	1	0	1	重要发展用户
user-100008	0	0	1	重要挽留用户
...	...	...	...	...
user-299980	0	0	0	一般挽留用户
user-299983	0	0	0	一般挽留用户
user-299989	0	1	1	重要保持用户
user-299992	1	0	0	一般发展用户
user-299995	1	0	0	一般发展用户

70592 rows × 4 columns

图 2-17　执行结果

(4) 绘制不同用户的可视化占比图，代码如下：

```
rfm_model['label'] = rfm_model.apply(make_tag, axis=1)
rfm_model.rename(columns={'label': 'TAG'}, inplace=True)


plt.figure(figsize=(6, 6), dpi=120)
ser2.plot(
    kind='pie',
    autopct='%.2f%%',
```

```
    pctdistance=0.8,
    wedgeprops={
        'width': 0.35,
        'edgecolor':'white',
        'linewidth': 1

    }

)
plt.ylabel('')
plt.show()
```

执行结果如图 2-18 所示。

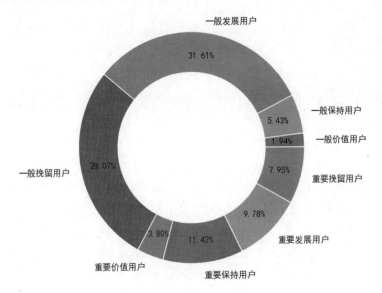

图 2-18　用户占比图

第 3 章

房产信息数据分析和可视化系统
(网络爬虫+MySQL+pylab 实现)

　　房产的价格是人们的关注对象之一，些许风吹草动都会引起大家的注意。本章详细讲解使用 Python 语言采集主流网站主流城市房价信息的过程，包括新房价格、二手房价格和房租价格，并进一步分析这些数据，将房产的价格以直观的图表方式展示出来。

3.1　背景介绍

随着房价的不断升高，人们对房价的关注度也越来越高。房产投资者希望通过房价数据预判房价走势，从而进行有效的投资，获取收益；因结婚、孩子上学而需要买房的民众，则希望通过房价数据寻找买房的最佳时机，以最合适的价格能购买到满足需要的房产。

扫码看视频

3.1.1　行业发展现状

2022 年，受国际金融危机及国内经济回调的影响，住房销售低迷，房价涨势逐步回落，房地产市场进入调整阶段，调整程度逐步加深。2022 下半年，作为扩大内需、促进经济增长的重点，中央及地方政府连续出台了多项鼓励住房消费、活跃房地产市场的调控政策。目前，国家已经将支持房地产业稳定发展作为保增长的重点产业，并出台一系列鼓励住房消费的政策，从政策层面上给予消费者信心。同时，国家连续出台强有力度的刺激经济措施，力争经济增长保持在 8%以上。

3.1.2　房地产行业市场调查

房地产行业市场调查报告是运用科学的方法，有目的、系统性地搜集、记录、整理有关房地产行业市场信息和资料，分析房地产行业市场的现状及其发展趋势，为房地产行业投资决策或营销决策提供客观的、正确的资料。

在房地产行业市场调查报告中，包含的内容通常有：房地产行业市场环境调查，包括政策环境、经济环境、社会文化环境的调查；房地产行业市场基本状况的调查，包括市场规范，总体需求量，市场的动向，同行业的市场分布占有率等；销售可能性调查，包括现有和潜在用户的人数及需求量，市场需求变化趋势，本企业竞争对手的产品在市场上的占有率，扩大销售的可能性和具体途径等；此外，还要对房地产行业消费者及消费需求、企业产品、产品价格、影响销售的社会和自然因素、销售渠道等开展调查。

房地产行业市场调查报告一般采用直接调查与间接调查两种研究方法。

(1) 直接调查法：通过对主要区域的房地产行业国内外主要厂商、贸易商、下游需求厂商以及相关机构进行直接的电话交流与深度访谈，获取房地产行业相关产品市场中的原始数据与资料。

(2) 间接调查法：充分利用各种资源以及所掌握历史数据与二手资料，及时获取房地产行业的相关信息与动态数据。

3.2 需求分析

在当前市场环境下，房价水平牵动了大多数人的心，各大房产网都上线了"查房价"相关的功能模块，以满足购房者/计划购房者经常关注房价行情的需求，从而实现增加产品活跃度、促进购房转化的目的。整个房产网市场的用户群相似，但主要房源资源和营销方式有所差异。其中，房产网巨头公司的房源，由于有品牌与质量的优势，扩张迅速，市场推广费用也越来越贵。而购房者迫切希望找到精确且经济的房价查询系统，这个时候推出一款能够完整展示房产信息的软件变得越发重要。

扫码看视频

本项目将提供国内主流城市每个区域、每个小区的房价成交情况、关注情况、发展走势，乃至每个小区的解读/评判，以此解决用户购房没有价格依据、无从选择购房时机的问题，满足用户及时了解房价行情、以最合适价格购买最合适房产的需求。

通过使用本系统，可以产生如下所示的价值。

● 增加活跃：由于对房价的关注是中长期性质的，因此不断更新的行情数据可以增加用户活跃度。

● 促进转化：使用房价等数据为用户合适的位置与价格，可以提高用户的咨询率与成交率。

● 减少跳失：若购房观望者无从得知房价变化，会选择最终离开。

3.3 系统架构

扫码看视频

房产信息数据分析和可视化系统架构如图 3-1 所示。

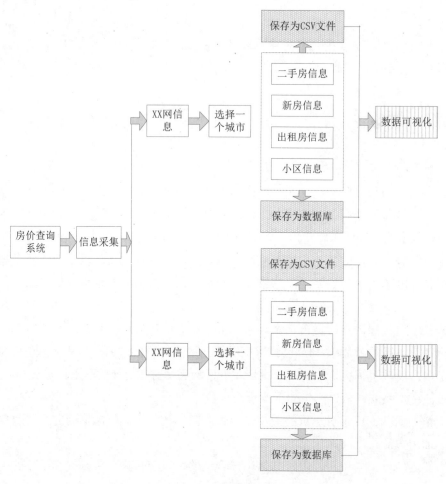

图 3-1　系统架构

3.4　系统设置

扫码看视频

本节详细讲解实现本项目系统设置模块的过程。

3.4.1　选择版本

因为在当前市面中同时存在 Python 2 和 Python 3，所以本系统分别推出了对应的两个实现版本。编写文件 version.py，供用户选择使用不同的 Python 版本，具体实现代码如下所示。

```
import sys

if sys.version_info < (3, 0):   # 如果小于 Python 3
    PYTHON_3 = False
else:
    PYTHON_3 = True

if not PYTHON_3:   # 如果不是 Python 3
    reload(sys)
    sys.setdefaultencoding("utf-8")
```

3.4.2　保存日志信息

为了便于系统维护，编写文件 log.py，保存使用本系统的日志信息，具体实现代码如下所示。

```
import logging
from lib.utility.path import LOG_PATH


logger = logging.getLogger(__name__)
logger.setLevel(level=logging.INFO)
handler = logging.FileHandler(LOG_PATH + "/log.txt")
handler.setLevel(logging.INFO)
formatter = logging.Formatter('%(asctime)s - %(levelname)s - %(message)s')
handler.setFormatter(formatter)
logger.addHandler(handler)


if __name__ == '__main__':
    pass
```

3.4.3　设置创建的文件名

本系统能够将爬取的房价信息保存到本地 CSV 文件中，保存 CSV 文件的文件夹的命名机制有日期、城市和房源类型等。编写系统设置文件 path.py，功能是根据不同的机制创建对应的文件夹来保存 CSV 文件。文件 path.py 的具体实现代码如下所示。

```
def get_root_path():
    file_path = os.path.abspath(inspect.getfile(sys.modules[__name__]))
    parent_path = os.path.dirname(file_path)
    lib_path = os.path.dirname(parent_path)
    root_path = os.path.dirname(lib_path)
    return root_path
```

```python
def create_data_path():
    root_path = get_root_path()
    data_path = root_path + "/data"
    if not os.path.exists(data_path):
        os.makedirs(data_path)
    return data_path


def create_site_path(site):
    data_path = create_data_path()
    site_path = data_path + "/" + site
    if not os.path.exists(site_path):
        os.makedirs(site_path)
    return site_path


def create_city_path(site, city):
    site_path = create_site_path(site)
    city_path = site_path + "/" + city
    if not os.path.exists(city_path):
        os.makedirs(city_path)
    return city_path


def create_date_path(site, city, date):
    city_path = create_city_path(site, city)
    date_path = city_path + "/" + date
    if not os.path.exists(date_path):
        os.makedirs(date_path)
    return date_path


# const for path
ROOT_PATH = get_root_path()
DATA_PATH = ROOT_PATH + "/data"
SAMPLE_PATH = ROOT_PATH + "/sample"
LOG_PATH = ROOT_PATH + "/log"

if __name__ == "__main__":
    create_date_path("lianjia", "sh", "20160912")
    create_date_path("beike", "bj", "20160912")
```

3.4.4　设置爬取城市

　　本系统需要爬取国内主流一线、二线城市的房价，编写文件 city.py，设置要爬取的城市，并实现城市缩写和城市名的映射。如果想爬取其他已有的城市，需要把相关城市信息放入到文件 city.py 的字典中。文件 city.py 的具体实现代码如下所示。

```
cities = {
    'bj': '北京',
    'cd': '成都',
    'cq': '重庆',
    'cs': '长沙',
    'dg': '东莞',
    'dl': '大连',
    'fs': '佛山',
    'gz': '广州',
    'hz': '杭州',
    'hf': '合肥',
    'jn': '济南',
    'nj': '南京',
    'qd': '青岛',
    'sh': '上海',
    'sz': '深圳',
    'su': '苏州',
    'sy': '沈阳',
    'tj': '天津',
    'wh': '武汉',
    'xm': '厦门',
    'yt': '烟台',
}


lianjia_cities = cities
beike_cities = cities


def create_prompt_text():
    """
    根据已有城市中英文对照表拼接选择提示信息
    :return: 拼接好的字串
    """
    city_info = list()
    count = 0
    for en_name, ch_name in cities.items():
        count += 1
```

```
            city_info.append(en_name)
            city_info.append(": ")
            city_info.append(ch_name)
            if count % 4 == 0:
                city_info.append("\n")
            else:
                city_info.append(", ")
    return 'Which city do you want to crawl?\n' + ''.join(city_info)


def get_chinese_city(en):
    """
    拼音名转中文城市名
    :param en: 拼音
    :return: 中文
    """
    return cities.get(en, None)


def get_city():
    city = None
    # 允许用户通过命令直接指定城市
    if len(sys.argv) < 2:
        print("Wait for your choice.")
        # 让用户选择爬取哪个城市的二手房价格数据
        prompt = create_prompt_text()
        # 判断 Python 版本
        if not PYTHON_3:  # 如果小于 Python 3
            city = raw_input(prompt)
        else:
            city = input(prompt)
    elif len(sys.argv) == 2:
        city = str(sys.argv[1])
        print("City is: {0}".format(city))
    else:
        print("At most accept one parameter.")
        exit(1)

    chinese_city = get_chinese_city(city)
    if chinese_city is not None:
        message = 'OK, start to crawl ' + get_chinese_city(city)
        print(message)
        logger.info(message)
    else:
        print("No such city, please check your input.")
        exit(1)
    return city
```

```
if __name__ == '__main__':
    print(get_chinese_city("sh"))
```

3.4.5 处理区县信息

编写文件 area.py，处理每个城市的区县信息，具体实现代码如下所示。

```
def get_district_url(city, district):
    """
    拼接指定城市的区县url
    :param city: 城市
    :param district: 区县
    :return:
    """
    return "http://{0}.{1}.com/xiaoqu/{2}".format(city, SPIDER_NAME, district)


def get_areas(city, district):
    """
    通过城市和区县名获得下级版块名
    :param city: 城市
    :param district: 区县
    :return: 区县列表
    """
    page = get_district_url(city, district)
    areas = list()
    try:
        headers = create_headers()
        response = requests.get(page, timeout=10, headers=headers)
        html = response.content
        root = etree.HTML(html)
        links = root.xpath(DISTRICT_AREA_XPATH)

        # 对超级链接标签a中的子标签list进行处理
        for link in links:
            relative_link = link.attrib['href']
            # 去掉最后的"/"
            relative_link = relative_link[:-1]
            # 获取分割后的列表中的最后一项
            area = relative_link.split("/")[-1]
            # 去掉区县名,防止重复
            if area != district:
                chinese_area = link.text
                chinese_area_dict[area] = chinese_area
```

```
        # print(chinese_area)
        areas.append(area)
    return areas
except Exception as e:
    print(e)
```

编写文件 district.py，获取各个区县的详细信息，具体实现代码如下所示。

```
chinese_city_district_dict = dict()        # 城市代码和中文名映射
chinese_area_dict = dict()                 # 版块代码和中文名映射
area_dict = dict()


def get_chinese_district(en):
    """
    英文区县名转中文区县名
    :param en: 英文
    :return: 中文
    """
    return chinese_city_district_dict.get(en, None)


def get_districts(city):
    """
    获取各城市的区县中英文对照信息
    :param city: 城市
    :return: 英文区县名列表
    """
    url = 'https://{0}.{1}.com/xiaoqu/'.format(city, SPIDER_NAME)
    headers = create_headers()
    response = requests.get(url, timeout=10, headers=headers)
    html = response.content
    root = etree.HTML(html)
    elements = root.xpath(CITY_DISTRICT_XPATH)
    en_names = list()
    ch_names = list()
    for element in elements:
        link = element.attrib['href']
        en_names.append(link.split('/')[-2])
        ch_names.append(element.text)

        # 打印区县英文和中文名列表
    for index, name in enumerate(en_names):
        chinese_city_district_dict[name] = ch_names[index]
        # print(name + ' -> ' + ch_names[index])
    return en_names
```

3.4.6 处理日期和时间

在本项目中，爬取到的信息被保存到专用的文件夹中，这些文件夹以创建时间来命名，例如"20230207"。处理日期和时间的文件是 date.py，具体实现代码如下所示。

```python
import time

def get_time_string():
    """
    获得形如 20161010120000 这样的年月日时分秒字符串
    :return:
    """
    current = time.localtime()
    return time.strftime("%Y%m%d%H%M%S", current)


def get_date_string():
    """
    获得形如 20161010 这样的年月日字符串
    :return:
    """
    current = time.localtime()
    return time.strftime("%Y%m%d", current)

def get_year_month_string():
    """
    获得形如 201610 这样的年月字符串
    :return:
    """
    current = time.localtime()
    return time.strftime("%Y%m", current)

if __name__ == "__main__":
    print(get_date_string())
```

3.5 破解反爬机制

网络中的很多站点都设立了反爬机制，以防止站点内的信息被爬取。本节详细讲解本项目破解反爬机制的过程。

扫码看视频

3.5.1 定义爬虫基类

编写文件 base_spider.py，定义爬虫基类。文件首先设置随机延迟，防止爬虫被禁止；然后设置要爬取的目标站点(下面代码默认爬取的是 lianjia；最后获取城市列表来选择将要爬取的目标城市)。文件 base_spider.py 的具体实现代码如下所示。

```python
thread_pool_size = 50

# 防止爬虫被禁，随机延迟设定
# 如果不想 delay，就设定 False,
# 具体时间可以修改 random_delay()，由于多线程，建议数值大于 10
RANDOM_DELAY = False
LIANJIA_SPIDER = "lianjia"
BEIKE_SPIDER = "ke"
# SPIDER_NAME = LIANJIA_SPIDER
SPIDER_NAME = BEIKE_SPIDER


class BaseSpider(object):
    @staticmethod
    def random_delay():
        if RANDOM_DELAY:
            time.sleep(random.randint(0, 16))

    def __init__(self, name):
        self.name = name
        if self.name == LIANJIA_SPIDER:
            self.cities = lianjia_cities
        elif self.name == BEIKE_SPIDER:
            self.cities = beike_cities
        else:
            self.cities = None
        # 准备日期信息，爬到的数据存放到日期相关文件夹下
        self.date_string = get_date_string()
        print('Today date is: %s' % self.date_string)

        self.total_num = 0  # 总的小区个数，用于统计
        print("Target site is {0}.com".format(SPIDER_NAME))
        self.mutex = threading.Lock()  # 创建锁

    def create_prompt_text(self):
        """
        根据已有城市中英文对照表拼接选择提示信息
        :return: 拼接好的字串
```

```
    """
    city_info = list()
    count = 0
    for en_name, ch_name in self.cities.items():
        count += 1
        city_info.append(en_name)
        city_info.append(": ")
        city_info.append(ch_name)
        if count % 4 == 0:
            city_info.append("\n")
        else:
            city_info.append(", ")
    return 'Which city do you want to crawl?\n' + ''.join(city_info)

def get_chinese_city(self, en):
    """
    拼音名转中文城市名
    :param en: 拼音
    :return: 中文
    """
    return self.cities.get(en, None)
```

3.5.2 浏览器用户代理

编写文件 headers.py，实现浏览器用户代理功能，具体代码如下所示。

```
USER_AGENTS = [
  "Mozilla/4.0 (compatible; MSIE 6.0; Windows NT 5.1; SV1; AcooBrowser; .NET CLR
1.1.4322; .NET CLR 2.0.50727)",
  "Mozilla/4.0 (compatible; MSIE 7.0; Windows NT 6.0; Acoo Browser; SLCC1; .NET CLR
2.0.50727; Media Center PC 5.0; .NET CLR 3.0.04506)",
  "Mozilla/4.0 (compatible; MSIE 7.0; AOL 9.5; AOLBuild 4337.35; Windows NT 5.1; .NET
CLR 1.1.4322; .NET CLR 2.0.50727)",
  "Mozilla/5.0 (Windows; U; MSIE 9.0; Windows NT 9.0; en-US)",
  "Mozilla/5.0 (compatible; MSIE 9.0; Windows NT 6.1; Win64; x64; Trident/5.0; .NET CLR
3.5.30729; .NET CLR 3.0.30729; .NET CLR 2.0.50727; Media Center PC 6.0)",
  "Mozilla/5.0 (compatible; MSIE 8.0; Windows NT 6.0; Trident/4.0; WOW64; Trident/4.0;
SLCC2; .NET CLR 2.0.50727; .NET CLR 3.5.30729; .NET CLR 3.0.30729; .NET CLR 1.0.3705; .NET
CLR 1.1.4322)",
  "Mozilla/4.0 (compatible; MSIE 7.0b; Windows NT 5.2; .NET CLR 1.1.4322; .NET CLR
2.0.50727; InfoPath.2; .NET CLR 3.0.04506.30)",
  "Mozilla/5.0 (Windows; U; Windows NT 5.1; zh-CN) AppleWebKit/53.15 (KHTML, like Gecko,
Safari/419.3) Arora/0.3 (Change: 287 c9dfb30)",
  "Mozilla/5.0 (X11; U; Linux; en-US) AppleWebKit/527+ (KHTML, like Gecko, Safari/419.3)
Arora/0.6",
```

```
    "Mozilla/5.0 (Windows; U; Windows NT 5.1; en-US; rv:1.8.1.2pre) Gecko/20070215
K-Ninja/2.1.1",
    "Mozilla/5.0 (Windows; U; Windows NT 5.1; zh-CN; rv:1.9) Gecko/20080705 Firefox/3.0
Kapiko/3.0",
    "Mozilla/5.0 (X11; Linux i686; U;) Gecko/20070322 Kazehakase/0.4.5",
    "Mozilla/5.0 (X11; U; Linux i686; en-US; rv:1.9.0.8) Gecko Fedora/1.9.0.8-1.fc10
Kazehakase/0.5.6",
    "Mozilla/5.0 (Windows NT 6.1; WOW64) AppleWebKit/535.11 (KHTML, like Gecko)
Chrome/17.0.963.56 Safari/535.11",
    "Mozilla/5.0 (Macintosh; Intel Mac OS X 10_7_3) AppleWebKit/535.20 (KHTML, like Gecko)
Chrome/19.0.1036.7 Safari/535.20",
    "Opera/9.80 (Macintosh; Intel Mac OS X 10.6.8; U; fr) Presto/2.9.168 Version/11.52",
]


def create_headers():
    headers = dict()
    headers["User-Agent"] = random.choice(USER_AGENTS)
    headers["Referer"] = "http://www.{0}.com".format(SPIDER_NAME)
    return headers
```

3.5.3 在线 IP 代理

编写文件 proxy.py，模拟使用专业在线代理中的 IP 地址，具体实现代码如下所示。

```
def spider_proxyip(num=10):
    try:
        url = 'http://www.网站域名.com/nt/1'
        req = requests.get(url, headers=create_headers())
        source_code = req.content
        print(source_code)
        soup = BeautifulSoup(source_code, 'lxml')
        ips = soup.findAll('tr')

        for x in range(1, len(ips)):
            ip = ips[x]
            tds = ip.findAll("td")
            proxy_host = "{0}://".format(tds[5].contents[0]) + tds[1].contents[0] + ":" +
                         tds[2].contents[0]
            proxy_temp = {tds[5].contents[0]: proxy_host}
            proxys_src.append(proxy_temp)
            if x >= num:
                break
    except Exception as e:
        print("spider_proxyip exception:")
        print(e)
```

3.6 爬虫爬取信息

扫码看视频

本系统的核心是爬虫爬取房价信息，本节详细讲解爬取不同类型房价信息的过程。

3.6.1 设置解析元素

编写文件 xpath.py，根据要爬取的目标网站设置要爬取的 HTML 元素，具体实现代码如下所示。

```
from lib.spider.base_spider import SPIDER_NAME, LIANJIA_SPIDER, BEIKE_SPIDER

if SPIDER_NAME == LIANJIA_SPIDER:
    ERSHOUFANG_QU_XPATH = '//*[@id="filter-options"]/dl[1]/dd/div/a'
    ERSHOUFANG_BANKUAI_XPATH = '//*[@id="filter-options"]/dl[1]/dd/div[2]/a'
    XIAOQU_QU_XPATH = '//*[@id="filter-options"]/dl[1]/dd/div/a'
    XIAOQU_BANKUAI_XPATH = '//*[@id="filter-options"]/dl[1]/dd/div[2]/a'
    DISTRICT_AREA_XPATH = '//div[3]/div[1]/dl[2]/dd/div/div[2]/a'
    CITY_DISTRICT_XPATH = '///div[3]/div[1]/dl[2]/dd/div/div/a'
elif SPIDER_NAME == BEIKE_SPIDER:
    ERSHOUFANG_QU_XPATH = '//*[@id="filter-options"]/dl[1]/dd/div/a'
    ERSHOUFANG_BANKUAI_XPATH = '//*[@id="filter-options"]/dl[1]/dd/div[2]/a'
    XIAOQU_QU_XPATH = '//*[@id="filter-options"]/dl[1]/dd/div/a'
    XIAOQU_BANKUAI_XPATH = '//*[@id="filter-options"]/dl[1]/dd/div[2]/a'
    DISTRICT_AREA_XPATH = '//div[3]/div[1]/dl[2]/dd/div/div[2]/a'
    CITY_DISTRICT_XPATH = '///div[3]/div[1]/dl[2]/dd/div/div/a'
```

3.6.2 爬取二手房信息

(1) 编写文件 ershou_spider.py，定义爬取二手房数据的爬虫派生类，具体实现流程如下所示。

- 编写函数 collect_area_ershou_data()，获取每个版块下所有的二手房信息，并且将这些信息写入 CSV 文件中保存，对应代码如下所示。

```
def collect_area_ershou_data(self, city_name, area_name, fmt="csv"):
    """
    :param city_name: 城市
    :param area_name: 版块
```

```
    :param fmt: 保存文件格式
    :return: None
    """
    district_name = area_dict.get(area_name, "")
    csv_file = self.today_path + "/{0}_{1}.csv".format(district_name, area_name)
    with open(csv_file, "w") as f:
        # 开始获得需要的版块数据
        ershous = self.get_area_ershou_info(city_name, area_name)
        # 锁定，多线程读写
        if self.mutex.acquire(1):
            self.total_num += len(ershous)
            # 释放
            self.mutex.release()
        if fmt == "csv":
            for ershou in ershous:
                # print(date_string + "," + xiaoqu.text())
                f.write(self.date_string + "," + ershou.text() + "\n")
    print("Finish crawl area: " + area_name + ", save data to : " + csv_file)
```

- 编写函数 get_area_ershou_info()，通过爬取页面获得城市指定版块的二手房信息，对应代码如下所示。

```
@staticmethod
def get_area_ershou_info(city_name, area_name):
    """
    :param city_name: 城市
    :param area_name: 版块
    :return: 二手房数据列表
    """
    total_page = 1
    district_name = area_dict.get(area_name, "")
    # 中文区县
    chinese_district = get_chinese_district(district_name)
    # 中文版块
    chinese_area = chinese_area_dict.get(area_name, "")

    ershou_list = list()
    page = 'http://{0}.{1}.com/ershoufang/{2}/'.format(city_name, SPIDER_NAME, area_name)
    print(page)  # 打印版块页面地址
    headers = create_headers()
    response = requests.get(page, timeout=10, headers=headers)
    html = response.content
    soup = BeautifulSoup(html, "lxml")

    # 获得爬取信息的总页数
    try:
        page_box = soup.find_all('div', class_='page-box')[0]
        matches = re.search('.*"totalPage":(\d+),.*', str(page_box))
```

```
        total_page = int(matches.group(1))
except Exception as e:
    print("\tWarning: only find one page for {0}".format(area_name))
    print(e)

# 从第一页开始，一直遍历到最后一页
for num in range(1, total_page + 1):
    page = 'http://{0}.{1}.com/ershoufang/{2}/pg{3}'.format(city_name, SPIDER_NAME,
            area_name, num)
    print(page)  # 打印每一页的地址
    headers = create_headers()
    BaseSpider.random_delay()
    response = requests.get(page, timeout=10, headers=headers)
    html = response.content
    soup = BeautifulSoup(html, "lxml")

    # 获得有小区信息的 "panel" 标签的信息
    house_elements = soup.find_all('li', class_="clear")
    for house_elem in house_elements:
        price = house_elem.find('div', class_="totalPrice")
        name = house_elem.find('div', class_='title')
        desc = house_elem.find('div', class_="houseInfo")
        pic = house_elem.find('a', class_="img").find('img', class_="lj-lazy")

        # 继续清理数据
        price = price.text.strip()
        name = name.text.replace("\n", "")
        desc = desc.text.replace("\n", "").strip()
        pic = pic.get('data-original').strip()
        # print(pic)


        # 作为对象保存
        ershou = ErShou(chinese_district, chinese_area, name, price, desc, pic)
        ershou_list.append(ershou)
return ershou_list
```

- 编写函数 start(self)，根据获取的城市参数来爬取这个城市的二手房信息，对应代码如下所示。

```
def start(self):
    city = get_city()
    self.today_path = create_date_path("{0}/ershou".format(SPIDER_NAME), city, self.date_string)

    t1 = time.time()  # 开始计时

    # 获得城市有多少区列表, district: 区县
```

```
districts = get_districts(city)
print('City: {0}'.format(city))
print('Districts: {0}'.format(districts))

# 获得每个区的版块，area: 版块
areas = list()
for district in districts:
    areas_of_district = get_areas(city, district)
    print('{0}: Area list: {1}'.format(district, areas_of_district))
    # 用list的extend方法，L1.extend(L2)，该方法将参数L2的全部元素添加到L1的尾部
    areas.extend(areas_of_district)
    # 使用一个字典来存储区县和版块的对应关系，例如{'beicai': 'pudongxinqu', }
    for area in areas_of_district:
        area_dict[area] = district
print("Area:", areas)
print("District and areas:", area_dict)

# 准备线程池用到的参数
nones = [None for i in range(len(areas))]
city_list = [city for i in range(len(areas))]
args = zip(zip(city_list, areas), nones)
# areas = areas[0: 1]   # For debugging

# 针对每个版块写一个文件，启动一个线程来操作
pool_size = thread_pool_size
pool = threadpool.ThreadPool(pool_size)
my_requests = threadpool.makeRequests(self.collect_area_ershou_data, args)
[pool.putRequest(req) for req in my_requests]
pool.wait()
pool.dismissWorkers(pool_size, do_join=True)   # 完成后退出

# 计时结束，统计结果
t2 = time.time()
print("Total crawl {0} areas.".format(len(areas)))
print("Total cost {0} second to crawl {1} data items.".format(t2 - t1, self.total_num))
```

(2) 编写文件 ershou.py，爬取指定城市的二手房信息，具体实现代码如下所示。

```
from lib.spider.ershou_spider import *

if __name__ == "__main__":
    spider = ErShouSpider(SPIDER_NAME)
    spider.start()
```

执行文件 ershou.py 后，会先提示用户选择一个要爬取的城市：

```
Today date is: 20190212
Target site is ke.com
```

```
Wait for your choice.
Which city do you want to crawl?
bj: 北京, cd: 成都, cq: 重庆, cs: 长沙
dg: 东莞, dl: 大连, fs: 佛山, gz: 广州
hz: 杭州, hf: 合肥, jn: 济南, nj: 南京
qd: 青岛, sh: 上海, sz: 深圳, su: 苏州
sy: 沈阳, tj: 天津, wh: 武汉, xm: 厦门
yt: 烟台,
```

输入一个城市的两个字母标识,例如输入 bj 并按回车键后,会爬取当天北京市的二手房信息,并将爬取到的信息保存到 CSV 文件中,如图 3-2 所示。

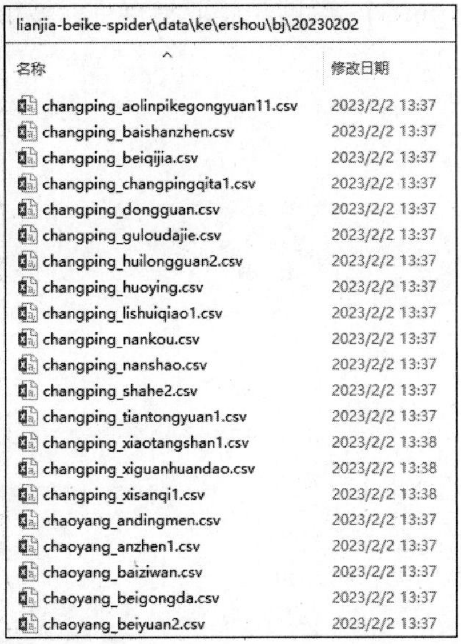

图 3-2　爬取到的二手房信息被保存到 CSV 文件中

3.6.3　爬取楼盘信息

(1) 编写文件 loupan_spider.py,定义爬取楼盘数据的爬虫派生类,具体实现流程如下所示。

- 编写函数 collect_city_loupan_data(),功能是爬取指定城市的新房楼盘信息,并将爬取的信息默认保存到 CSV 文件中,对应代码如下所示。

```
def collect_city_loupan_data(self, city_name, fmt="csv"):
    """
    :param city_name: 城市
    :param fmt: 保存文件格式
```

```
    :return: None
    """
    csv_file = self.today_path + "/{0}.csv".format(city_name)
    with open(csv_file, "w") as f:
        # 开始获得需要的版块数据
        loupans = self.get_loupan_info(city_name)
        self.total_num = len(loupans)
        if fmt == "csv":
            for loupan in loupans:
                f.write(self.date_string + "," + loupan.text() + "\n")
    print("Finish crawl: " + city_name + ", save data to : " + csv_file)
```

- 编写函数 get_loupan_info()，功能是爬取指定目标城市的新房楼盘信息，对应代码如下所示。

```
@staticmethod
def get_loupan_info(city_name):
    """
    :param city_name: 城市
    :return: 新房楼盘信息列表
    """
    total_page = 1
    loupan_list = list()
    page = 'http://{0}.fang.{1}.com/loupan/'.format(city_name, SPIDER_NAME)
    print(page)
    headers = create_headers()
    response = requests.get(page, timeout=10, headers=headers)
    html = response.content
    soup = BeautifulSoup(html, "lxml")

    # 获得总的页数
    try:
        page_box = soup.find_all('div', class_='page-box')[0]
        matches = re.search('.*data-total-count="(\d+)".*', str(page_box))
        total_page = int(math.ceil(int(matches.group(1)) / 10))
    except Exception as e:
        print("\tWarning: only find one page for {0}".format(city_name))
        print(e)

    print(total_page)
    # 从第一页开始,一直遍历到最后一页
    headers = create_headers()
    for i in range(1, total_page + 1):
        page = 'http://{0}.fang.{1}.com/loupan/pg{2}'.format(city_name, SPIDER_NAME, i)
        print(page)
        BaseSpider.random_delay()
        response = requests.get(page, timeout=10, headers=headers)
```

```
        html = response.content
        soup = BeautifulSoup(html, "lxml")

        # 获得有小区信息的 panel
        house_elements = soup.find_all('li', class_="resblock-list")
        for house_elem in house_elements:
            price = house_elem.find('span', class_="number")
            total = house_elem.find('div', class_="second")
            loupan = house_elem.find('a', class_='name')

            # 继续清理数据
            try:
                price = price.text.strip()
            except Exception as e:
                price = '0'

            loupan = loupan.text.replace("\n", "")

            try:
                total = total.text.strip().replace(u'总价', '')
                total = total.replace(u'/套起', '')
            except Exception as e:
                total = '0'

            print("{0} {1} {2} ".format(
                loupan, price, total))

            # 作为对象保存
            loupan = LouPan(loupan, price, total)
            loupan_list.append(loupan)
    return loupan_list
```

● 编写函数 start(self)，功能是根据获取的城市参数来爬取新房楼盘信息，对应代码
如下所示。

```
def start(self):
    city = get_city()
    print('Today date is: %s' % self.date_string)
    self.today_path = create_date_path("{0}/loupan".format(SPIDER_NAME), city, self.date_string)

    t1 = time.time()  # 开始计时
    self.collect_city_loupan_data(city)
    t2 = time.time()  # 计时结束，统计结果

    print("Total crawl {0} loupan.".format(self.total_num))
    print("Total cost {0} second ".format(t2 - t1))
```

(2) 编写文件 loupan.py，爬取指定城市的新房楼盘信息，具体实现代码如下所示。

```
from lib.spider.loupan_spider import *

if __name__ == "__main__":
    spider = LouPanBaseSpider(SPIDER_NAME)
    spider.start()
```

执行文件 loupan.py 后，会先提示用户选择一个要爬取的城市：

```
Today date is: 20190212
Target site is ke.com
Wait for your choice.
Which city do you want to crawl?
bj: 北京, cd: 成都, cq: 重庆, cs: 长沙
dg: 东莞, dl: 大连, fs: 佛山, gz: 广州
hz: 杭州, hf: 合肥, jn: 济南, nj: 南京
qd: 青岛, sh: 上海, sz: 深圳, su: 苏州
sy: 沈阳, tj: 天津, wh: 武汉, xm: 厦门
yt: 烟台,
```

输入一个城市的两个字母标识，例如输入 jn 并按回车键后，会爬取当天济南市的新房楼盘信息，并将爬取到的信息保存到 CSV 文件中，如图 3-3 所示。

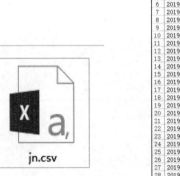

图 3-3　爬取到的新房楼盘信息被保存到 CSV 文件中

3.6.4 爬取小区信息

(1) 编写文件 xiaoqu_spider.py，定义爬取小区数据的爬虫派生类，具体实现流程如下所示。

- 编写函数 collect_area_xiaoqu_data()，获取每个版块下的所有小区的信息，并且将这些信息写入 CSV 文件中进行保存，对应代码如下所示。

```python
def collect_area_xiaoqu_data(self, city_name, area_name, fmt="csv"):
    """
    :param city_name: 城市
    :param area_name: 版块
    :param fmt: 保存文件格式
    :return: None
    """
    district_name = area_dict.get(area_name, "")
    csv_file = self.today_path + "/{0}_{1}.csv".format(district_name, area_name)
    with open(csv_file, "w") as f:
        # 开始获得需要的版块数据
        xqs = self.get_xiaoqu_info(city_name, area_name)
        # 锁定
        if self.mutex.acquire(1):
            self.total_num += len(xqs)
            # 释放
            self.mutex.release()
        if fmt == "csv":
            for xiaoqu in xqs:
                f.write(self.date_string + "," + xiaoqu.text() + "\n")
    print("Finish crawl area: " + area_name + ", save data to : " + csv_file)
    logger.info("Finish crawl area: " + area_name + ", save data to : " + csv_file)
```

- 编写函数 get_xiaoqu_info()，获取指定小区的详细信息，对应代码如下所示。

```python
@staticmethod
def get_xiaoqu_info(city, area):
    total_page = 1
    district = area_dict.get(area, "")
    chinese_district = get_chinese_district(district)
    chinese_area = chinese_area_dict.get(area, "")
    xiaoqu_list = list()
    page = 'http://{0}.{1}.com/xiaoqu/{2}/'.format(city, SPIDER_NAME, area)
    print(page)
    logger.info(page)

    headers = create_headers()
```

```
        response = requests.get(page, timeout=10, headers=headers)
        html = response.content
        soup = BeautifulSoup(html, "lxml")

        # 获得总的页数
        try:
            page_box = soup.find_all('div', class_='page-box')[0]
            matches = re.search('.*"totalPage":(\d+),.*', str(page_box))
            total_page = int(matches.group(1))
        except Exception as e:
            print("\tWarning: only find one page for {0}".format(area))
            print(e)

        # 从第一页开始,一直遍历到最后一页
        for i in range(1, total_page + 1):
            headers = create_headers()
            page = 'http://{0}.{1}.com/xiaoqu/{2}/pg{3}'.format(city, SPIDER_NAME, area, i)
            print(page)  # 打印版块页面地址
            BaseSpider.random_delay()
            response = requests.get(page, timeout=10, headers=headers)
            html = response.content
            soup = BeautifulSoup(html, "lxml")

            # 获得有小区信息的panel
            house_elems = soup.find_all('li', class_="xiaoquListItem")
            for house_elem in house_elems:
                price = house_elem.find('div', class_="totalPrice")
                name = house_elem.find('div', class_='title')
                on_sale = house_elem.find('div', class_="xiaoquListItemSellCount")

                # 继续清理数据
                price = price.text.strip()
                name = name.text.replace("\n", "")
                on_sale = on_sale.text.replace("\n", "").strip()

                # 作为对象保存
                xiaoqu = XiaoQu(chinese_district, chinese_area, name, price, on_sale)
                xiaoqu_list.append(xiaoqu)
    return xiaoqu_list
```

● 编写函数 start(self),根据获取的城市参数来爬取小区信息,对应代码如下所示。

```
def start(self):
    city = get_city()
    self.today_path = create_date_path("{0}/xiaoqu".format(SPIDER_NAME), city, self.date_string)
    t1 = time.time()  # 开始计时

    # 获得城市有多少区列表, district: 区县
```

```
districts = get_districts(city)
print('City: {0}'.format(city))
print('Districts: {0}'.format(districts))

# 获得每个区的版块, area: 版块
areas = list()
for district in districts:
    areas_of_district = get_areas(city, district)
    print('{0}: Area list: {1}'.format(district, areas_of_district))
    # 用 list 的 extend 方法, L1.extend(L2), 该方法将参数 L2 的全部元素添加到 L1 的尾部
    areas.extend(areas_of_district)
    # 使用一个字典来存储区县和版块的对应关系, 例如{'beicai': 'pudongxinqu', }
    for area in areas_of_district:
        area_dict[area] = district
print("Area:", areas)
print("District and areas:", area_dict)

# 准备线程池用到的参数
nones = [None for i in range(len(areas))]
city_list = [city for i in range(len(areas))]
args = zip(zip(city_list, areas), nones)
# areas = areas[0: 1]

# 针对每个版块写一个文件,启动一个线程来操作
pool_size = thread_pool_size
pool = threadpool.ThreadPool(pool_size)
my_requests = threadpool.makeRequests(self.collect_area_xiaoqu_data, args)
[pool.putRequest(req) for req in my_requests]
pool.wait()
pool.dismissWorkers(pool_size, do_join=True)   # 完成后退出

# 计时结束, 统计结果
t2 = time.time()
print("Total crawl {0} areas.".format(len(areas)))
print("Total cost {0} second to crawl {1} data items.".format(t2 - t1, self.total_num))
```

(2) 编写文件 xiaoqu.py,爬取指定城市的小区信息,具体实现代码如下所示。

```
from lib.spider.xiaoqu_spider import *

if __name__ == "__main__":
    spider = XiaoQuBaseSpider(SPIDER_NAME)
    spider.start()
```

执行文件 xiaoqu.py 后,会先提示用户选择一个要爬取的城市:

```
Today date is: 20190212
Target site is ke.com
```

```
Wait for your choice.
Which city do you want to crawl?
bj: 北京, cd: 成都, cq: 重庆, cs: 长沙
dg: 东莞, dl: 大连, fs: 佛山, gz: 广州
hz: 杭州, hf: 合肥, jn: 济南, nj: 南京
qd: 青岛, sh: 上海, sz: 深圳, su: 苏州
sy: 沈阳, tj: 天津, wh: 武汉, xm: 厦门
yt: 烟台,
```

输入一个城市的两个字母标识，例如输入 jn 并按回车键后，会爬取当天济南市的小区信息，并将爬取到的信息保存到 CSV 文件中。如图 3-4 所示。

图 3-4　爬取到的小区信息被保存到 CSV 文件中

3.6.5　爬取租房信息

(1) 编写文件 zufang_spider.py，定义爬取租房数据的爬虫派生类，具体实现流程如下所示。

● 编写函数 collect_area_zufang_data()，获取每个版块下的所有出租房信息，并将这些信息写入 CSV 文件中进行保存，对应代码如下所示。

```
def collect_area_zufang_data(self, city_name, area_name, fmt="csv"):
    """
    :param city_name: 城市
    :param area_name: 版块
```

```
    :param fmt: 保存文件格式
    :return: None
    """
    district_name = area_dict.get(area_name, "")
    csv_file = self.today_path + "/{0}_{1}.csv".format(district_name, area_name)
    with open(csv_file, "w") as f:
        # 开始获得需要的版块数据
        zufangs = self.get_area_zufang_info(city_name, area_name)
        # 锁定
        if self.mutex.acquire(1):
            self.total_num += len(zufangs)
            # 释放
            self.mutex.release()
        if fmt == "csv":
            for zufang in zufangs:
                f.write(self.date_string + "," + zufang.text() + "\n")
    print("Finish crawl area: " + area_name + ", save data to : " + csv_file)
```

- 编写函数 get_area_zufang_info(),获取指定城市指定版块的租房信息,对应代码如下所示。

```
@staticmethod
def get_area_zufang_info(city_name, area_name):
    matches = None
    """
    :param city_name: 城市
    :param area_name: 版块
    :return: 出租房信息列表
    """
    total_page = 1
    district_name = area_dict.get(area_name, "")
    chinese_district = get_chinese_district(district_name)
    chinese_area = chinese_area_dict.get(area_name, "")
    zufang_list = list()
    page = 'http://{0}.{1}.com/zufang/{2}/'.format(city_name, SPIDER_NAME, area_name)
    print(page)

    headers = create_headers()
    response = requests.get(page, timeout=10, headers=headers)
    html = response.content
    soup = BeautifulSoup(html, "lxml")

    # 获得总的页数
    try:
        if SPIDER_NAME == "lianjia":
            page_box = soup.find_all('div', class_='page-box')[0]
            matches = re.search('.*"totalPage":(\d+),.*', str(page_box))
```

```
    elif SPIDER_NAME == "ke":
        page_box = soup.find_all('div', class_='content__pg')[0]
        # print(page_box)
        matches = re.search('.*data-totalpage="(\d+)".*', str(page_box))
    total_page = int(matches.group(1))
    # print(total_page)
except Exception as e:
    print("\tWarning: only find one page for {0}".format(area_name))
    print(e)

# 从第一页开始，一直遍历到最后一页
headers = create_headers()
for num in range(1, total_page + 1):
    page = 'http://{0}.{1}.com/zufang/{2}/pg{3}'.format(city_name, SPIDER_NAME,
            area_name, num)
    print(page)
    BaseSpider.random_delay()
    response = requests.get(page, timeout=10, headers=headers)
    html = response.content
    soup = BeautifulSoup(html, "lxml")

    # 获得有小区信息的panel
    if SPIDER_NAME == "lianjia":
        ul_element = soup.find('ul', class_="house-lst")
        house_elements = ul_element.find_all('li')
    else:
        ul_element = soup.find('div', class_="content__list")
        house_elements = ul_element.find_all('div', class_="content__list--item")

    if len(house_elements) == 0:
        continue
    # else:
    #     print(len(house_elements))

    for house_elem in house_elements:
        if SPIDER_NAME == "lianjia":
            price = house_elem.find('span', class_="num")
            xiaoqu = house_elem.find('span', class_='region')
            layout = house_elem.find('span', class_="zone")
            size = house_elem.find('span', class_="meters")
        else:
            price = house_elem.find('span', class_="content__list--item-price")
            desc1 = house_elem.find('p', class_="content__list--item--title")
            desc2 = house_elem.find('p', class_="content__list--item--des")

        try:
            if SPIDER_NAME == "lianjia":
```

```
                price = price.text.strip()
                xiaoqu = xiaoqu.text.strip().replace("\n", "")
                layout = layout.text.strip()
                size = size.text.strip()
            else:
                # 继续清理数据
                price = price.text.strip().replace(" ", "").replace("元/月", "")
                # print(price)
                desc1 = desc1.text.strip().replace("\n", "")
                desc2 = desc2.text.strip().replace("\n", "").replace(" ", "")
                # print(desc1)

                infos = desc1.split(' ')
                xiaoqu = infos[0]
                layout = infos[1]
                descs = desc2.split('/')
                # print(descs[1])
                size = descs[1].replace("m²", "平米")

            # print("{0} {1} {2} {3} {4} {5} {6}".format(
            #     chinese_district, chinese_area, xiaoqu, layout, size, price))

            # 作为对象保存
            zufang = ZuFang(chinese_district, chinese_area, xiaoqu, layout, size, price)
            zufang_list.append(zufang)
        except Exception as e:
            print("=" * 20 + " page no data")
            print(e)
            print(page)
            print("=" * 20)
    return zufang_list
```

- 编写函数 start(self)，根据获取的城市参数来爬取这个城市的租房信息，对应代码如下所示。

```
def start(self):
    city = get_city()
    self.today_path = create_date_path("{0}/zufang".format(SPIDER_NAME), city, self.date_string)
    # collect_area_zufang('sh', 'beicai')  # For debugging, keep it here
    t1 = time.time()  # 开始计时

    # 获得城市有多少区列表, district: 区县
    districts = get_districts(city)
    print('City: {0}'.format(city))
    print('Districts: {0}'.format(districts))

    # 获得每个区的版块, area: 版块
```

```python
areas = list()
for district in districts:
    areas_of_district = get_areas(city, district)
    print('{0}: Area list: {1}'.format(district, areas_of_district))
    # 用list的extend方法,L1.extend(L2),该方法将参数L2的全部元素添加到L1的尾部
    areas.extend(areas_of_district)
    # 使用一个字典来存储区县和版块的对应关系,例如{'beicai': 'pudongxinqu', }
    for area in areas_of_district:
        area_dict[area] = district
print("Area:", areas)
print("District and areas:", area_dict)

# 准备线程池用到的参数
nones = [None for i in range(len(areas))]
city_list = [city for i in range(len(areas))]
args = zip(zip(city_list, areas), nones)
# areas = areas[0: 1]

# 针对每个版块写一个文件,启动一个线程来操作
pool_size = thread_pool_size
pool = threadpool.ThreadPool(pool_size)
my_requests = threadpool.makeRequests(self.collect_area_zufang_data, args)
[pool.putRequest(req) for req in my_requests]
pool.wait()
pool.dismissWorkers(pool_size, do_join=True)   # 完成后退出

# 计时结束,统计结果
t2 = time.time()
print("Total crawl {0} areas.".format(len(areas)))
print("Total cost {0} second to crawl {1} data items.".format(t2 - t1, self.total_num))
```

(2) 编写文件 zufang.py，爬取指定城市的租房信息，具体实现代码如下所示。

```python
from lib.spider.zufang_spider import *

if __name__ == "__main__":
    spider = ZuFangBaseSpider(SPIDER_NAME)
    spider.start()
```

执行文件 zufang.py 后，会先提示用户选择一个要爬取的城市：

```
Today date is: 20190212
Target site is ke.com
Wait for your choice.
Which city do you want to crawl?
bj: 北京, cd: 成都, cq: 重庆, cs: 长沙
dg: 东莞, dl: 大连, fs: 佛山, gz: 广州
hz: 杭州, hf: 合肥, jn: 济南, nj: 南京
```

qd: 青岛, sh: 上海, sz: 深圳, su: 苏州
sy: 沈阳, tj: 天津, wh: 武汉, xm: 厦门
yt: 烟台,

输入一个城市的两个字母标识，例如输入 jn 并按回车键后，会爬取当天济南市的租房信息，并将爬取到的信息保存到 CSV 文件中，如图 3-5 所示。

changqing_changqing1111.csv	2023/2/2 14:08
changqing_changqingdaxuecheng.csv	2023/2/2 14:08
changqing_hexiejiayuan.csv	2023/2/2 14:08
gaoxin_aotizhonglu.csv	2023/2/2 14:08
gaoxin_aotizhongxin.csv	2023/2/2 14:08
gaoxin_guojihuizhanzhongxin.csv	2023/2/2 14:08
gaoxin_hanyu.csv	2023/2/2 14:08
gaoxin_kanghonglu.csv	2023/2/2 14:08
gaoxin_qiluruanjianyuan.csv	2023/2/2 14:08
gaoxin_shengfu.csv	2023/2/2 14:08
gaoxin_shijidadao.csv	2023/2/2 14:08
huaiyin_baimashan.csv	2023/2/2 14:08
huaiyin_chalujie.csv	2023/2/2 14:08
huaiyin_dikoulu.csv	2023/2/2 14:08
huaiyin_duandian.csv	2023/2/2 14:08
huaiyin_ertongyiyuan.csv	2023/2/2 14:08
huaiyin_hexieguangchang1.csv	2023/2/2 14:08
huaiyin_huochezhan3.csv	2023/2/2 14:08
huaiyin_jianshelu2.csv	2023/2/2 14:08
huaiyin_jingshixilu.csv	2023/2/2 14:08
huaiyin_kuangshanqu1.csv	2023/2/2 14:08
huaiyin_lashan.csv	2023/2/2 14:08
huaiyin_liancheng.csv	2023/2/2 14:08

图 3-5　爬取到的租房信息被保存到 CSV 文件中

3.7　数据可视化

在爬取到房价数据后，可以将 CSV 文件实现可视化分析。为了操作方便，首先可以将爬取的数据保存到数据库中，然后提取数据库中的数据进行数据分析。本节详细讲解将数据保存到数据库并进行数据分析的过程。

扫码看视频

3.7.1　爬取数据并保存到数据库

编写文件 xiaoqu_to_db.py，爬取指定城市的小区房价数据并保存到数据库中。我们可以选择存储的数据库类型有 MySQL、MongoDB、JSON、CSV 和 Excel，默认的存储方式是 MySQL。文件 xiaoqu_to_db.py 的具体实现流程如下所示。

(1) 创建提示语句，询问用户将要爬取的目标城市，对应代码如下所示。

```python
pymysql.install_as_MySQLdb()
def create_prompt_text():
    city_info = list()
    num = 0
    for en_name, ch_name in cities.items():
        num += 1
        city_info.append(en_name)
        city_info.append(": ")
        city_info.append(ch_name)
        if num % 4 == 0:
            city_info.append("\n")
        else:
            city_info.append(", ")
    return 'Which city data do you want to save ?\n' + ''.join(city_info)
```

(2) 设置数据库类型，根据不同的存储类型执行对应的写入操作，代码如下所示。

```python
if __name__ == '__main__':
    # 设置目标数据库
    ##################################
    # mysql/mongodb/excel/json/csv
    database = "mysql"
    # database = "mongodb"
    # database = "excel"
    # database = "json"
    # database = "csv"
    ##################################
    db = None
    collection = None
    workbook = None
    csv_file = None
    datas = list()

    if database == "mysql":
        import records
        db = records.Database('mysql://root:66688888@localhost/lianjia?charset=utf8',
            encoding='utf-8')
    elif database == "mongodb":
        from pymongo import MongoClient
        conn = MongoClient('localhost', 27017)
        db = conn.lianjia  # 连接lianjia数据库，没有则自动创建
        collection = db.xiaoqu  # 使用xiaoqu集合，没有则自动创建
    elif database == "excel":
        import xlsxwriter
        workbook = xlsxwriter.Workbook('xiaoqu.xlsx')
        worksheet = workbook.add_worksheet()
```

```
    elif database == "json":
        import json
    elif database == "csv":
        csv_file = open("xiaoqu.csv", "w")
        line = "{0};{1};{2};{3};{4};{5};{6}\n".format('city_ch', 'date', 'district',
                'area', 'xiaoqu', 'price', 'sale')
        csv_file.write(line)
```

(3) 准备日期信息,将爬取到的数据保存到对应日期的相关文件夹下,代码如下所示。

```
city = get_city()
date = get_date_string()
# 获得 csv 文件路径
# date = "20180331"    # 指定采集数据的日期
# city = "sh"          # 指定采集数据的城市
city_ch = get_chinese_city(city)
csv_dir = "{0}/{1}/xiaoqu/{2}/{3}".format(DATA_PATH, SPIDER_NAME, city, date)

files = list()
if not os.path.exists(csv_dir):
    print("{0} does not exist.".format(csv_dir))
    print("Please run 'python xiaoqu.py' firstly.")
    print("Bye.")
    exit(0)
else:
    print('OK, start to process ' + get_chinese_city(city))
for csv in os.listdir(csv_dir):
    data_csv = csv_dir + "/" + csv
    # print(data_csv)
    files.append(data_csv)
```

(4) 清理数据,删除没有房源信息的小区,对应代码如下所示。

```
# 清理数据
count = 0
row = 0
col = 0
for csv in files:
    with open(csv, 'r') as f:
        for line in f:
            count += 1
            text = line.strip()
            try:
                #如果逗号的数量等于5,说明小区名中没有逗号,就会继续拆分字段。
                #如果逗号的数量少于5,就会跳过这一行数据(continue)
                if text.count(',') == 5:
                    date, district, area, xiaoqu, price, sale = text.split(',')
                elif text.count(',') < 5:
```

```
                continue
            else:
                fields = text.split(',')
                date = fields[0]
                district = fields[1]
                area = fields[2]
                xiaoqu = ','.join(fields[3:-2])
                price = fields[-2]
                sale = fields[-1]
        except Exception as e:
            print(text)
            print(e)
            continue
        sale = sale.replace(r'套在售二手房', '')
        price = price.replace(r'暂无', '0')
        price = price.replace(r'元/m2', '')
        price = int(price)
        sale = int(sale)
        print("{0} {1} {2} {3} {4} {5}".format(date, district, area, xiaoqu, price, sale))
```

(5) 将爬取到的房价数据添加到数据库中或 JSON、Excel、CSV 文件中，对应代码如下所示。

```
# 写入mysql数据库
if database == "mysql":
    db.query('INSERT INTO xiaoqu (city, date, district, area, xiaoqu, price, sale) '
             'VALUES(:city, :date, :district, :area, :xiaoqu, :price, :sale)', city=
             city_ch, date=date, district=district, area=area, xiaoqu=xiaoqu, price=
             price, sale=sale)
# 写入mongodb数据库
elif database == "mongodb":
    data = dict(city=city_ch, date=date, district=district, area=area, xiaoqu=xiaoqu,
                price=price, sale=sale)
    collection.insert(data)
elif database == "excel":
    if not PYTHON_3:
        worksheet.write_string(row, col, city_ch)
        worksheet.write_string(row, col + 1, date)
        worksheet.write_string(row, col + 2, district)
        worksheet.write_string(row, col + 3, area)
        worksheet.write_string(row, col + 4, xiaoqu)
        worksheet.write_number(row, col + 5, price)
        worksheet.write_number(row, col + 6, sale)
    else:
        worksheet.write_string(row, col, city_ch)
        worksheet.write_string(row, col + 1, date)
        worksheet.write_string(row, col + 2, district)
```

```
        worksheet.write_string(row, col + 3, area)
        worksheet.write_string(row, col + 4, xiaoqu)
        worksheet.write_number(row, col + 5, price)
        worksheet.write_number(row, col + 6, sale)
    row += 1
elif database == "json":
    data = dict(city=city_ch, date=date, district=district, area=area, xiaoqu=xiaoqu,
                price=price, sale=sale)
    datas.append(data)
elif database == "csv":
    line = "{0};{1};{2};{3};{4};{5};{6}\n".format(city_ch, date, district, area, xiaoqu,
            price, sale)
    csv_file.write(line)

# 写入，并且关闭句柄
if database == "excel":
    workbook.close()
elif database == "json":
    json.dump(datas, open('xiaoqu.json', 'w'), ensure_ascii=False, indent=2)
elif database == "csv":
    csv_file.close()

print("Total write {0} items to database.".format(count))
```

执行程序会提示用户选择一个目标城市:

```
Wait for your choice.
Which city do you want to crawl?
bj: 北京, cd: 成都, cq: 重庆, cs: 长沙
dg: 东莞, dl: 大连, fs: 佛山, gz: 广州
hz: 杭州, hf: 合肥, jn: 济南, nj: 南京
qd: 青岛, sh: 上海, sz: 深圳, su: 苏州
sy: 沈阳, tj: 天津, wh: 武汉, xm: 厦门
yt: 烟台,
```

假设输入 jn 并按回车键，则会将济南市的小区信息保存到数据库中。因为在上述代码中设置的默认存储方式是 MySQL，所以会将爬取到的数据保存到 MySQL 数据库中，如图 3-6 所示。

注意：MySQL 的数据库结构，通过导入源码目录中的 SQL 文件 lianjia_xiaoqu.sql 创建。

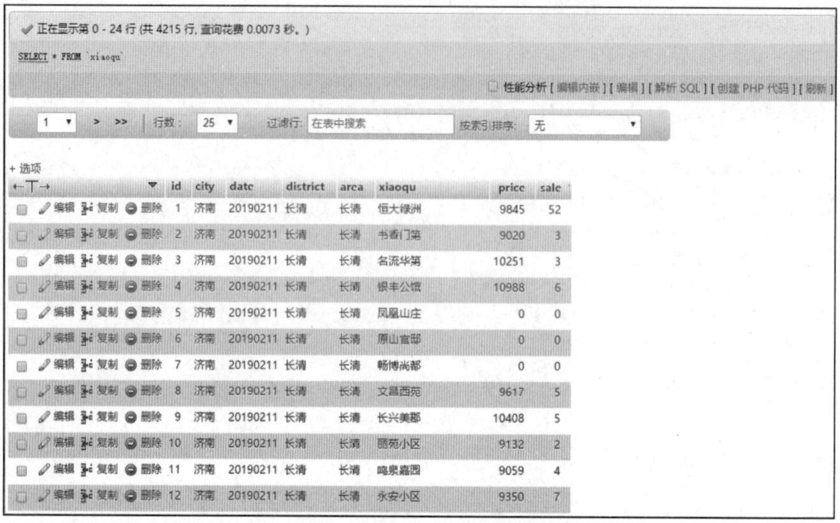

	id	city	date	district	area	xiaoqu	price	sale
编辑 复制 删除	1	济南	20190211	长清	长清	恒大绿洲	9845	52
编辑 复制 删除	2	济南	20190211	长清	长清	书香门第	9020	3
编辑 复制 删除	3	济南	20190211	长清	长清	名流华第	10251	3
编辑 复制 删除	4	济南	20190211	长清	长清	银丰公馆	10988	6
编辑 复制 删除	5	济南	20190211	长清	长清	凤凰山庄	0	0
编辑 复制 删除	6	济南	20190211	长清	长清	原山官邸	0	0
编辑 复制 删除	7	济南	20190211	长清	长清	畅博尚都	0	0
编辑 复制 删除	8	济南	20190211	长清	长清	文昌西苑	9617	5
编辑 复制 删除	9	济南	20190211	长清	长清	长兴美郡	10408	5
编辑 复制 删除	10	济南	20190211	长清	长清	丽苑小区	9132	2
编辑 复制 删除	11	济南	20190211	长清	长清	鸣泉嘉园	9059	4
编辑 复制 删除	12	济南	20190211	长清	长清	永安小区	9350	7

图 3-6　保存到 MySQL 中的数据

3.7.2　可视化济南市房价最贵的 4 个小区

编写文件 pricetubiao.py，提取并分析 MySQL 中的数据，然后可视化展示当日济南市房价最贵的 4 个小区。文件 pricetubiao.py 的具体实现代码如下所示。

```
import pymysql
from pylab import *
mpl.rcParams["font.sans-serif"] = ["SimHei"]
mpl.rcParams["axes.unicode_minus"] = False

##获取一个数据库连接，注意如果是 UTF-8 类型的，需要指定数据库
db = pymysql.connect(host="localhost", user='root', passwd="66688888", port=3306,
     db="lianjia", charset='utf8')
cursor = db.cursor()  # 获取一个游标
sql = "select xiaoqu,price from xiaoqu where price!=0 order by price desc LIMIT 4"
      cursor.execute(sql)
result = cursor.fetchall()  # result 为元组

# 将元组数据存进列表
xiaoqu = []
price = []
for x in result:
   xiaoqu.append(x[0])
   price.append(x[1])
```

```
# 直方图
plt.bar(range(len(price)), price, color='steelblue', tick_label=xiaoqu)
plt.xlabel("小区名")
plt.ylabel("价格")
plt.title("济南房价 Top 4 小区")
for x, y in enumerate(price):
    plt.text(x - 0.1, y + 1, '%s' % y)
plt.show()
cursor.close()  # 关闭游标
db.close()  # 关闭数据库
```

执行结果如图 3-7 所示。

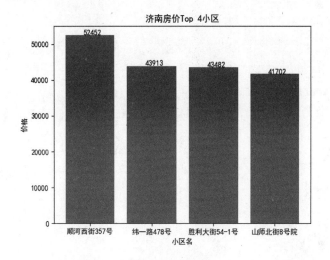

图 3-7   执行结果

3.7.3   可视化济南市主要地区的房价均价

编写文件 gequ.py，提取并分析 MySQL 中的数据，然后可视化展示当日济南市主要行政区的房价均价，文件 gequ.py 的具体实现代码如下所示。

```
import pymysql
from pylab import *
mpl.rcParams["font.sans-serif"] = ["SimHei"]
mpl.rcParams["axes.unicode_minus"] = False
plt.figure(figsize=(10, 6))
##获取一个数据库连接，注意如果是 UTF-8 类型的，需要指定数据库
db = pymysql.connect(host="localhost", user='root', passwd="66688888", port=3306,
db="lianjia", charset='utf8')
cursor = db.cursor()  # 获取一个游标
```

```
sql = "select district,avg(price) as avgsprice from xiaoqu where price!=0 group by district"


cursor.execute(sql)
result = cursor.fetchall()  # result 为元组

# 将元组数据存进列表
district = []
avgsprice = []
for x in result:
    district.append(x[0])
    avgsprice.append(x[1])

# 直方图
plt.bar(range(len(avgsprice)), avgsprice, color='steelblue', tick_label=district)
plt.xlabel("行政区")
plt.ylabel("平均价格")
plt.title("济南市主要行政区房价均价")
for x, y in enumerate(avgsprice):
    plt.text(x - 0.5, y + 2, '%s' % y)
plt.show()
cursor.close()  # 关闭游标
db.close()  # 关闭数据库
```

执行结果如图 3-8 所示。

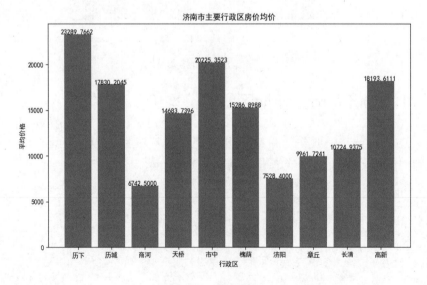

图 3-8　执行结果

3.7.4 可视化济南市主要地区的房源数量

编写文件 fangyuanshuliang.py，提取并分析 MySQL 中的数据，然后可视化展示当日济南市主要行政区的房源数量。文件 fangyuanshuliang.py 的具体实现代码如下所示。

```python
##获取一个数据库连接，注意如果是 UTF-8 类型的，需要指定数据库
db = pymysql.connect(host="localhost", user='root', passwd="66688888", port=3306,
db="lianjia", charset='utf8')
cursor = db.cursor()  # 获取一个游标
sql = "SELECT district,sum(sale) as bili FROM xiaoqu where price!=0 and sale>=1 group by
district"
cursor.execute(sql)
result = cursor.fetchall()  # result 为元组

# 将元组数据存进列表中
district = []
bili = []


for x in result:
    district.append(x[0])
    bili.append(x[1])


print(district)
print(bili)

# 直方图
plt.bar(range(len(bili)), bili, color='steelblue', tick_label=district)
plt.xlabel("行政区")
plt.ylabel("房源数量")
plt.title("济南市主要行政区房源数量(套)")
for x, y in enumerate(bili):
    plt.text(x - 0.2, y + 100, '%s' % y)
plt.show()

cursor.close()  # 关闭游标
db.close()  # 关闭数据库
```

执行结果如图 3-9 所示。

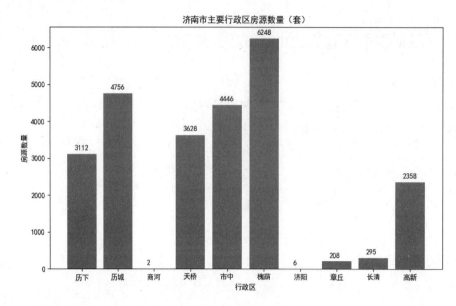

图 3-9　执行结果

3.7.5　可视化济南市各区的房源数量所占百分比

编写文件 bing.py，提取并分析 MySQL 中的数据，然后可视化展示当日济南市主要行政区的房源数量所占百分比。为了使饼图的界面更加美观，此处只是切片选取了济南市 7 个区的数据。文件 bing.py 的具体实现代码如下所示。

```
import pymysql
from pylab import *
mpl.rcParams["font.sans-serif"] = ["SimHei"]
mpl.rcParams["axes.unicode_minus"] = False
plt.figure(figsize=(9, 7))
##获取一个数据库连接，注意如果是UTF-8类型的，需要指定数据库
db = pymysql.connect(host="localhost", user='root', passwd="66688888", port=3306,
    db="lianjia", charset='utf8')
cursor = db.cursor()  # 获取一个游标

sql = "select district,sum(sale) as quzongji from xiaoqu where price!=0 group by district"
    cursor.execute(sql)
result = cursor.fetchall()  # result 为元组
quzongji = []
district = []
for x in result:
```

```
    district.append(x[0])
    quzongji.append(x[1])

print(district)
print(quzongji)

sql1 = "select district,sum(sale) as quanbu from xiaoqu where price!=0"
        cursor.execute(sql1)
result = cursor.fetchall()   # result 为元组

# 将元组数据存进列表中
quanbu = []
for x in result:
    quanbu.append(x[1])
print(quanbu)

import numpy as np

a = np.array(quzongji)
c = (a / quanbu)*100
print(c)


matplotlib.rcParams['font.sans-serif'] = ['SimHei']
matplotlib.rcParams['axes.unicode_minus'] = False

label_list = district[:7]    # 各部分标签
size = c[:7]    # 各部分大小
color = ["red", "green", "blue", "cyan", "magenta", "yellow", "black"]    # 各部分颜色
explode = [0, 0, 0.2, 0, 0, 0, 0.2]   # 各部分突出值
patches, l_text, p_text = plt.pie(size, explode=explode, colors=color, labels=label_list,
labeldistance=1.1, autopct="%1.2f%%", shadow=False, startangle=90, pctdistance=0.7)
plt.axis("equal")    # 设置横轴和纵轴大小相等，这样饼才是圆的

plt.legend()
plt.show()

cursor.close()   # 关闭游标
db.close()   # 关闭数据库
```

执行结果如图 3-10 所示。

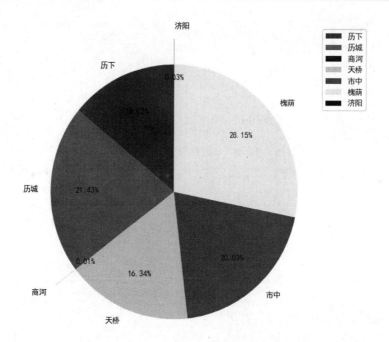

图 3-10   执行结果

第4章

城市智能交通数据分析和可视化系统
(Pandas+Matplotlib+Numpy)

　　智能交通是以交通需求为导向，以信息技术为支撑，以提高城市交通的运营效率、提升城市交通的服务品质、降低城市交通的运营成本为目的，通过信息发布、决策支撑等手段，充分综合利用城市内各种信息资源的新型城市交通系统。本章以某个城市的交通数据作为基础，详细讲解实现交通数据分析和可视化的过程。

4.1　背景介绍

当前，各国政府大力提倡"低碳经济"，其中智能交通能够为城市交通带来节能减排效应。近几年，在世界范围内，交通信息服务凭借奥运、世博、亚运等契机，得到了大力发展。很多国家提倡部署交通信息采集网络和公交智能监控调度系统，建立交通流量、公交运营综合监控采集系统，构建涵盖车辆视频监控及车辆运行状态监控、城市主要道路流量监控的智能交通综合监控分析与指挥调度应用系统。城市交通指挥中心既是城市交通管理部门的警力指挥调度中心，同时又是交通管理业务的技术支持和信息发布中心，大量的交通管理实时数据和历史数据在这里汇总、存储。基于城市交通数据，打造一个数据可视化平台，可以更加高效地、有针对性地管理城市的交通。

扫码看视频

4.2　需求分析

A市准备打造智能交通系统，现委托我公司进行市场调研，摸排城市内各种交通数据的情况，现在我司首先分析非机动车道中的骑行数据信息。因此，本案例先讲解的是分析骑行数据。

扫码看视频

4.2.1　城市交通存在的问题

经过认真调研，发现A市的交通数据存在如下问题。

(1) 道路交通安全形势依然严峻

虽然近年来各城市交通事故死亡人数和万车死亡率出现较大幅度下降，但交通事故总量依然在高位运行，重大交通事故还时有发生。随着道路通车里程的增加和道路交通条件的改善，必将进一步刺激机动车和驾驶员的快速增长，带动交通流量的大幅增多。而目前，许多交通参与者的交通安全法规和交通安全意识淡薄，国省道干线公路交通违法行为仍然比较突出；县、乡两级道路交通安全综合治理机制不完善，农村道路交通失管失控的状况没有得到改善；高速公路交通安全管理工作机制不健全，恶劣天气条件下防范交通事故的能力严重不足；车辆和驾驶人源头监管比较薄弱，各种交通安全隐患还大量存在，预防和减少交通事故的工作任务非常艰巨。

(2) 交通信息化水平有待进一步提高

公路交通发展现状与社会经济发展需求相比，还有不够协调的方面，具体表现为：通道数量不足，通行能力亟待提高；公路网通达深度不够；航道等级结构不合理；交通总体服务水平较低，支持保障系统不能满足需求。

交通信息化发展水平与交通运输的发展需求、社会公众的需求相比还存在差距，主要表现在：

- 交通行业缺乏一个服务于全行业的信息综合平台，各个行业的应用系统没有实现互联互通，信息资源的开发、利用、共享的有效性没有充分发挥；
- 交通信息化标准体系建设相对落后；
- 信息化发展水平不平衡；
- 公共信息服务水平有待进一步提高。

(3) 缺乏跨部门的智能交通共享与服务平台

缺少全市统一的智能交通规划，智能交通系统标准化建设远远滞后于智能交通发展。信息化基础网络设施建设不足，无法实现智能交通基本的应用需求。智能交通资源整合能力弱，信息不能共享，缺乏一个跨部门的交通信息资源共享基础平台，难以满足日益增长的政府管理对跨部门数据交换和信息共享的需要。交通信息服务供给与交通出行者日益旺盛的交通信息服务需求之间的矛盾愈加突出。

(4) 智能交通支撑环境相对滞后

交通领域的经济结构调整和增长方式转变效率低，成效不明显。智能交通产业化程度低，产品单一，技术含量不高，效益差，规模小，竞争力不强；智能交通教育不足，人才供给与市场的人才需求矛盾加剧，现有智能交通技术政策和人才政策难以支撑智能交通建设与发展的需要，人才和教育逐步成为交通发展的瓶颈。

经过多年的努力，A市公路交通长期作为经济发展"瓶颈"的问题得到了有效的缓解，但交通需求总量与交通供给的矛盾依然存在，交通需求的多元化(安全、便捷、舒适和个性化)与土地、能源、环境等交通资源相互制约的矛盾在短期内难以有根本性转变。因而，大力发展交通信息化，用现代信息技术改造和提升智能交通，以提高交通的服务水平，已成为当前的一项重点工作。

4.2.2　智能交通建设的必要性

当前，A市已进入依靠科技进步和技术创新来带动全市经济社会发展的新阶段。为了有效解决当前交通基础设施建设与经济社会发展日益突出的矛盾，有必要在全市建立起现代、科学、规范的智能交通体系，以适应经济社会的快速发展对交通运输管理的需求。这既是推进全市交通产业结构调整和增长方式转变的重大举措，也是提升全市交通领域产业层次和技术水平的有效途径。着力运用智能交通系统这一现代科学技术手段，解决当前交通领域亟须解决的难点和热点问题，对于建设和谐社会，坚持科学发展观，努力践行"三个代表"，推进"智慧城市"战略深入实施，具有重大的现实意义和深远的战略意义。

4.2.3 项目目标

创建本项目是为了部署全市交通信息采集网络和公交智能监控调度系统，建立交通流量、公交运营综合监控采集系统，构建涵盖车辆视频监控及车辆运行状态监控、城市主要道路流量监控的智能交通综合监控分析与指挥调度应用系统。通过与市应急指挥中心平台的联动，实现平台对突发事件的应急指挥能力；通过智能出行信息服务平台建设，利用信息亭、终端、网站等方式，将交通、公交信息服务推送给广大市民和游客。

(1) 实现交通管理决策科学化

通过对各种业务信息的高度集成，建立共享的数据库，实现定性管理与定量分析管理相结合，为交通管理决策提供可靠、准确的科学依据，并提高对道路交通的科学化管理水平，工作人员的现代化管理及交通意外事件的预案报警和快速反应能力。

(2) 实现交通指挥调度信息化

以交通地理信息系统和交通流动态现实系统为基础，以视频、检测、监控、诱导等技术为手段，对交通进行宏观、动态、实时的调控。同时，配之以先进的警务管理机制，使交通管理部门指挥调度高效、统一。

(3) 实现城市快速路网交通管理智能化

根据市政府城市快速路网系统的规划方案，将同步建设快速路网智能化交通管理系统，该系统能够协调和均衡快速路网及其进出口的交通流量和车速，充分提高路网的通行能力，保障快速路网系统的交通正常运行和整体效益的发挥。

(4) 实现与政府部门信息共享

由于智能交通管理指挥系统与政府相关管理部门的关系密切，根据政府相关管理部门提供的资料和信息，可更新交通管理指挥系统，如规划部门的最新电子地图。交通管理委员会有关部门公交网点布置问题和停车场设置问题的最新资料及时传送给智能交通管理指挥系统，智能交通管理指挥系统能根据实际情况，及时、准确地协调交通组织，同时与轨道交通、铁路、公路客运、机场等系统实现数据和信息的共享，使智能交通管理指挥系统能更好地为该市的交通服务，也为相关的新闻媒体提供有关交通的资料，更好地服务市民，充分体现取之于民、用之于民、便民利民的宗旨。

由于公安系统网络的独立性、安全性的要求，因此在设计接口时，必须通过公安部门认可的数据交换接口，在可行性分析阶段对相关的接口进行细化和探讨。该市路网结构基本形成，但随着机动车保有量的不断增加，交通需求的增长将远远大于道路建设的增长。交通需求的发展和变化使得现有路网和管理手段日趋落后，不能有效地组织交通流，交通管理部门的警力配置和管理效果需要依靠科技手段进行加强和提高。

传统的交通发展策略主要是通过规划、建设和人工管理等手段来提高网络的通行能力，这种交通发展策略已经难以满足不断增长的交通需求。A 市的交通管理系统必须实现由传统手段、静态模式为特征的方式向交通信息采集、处理的现代模式转变，以提高交通管理的效能，构筑 21 世纪具有中国特色的智能交通管理体系。

(5) 加强各类运营车辆的监管，维护社会稳定与安全

通过及时掌握各项运营数据，为应急预警、应急处置提供信息支撑；掌握出租汽车企业及司机的营收情况，为维护社会稳定与安全工作打下基础。

4.3 系统架构

本项目的交通数据被保存在 CSV 文件 bikes.csv 中，里面详细记录了每天在 A 市多条不同的路道路上有多少人骑自行车的信息。在本节的项目实例中，将读取上述 CSV 文件中的数据，并实现数据可视化分析功能。本项目的系统架构如图 4-1 所示。

扫码看视频

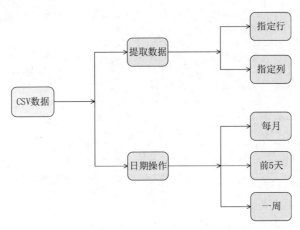

图 4-1　系统架构

4.4 从 CSV 文件读取数据

扫码看视频

本节将提取 CSV 文件 bikes.csv 中的骑行数据，显示本街道的骑行交通
状况。

4.4.1 读取并显示 CSV 文件中的前 3 条骑行数据

在实例文件 002.py 中，读取并显示了文件 bikes.csv 中的前 3 条数据。

源码路径：daima\4\002.py

```python
import pandas as pd
broken_df = pd.read_csv('bikes.csv')
print(broken_df[:3])
```

执行文件后输出如下：

```
 Date;Berri 1;Brébeuf (données non disponibles);Côte-Sainte-Catherine;Maisonneuve
1;Maisonneuve 2;du Parc;Pierre-Dupuy;Rachel1;St-Urbain (données non disponibles)
0           01/01/2012;35;;0;38;51;26;10;16;
1           02/01/2012;83;;1;68;153;53;6;43;
2           03/01/2012;135;;2;104;248;89;3;58;
```

上述执行效果比较凌乱，此时可以利用方法 read_csv()中的参数选项设置显示方式。方
法 read_csv()用于从 CSV 文件读取数据并创建一个 DataFrame 对象，语法格式如下所示：

```
pandas.read_csv(filepath_or_buffer, sep=', ', delimiter=None, header='infer', names=None,
index_col=None, usecols=None, squeeze=False, prefix=None, mangle_dupe_cols=True,
dtype=None, engine=None, converters=None, true_values=None, false_values=None,
skipinitialspace=False, skiprows=None, nrows=None, na_values=None, keep_default_na=True,
na_filter=True, verbose=False, skip_blank_lines=True, parse_dates=False,
infer_datetime_format=False, keep_date_col=False, date_parser=None, dayfirst=False,
iterator=False, chunksize=None, compression='infer', thousands=None, decimal='.',
lineterminator=None, quotechar='"', quoting=0, escapechar=None, comment=None,
encoding=None, dialect=None, tupleize_cols=False, error_bad_lines=True,
warn_bad_lines=True, skipfooter=0, skip_footer=0, doublequote=True,
delim_whitespace=False, as_recarray=False, compact_ints=False, use_unsigned=False,
low_memory=True, buffer_lines=None, memory_map=False, float_precision=None)[source]
```

各个参数的具体说明如下所示。

- filepath_or_buffer：必需参数，指定要读取的文件路径或文件对象。
- sep：可选参数，默认为逗号(,)，用于指定字段之间的分隔符。

- delimiter：可选参数，与 sep 相同，用于指定字段之间的分隔符。
- header：可选参数，默认为 'infer'，用于指定哪一行作为列名(标题)。如果设置为整数或列表，将使用指定的行作为列名。如果设置为 None，将使用默认的列名。
- names：可选参数，用于指定列名列表，在没有标题行时使用。
- index_col：可选参数，用于指定作为索引的列的名称或索引号。
- usecols：可选参数，用于指定要读取的列名或列号列表。
- squeeze：可选参数，如果数据只包含一列，是否返回一个 Series 而不是 DataFrame，默认为 False。
- dtype：可选参数，用于指定列的数据类型。
- skiprows：可选参数，指定要跳过的行数，可以是整数列表或函数。
- nrows：可选参数，指定要读取的行数。
- na_values：可选参数，指定要解释为缺失值的值列表。
- parse_dates：可选参数，用于指定应该解析为日期时间的列名或列号。
- infer_datetime_format：可选参数，如果为 True，Pandas 会尝试自动解析日期时间格式。
- keep_date_col：可选参数，如果设置为 True，将保留解析日期时间列。
- date_parser：可选参数，用于指定自定义日期解析器的函数。
- iterator：可选参数，如果设置为 True，将返回一个 TextFileReader 对象以进行迭代读取。
- chunksize：可选参数，用于指定每次迭代的行数。
- compression：可选参数，指定文件的压缩格式，例如'gzip'、'bz2'等。
- thousands：可选参数，用于指定千位分隔符。
- decimal：可选参数，用于指定小数点符号。
- quotechar：可选参数，用于指定引号字符。
- quoting：可选参数，用于指定引号的处理方式。
- escapechar：可选参数，用于指定转义字符。
- comment：可选参数，用于指定注释字符。
- encoding：可选参数，用于指定文件的字符编码。
- dialect：可选参数，用于指定 CSV 文件的方言。
- tupleize_cols：可选参数，如果设置为 True，将返回一个具有多层索引的 DataFrame。
- error_bad_lines：可选参数，如果为 True，将忽略格式不正确的行。
- warn_bad_lines：可选参数，如果为 True，在遇到格式不正确的行时将显示警告。

- skipfooter：可选参数，指定要跳过的文件末尾行数。
- delim_whitespace：可选参数，如果为 True，将使用任何空格字符作为分隔符。
- as_recarray：可选参数，如果设置为 True，将返回一个 NumPy 记录数组。
- compact_ints：可选参数，如果为 True，将尝试压缩整数列。
- use_unsigned：可选参数，如果为 True，将使用无符号整数类型。
- low_memory：可选参数，如果为 True，将尝试减少内存使用。
- buffer_lines：可选参数，用于指定要缓冲的行数。
- memory_map：可选参数，如果为 True，将尝试使用内存映射文件来加速读取。
- float_precision：可选参数，用于指定浮点数的精度。

在实例文件 003.py 中，使用规整的格式读取并显示了文件 bikes.csv 中的前 3 条数据。

源码路径：daima\4\003.py

```python
import pandas as pd
fixed_df = pd.read_csv('bikes.csv', sep=';', encoding='latin1', parse_dates=['Date'],
dayfirst=True, index_col='Date')
print(fixed_df[:3])
```

执行文件后输出如下：

```
          Berri 1  BrÃ©beuf (donnÃ©es non disponibles)  \
Date
2010-01-01     35                                 NaN
2010-01-02     83                                 NaN
2010-01-03    135                                 NaN


          CÃ´te-Sainte-Catherine  Maisonneuve 1  Maisonneuve 2  du Parc  \
Date
2010-01-01                     0             38             51       26
2010-01-02                     1             68            153       53
2010-01-03                     2            104            248       89


          Pierre-Dupuy  Rachel1  St-Urbain (donnÃ©es non disponibles)
Date
2010-01-01            10       16                                 NaN
2010-01-02             6       43                                 NaN
2010-01-03             3       58                                 NaN
```

4.4.2 读取并显示 CSV 文件中指定列的数据

在读取 CSV 文件时，得到的是一种由行和列组成的数据帧，我们可以列出在帧中相同方式的元素。例如在实例文件 004.py 中，读取并显示了文件 bikes.csv 中的"Berri 1"列的数据。

源码路径：daima\4\004.py

```
import pandas as pd
fixed_df = pd.read_csv('bikes.csv', sep=';', encoding='latin1', parse_dates=['Date'],
        dayfirst=True, index_col='Date')
print(fixed_df['Berri 1'])
```

执行文件后输出如下：

```
Date
2010-01-01     35
2010-01-02     83
2010-01-03    135
……省略部分内容
2010-10-23    4177
2010-10-24    3744
2010-10-25    3735
2010-10-26    4290
2010-10-27    1857
2010-10-28    1310
2010-10-29    2919
2010-10-30    2887
2010-10-31    2634
2010-4-01    2405
2010-4-02    1582
2010-4-03     844
2010-4-04     966
2010-4-05    2247
Name: Berri 1, Length: 310, dtype: int64
```

4.4.3 用统计图可视化 CSV 文件中的数据

为了使应用程序更加美观，在实例文件 005.py 中加入了 Matplotlib 功能，以统计图表的方式展示文件 bikes.csv 中"Berri 1"列的数据。

源码路径：daima\4\005.py

```
import pandas as pd
import matplotlib.pyplot as plt
plt.rcParams['figure.figsize'] = (15, 5)
fixed_df = pd.read_csv('bikes.csv', sep=';', encoding='latin1', parse_dates=['Date'],
dayfirst=True, index_col='Date')
fixed_df['Berri 1'].plot()
plt.show()
```

执行文件后，显示每个月的骑行数据统计图，结果如图 4-2 所示。

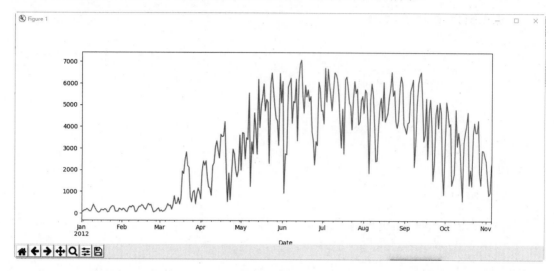

图 4-2　执行结果

4.4.4　选择指定数据

实例文件 006.py 的功能是处理一个更大的数据集文件 34-service-requests.csv，并输出这个文件中的数据信息。文件 34-service-requests.csv 是 311 的服务请求从纽约开放数据的一个子集，完整文件有 52MB，这里只截取了一小部分，完整文件可以从网络中获取。

源码路径：daima\4\006.py

```python
import pandas as pd

# 限制显示所有列和行
pd.set_option('display.max_columns', None)
pd.set_option('display.max_rows', None)

# 自动调整列宽
pd.set_option('display.max_colwidth', -1)

# 设置浮点数的小数位数为 2 位
pd.set_option('display.float_format', '{:.2f}'.format)

complaints = pd.read_csv('34-service-requests.csv')
print(complaints)
```

执行文件后，显示读取文件 34-service-requests.csv 后的结果，并在最后统计数据数目。输出结果如下：

```
  Unique Key        Created Date        Closed Date Agency ... School Code School
Phone Number  School Address  School City ...
0   26589651  10/31/2013 02:08:41 AM                  NaN  NYPD   ... Unspecified
Unspecified        Unspecified  Unspecified  ...
1   26593698  10/31/2013 02:01:04 AM                  NaN  NYPD   ... Unspecified
Unspecified        Unspecified  Unspecified  ...
2   26594139  10/31/2013 02:00:24 AM  10/31/2013 02:40:32 AM  NYPD   ... Unspecified
Unspecified        Unspecified  Unspecified  ...
3   26595721  10/31/2013 01:56:23 AM  10/31/2013 02:21:48 AM  NYPD   ... Unspecified
Unspecified        Unspecified  Unspecified  ...
...
[263 rows x 52 columns]
```

而在实例文件 007.py 中，依次输出了文件 34-service-requests.csv 中的以下信息：第一，"Complaint Type" 列的信息；第二，文件 34-service-requests.csv 中的前 5 行信息；第三，文件 34-service-requests.csv 前 5 行 "Complaint Type" 列的信息；第四，文件 34-service-requests.csv 中 "Complaint Type" 和 "Borough" 这两列的信息；第五，文件 34-service-requests.csv 中 "Complaint Type" 和 "Borough" 这两列的前 10 行信息。

源码路径：daima\4\007.py

```python
import pandas as pd
complaints = pd.read_csv('34-service-requests.csv')
print(complaints['Complaint Type'])
print(complaints[:5])
print(complaints[:5]['Complaint Type'])
print(complaints[['Complaint Type', 'Borough']])
print(complaints[['Complaint Type', 'Borough']][:10])
```

执行文件后输出如下：

```
//首先输出 "Complaint Type" 列的信息
0      Noise - Street/Sidewalk
1            Illegal Parking
2          Noise - Commercial
3            Noise - Vehicle
4                    Rodent
5          Noise - Commercial
6           Blocked Driveway
7          Noise - Commercial
8          Noise - Commercial
```

```
9              Noise - Commercial
10       Noise - House of Worship
11             Noise - Commercial
12              Illegal Parking
13               Noise - Vehicle
14                      Rodent
15       Noise - House of Worship
16        Noise - Street/Sidewalk
17              Illegal Parking
18         Street Light Condition
19             Noise - Commercial
20       Noise - House of Worship
21             Noise - Commercial
22               Noise - Vehicle
23             Noise - Commercial
24             Blocked Driveway
25        Noise - Street/Sidewalk
26         Street Light Condition
27          Harboring Bees/Wasps
28        Noise - Street/Sidewalk
29         Street Light Condition
                    ...
233            Noise - Commercial
234              Taxi Complaint
235          Sanitation Condition
236       Noise - Street/Sidewalk
237           Consumer Complaint
238       Traffic Signal Condition
239         DOF Literature Request
240        Litter Basket / Request
241             Blocked Driveway
242         Violation of Park Rules
243          Collection Truck Noise
244              Taxi Complaint
245              Taxi Complaint
246         DOF Literature Request
247       Noise - Street/Sidewalk
248              Illegal Parking
249              Illegal Parking
250             Blocked Driveway
251       Maintenance or Facility
252            Noise - Commercial
253              Illegal Parking
254                      Noise
255                      Rodent
```

```
256              Illegal Parking
257                    Noise
258      Street Light Condition
259            Noise - Park
260          Blocked Driveway
261            Illegal Parking
262        Noise - Commercial
Name: Complaint Type, Length: 263, dtype: object
```

//输出前5列信息

```
  Unique Key        Created Date         Closed Date Agency  \
0  26589651  10/31/2013 02:08:41 AM                 NaN  NYPD
1  26593698  10/31/2013 02:01:04 AM                 NaN  NYPD
2  26594139  10/31/2013 02:00:24 AM  10/31/2013 02:40:32 AM   NYPD
3  26595721  10/31/2013 01:56:23 AM  10/31/2013 02:21:48 AM   NYPD
4  26590930  10/31/2013 01:53:44 AM                 NaN  DOHMH
```

```
                         Agency Name          Complaint Type  \
0       New York City Police Department  Noise - Street/Sidewalk
1       New York City Police Department        Illegal Parking
2       New York City Police Department      Noise - Commercial
3       New York City Police Department        Noise - Vehicle
4  Department of Health and Mental Hygiene               Rodent
```

```
                   Descriptor      Location Type  Incident Zip  \
0                 Loud Talking      Street/Sidewalk      11432.0
1  Commercial Overnight Parking       Street/Sidewalk      11378.0
2             Loud Music/Party  Club/Bar/Restaurant      10032.0
3               Car/Truck Horn      Street/Sidewalk      10023.0
4  Condition Attracting Rodents          Vacant Lot      10027.0
```

```
   Incident Address                     ...                      \
0  90-03 169 STREET                     ...
1         58 AVENUE                     ...
2     4060 BROADWAY                     ...
3    WEST 72 STREET                     ...
4   WEST 124 STREET                     ...
```

```
  Bridge Highway Name Bridge Highway Direction Road Ramp  \
0                 NaN                      NaN       NaN
1                 NaN                      NaN       NaN
2                 NaN                      NaN       NaN
3                 NaN                      NaN       NaN
4                 NaN                      NaN       NaN
```

```
  Bridge Highway Segment Garage Lot Name Ferry Direction Ferry Terminal Name  \
```

```
0                   NaN         NaN         NaN         NaN
1                   NaN         NaN         NaN         NaN
2                   NaN         NaN         NaN         NaN
3                   NaN         NaN         NaN         NaN
4                   NaN         NaN         NaN         NaN

   Latitude  Longitude                           Location
0  40.708275 -73.791604   (40.70827532593202, -73.79160395779721)
1  40.721041 -73.909453   (40.721040535628305, -73.90945306791765)
2  40.843330 -73.939144   (40.84332975466513, -73.93914371913482)
3  40.778009 -73.980213   (40.7780087446372, -73.98021349023975)
4  40.807691 -73.947387   (40.80769092704951, -73.94738703491433)

[5 rows x 52 columns]
```

//输出前 5 行 "Complaint Type" 列的信息

```
[5 rows x 52 columns]
0       Noise - Street/Sidewalk
1             Illegal Parking
2           Noise - Commercial
3              Noise - Vehicle
4                      Rodent
```

….省略部分

```
259             Noise - Park       BROOKLYN
260         Blocked Driveway        QUEENS
261          Illegal Parking      BROOKLYN
262       Noise - Commercial     MANHATTAN
[263 rows x 2 columns]
```

//输出 "Complaint Type" 和 "Borough" 这两列的信息

```
             Complaint Type       Borough
0   Noise - Street/Sidewalk        QUEENS
1           Illegal Parking        QUEENS
2         Noise - Commercial     MANHATTAN
3            Noise - Vehicle     MANHATTAN
4                    Rodent     MANHATTAN
5         Noise - Commercial        QUEENS
```

//输出 "Complaint Type" 和 "Borough" 这两列的前 10 行信息

```
           Complaint Type      Borough
0  Noise - Street/Sidewalk       QUEENS
1          Illegal Parking       QUEENS
2        Noise - Commercial    MANHATTAN
3           Noise - Vehicle    MANHATTAN
4                   Rodent    MANHATTAN
5        Noise - Commercial       QUEENS
6         Blocked Driveway       QUEENS
7        Noise - Commercial       QUEENS
```

```
8    Noise - Commercial  MANHATTAN
9    Noise - Commercial  BROOKLYN
```

在实例文件 008.py 中，首先输出了文件 34-service-requests.csv 中"Complaint Type"列 10 个最大值，然后在图表中显示这 10 个最大值。

源码路径：daima\4\008.py

```
import pandas as pd
import matplotlib.pyplot as plt

pd.set_option('display.width', 5000)
pd.set_option('display.max_columns', 60)

plt.rcParams['figure.figsize'] = (10, 6)

complaints = pd.read_csv('34-service-requests.csv')
complaint_counts = complaints['Complaint Type'].value_counts()
print(complaint_counts[:10])    #输出"Complaint Type"列中10个最大值
complaint_counts[:10].plot(kind='bar')    #绘制"Complaint Type"列中10个最大值的图表信息
plt.show()
```

执行文件后会在控制台中输出"Complaint Type"列中 10 个最大值的信息：

```
Noise - Commercial          51
Noise                  27
Noise - Street/Sidewalk    22
Blocked Driveway           21
Illegal Parking            18
Taxi Complaint             13
Traffic Signal Condition   10
Rodent                 10
Water System            9
Noise - Vehicle          7
Name: Complaint Type, dtype: int64
```

执行后在 Matplotlib 图标中统计列"Complaint Type"中 10 个最大值的信息，效果如图 4-3 所示。

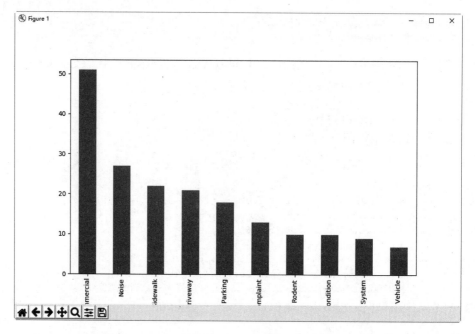

图 4-3　执行结果

4.5　日期相关操作

在进行数据统计分析时，时间通常是一个重要的因素之一。本节详细讲解
与日期相关的操作，为读者步入本书后面知识的学习打下基础。

4.5.1　统计每个月的骑行数据

扫码看视频

在实例文件 004.py 中，可以使用 Matplotlib 统计出文件 bikes.csv 中每个月的骑行数据
信息。

　源码路径：daima\4\004.py

```python
import pandas as pd
import matplotlib.pyplot as plt

plt.rcParams['figure.figsize'] = (10, 8)
plt.rcParams['font.family'] = 'sans-serif'
```

```
pd.set_option('display.width', 5000)
pd.set_option('display.max_columns', 60)

bikes = pd.read_csv('bikes.csv', sep=';', encoding='latin1', parse_dates=['Date'],
        dayfirst=True, index_col='Date')
bikes['Berri 1'].plot()
plt.show()
```

执行文件后的结果如图 4-4 所示。

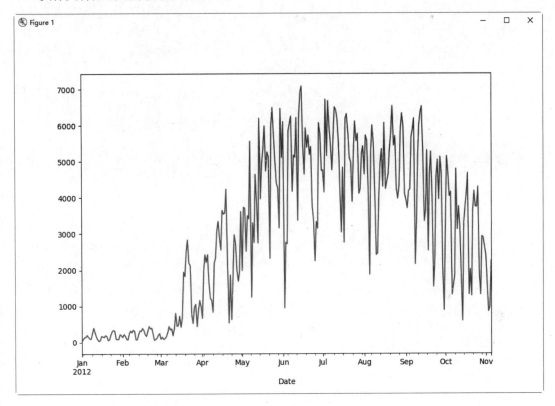

图 4-4　执行结果

4.5.2　展示某街道前 5 天的骑行数据信息

在实例文件 010.py 中，首先输出文件 bikes.csv 中"Berri 1"街道前 5 天的骑行数据信息；然后使用"print(berri_bikes.index)"命令输出这 5 天分别是星期几。

源码路径：daima\4\010.py

```
import pandas as pd

bikes = pd.read_csv('bikes.csv', sep=';', encoding='latin1', parse_dates=['Date'],
        dayfirst=True, index_col='Date')
berri_bikes = bikes[['Berri 1']].copy()
print(berri_bikes[:5])
print(berri_bikes.index)
```

执行文件后输出如下：

```
          Berri 1
Date
2010-01-01     35
2010-01-02     83
2010-01-03    135
2010-01-04    144
2010-01-05    197
DatetimeIndex(['2010-01-01', '2010-01-02', '2010-01-03', '2010-01-04',
          '2010-01-05', '2010-01-06', '2010-01-07', '2010-01-08',
          '2010-01-09', '2010-01-10',
          ...
          '2010-10-27', '2010-10-28', '2010-10-29', '2010-10-30',
          '2010-10-31', '2010-4-01', '2010-4-02', '2010-4-03',
          '2010-4-04', '2010-4-05'],
          dtype='datetime64[ns]', name='Date', length=310, freq=None)
```

由上述执行结果可知，只输出了 310 天的统计数据。Pandas 有一系列非常好的时间序列功能，如果想得到每一行的月份，可以通过如下所示的文件 04.py 实现。

源码路径：daima\4\04.py

```
import pandas as pd

bikes = pd.read_csv('bikes.csv', sep=';', encoding='latin1', parse_dates=['Date'],
dayfirst=True, index_col='Date')
berri_bikes = bikes[['Berri 1']].copy()
print(berri_bikes.index.day)
print(berri_bikes.index.weekday)
```

执行文件后输出如下：

```
Int64Index([ 1,  2,  3,  4,  5,  6,  7,  8,  9, 10,
       ...
       27, 28, 29, 30, 31,  1,  2,  3,  4,  5],
       dtype='int64', name='Date', length=310)
```

```
Int64Index([6, 0, 1, 2, 3, 4, 5, 6, 0, 1,
            ...
            5, 6, 0, 1, 2, 3, 4, 5, 6, 0],
           dtype='int64', name='Date', length=310)
```

在上述输出结果中，0 表示星期一，其余类推。我们可以使用 Pandas 灵活获取某一天
是星期几，参见实例文件 012.py。

源码路径：daima\4\012.py

```python
import pandas as pd

bikes = pd.read_csv('bikes.csv', sep=';', encoding='latin1', parse_dates=['Date'],
dayfirst=True, index_col='Date')
berri_bikes = bikes[['Berri 1']].copy()
berri_bikes.loc[:,'weekday'] = berri_bikes.index.weekday
print(berri_bikes[:5])
```

执行文件后输出如下：

```
            Berri 1  weekday
Date
2010-01-01       35        6
2010-01-02       83        0
2010-01-03      135        1
2010-01-04      144        2
2010-01-05      197        3
```

4.5.3 统计周一到周日每天的数据

在现实应用中，我们也可以统计周一到周日每天的统计数据。在实例文件 013.py 中，
首先统计了周一到周日每天的统计数据，然后用星期的英文名输出周一到周日每天的骑行
统计数据。

源码路径：daima\4\013.py

```python
import pandas as pd
bikes = pd.read_csv('bikes.csv', sep=';', encoding='latin1', parse_dates=['Date'],
dayfirst=True, index_col='Date')
berri_bikes = bikes[['Berri 1']].copy()
berri_bikes.loc[:,'weekday'] = berri_bikes.index.weekday

weekday_counts = berri_bikes.groupby('weekday').aggregate(sum)
print(weekday_counts)
```

```
weekday_counts.index = ['Monday', 'Tuesday', 'Wednesday', 'Thursday', 'Friday',
                        'Saturday', 'Sunday']
print(weekday_counts)
```

执行文件后输出如下：

```
        Berri 1
weekday
0       134298
1       135305
2       152972
3       160131
4       141771
5       101578
6        99310
          Berri 1
Monday     134298
Tuesday    135305
Wednesday  152972
Thursday   160131
Friday     141771
Saturday   101578
Sunday      99310
```

4.5.4 使用 Matplotlib 图表可视化展示统计数据

为了使统计数据更加直观，可以在程序中使用 Matplotlib 技术。在实例文件 014.py 中，使用 Matplotlib 图表统计了周一到周日每天的骑行数据。

源码路径：daima\4\014.py

```python
import pandas as pd
import matplotlib.pyplot as plt
plt.rcParams['figure.figsize'] = (15, 5)
bikes = pd.read_csv('bikes.csv',
                sep=';', encoding='latin1',
                parse_dates=['Date'], dayfirst=True,
                index_col='Date')
# 添加标识
berri_bikes = bikes[['Berri 1']].copy()
berri_bikes.loc[:,'weekday'] = berri_bikes.index.weekday

# 开始统计
weekday_counts = berri_bikes.groupby('weekday').aggregate(sum)
weekday_counts.index = ['Monday', 'Tuesday', 'Wednesday', 'Thursday', 'Friday',
'Saturday', 'Sunday']
```

```
weekday_counts.plot(kind='bar')

plt.show()
```

执行结果如图 4-5 所示。

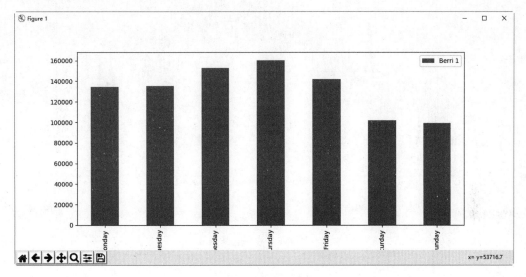

图 4-5 执行结果

实例文件 015.py 中，借助于素材文件 weather_2012.csv，使用 Matplotlib 统计了加拿大 2012 年的全年天气数据信息。

源码路径：daima\4\015.py

```
import pandas as pd
import matplotlib.pyplot as plt
import numpy as np

plt.rcParams['figure.figsize'] = (15, 3)
plt.rcParams['font.family'] = 'sans-serif'
weather_2012_final = pd.read_csv('weather_2012.csv', index_col='Date/Time')
weather_2012_final['Temp (C)'].plot(figsize=(15, 6))
plt.show()
```

执行结果如图 4-6 所示。

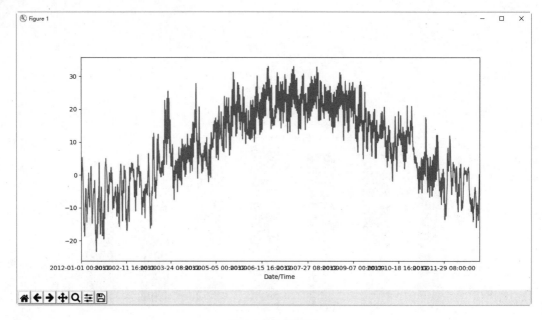

图 4-6   执行结果

mirror_mod.use_x = False
mirror_mod.use_y = True
mirror_mod.use_z = False
elif _operation == "MIRROR_Z":
    mirror_mod.use_x = False
    mirror_mod.use_y = False
    mirror_mod.use_z = True

#selection at the end -add back the deselected mirror modifier object
mirror_ob.select= 1
modifier_ob.select=1
bpy.context.scene.objects.active = modifier_ob
print("Selected" + str(modifier_ob)) # modifier ob is the active ob
mirror_ob.

第 5 章

NBA 球星技术统计信息数据分析和可视化系统(网络爬虫+Referer反爬+JSON+Matplotlib+Pandas)

NBA 是国内外青少年朋友十分喜欢的赛事之一，是美国职业篮球联赛 (National Basketball Association) 的缩写，简称美职篮。本章详细介绍使用 Python 开发一个机器学习系统的过程，即根据收集的 NBA 技术统计数据预测季后赛球队的成功概率。

5.1 背景介绍

随着人们生活水平的提高，以及 2008 年奥运会、2010 年亚运会在我国的顺利举行，我国人民对于体育的关注度越来越高。篮球作为三大主流球类运动之一，受到了广大球迷(特别是大、中学生)的普遍关注。在全世界的篮球联赛中，NBA 是影响力最大的篮球联盟，特别是在姚明、易建联加入 NBA 后，因其巨大的商业价值受到了社会各界的关注。

扫码看视频

5.1.1 NBA 介绍

NBA(National Basketball Association)联赛是由美国"全国篮球协会(简称 NBA)"创办的比赛，其比赛的激烈程度和水平之高被世人公认是世界之最。NBA 于 1946 年 6 月 6 日在纽约成立，是由北美三十支队伍组成的男子职业篮球联盟，汇集了世界上最顶级的球员。NBA 代表了世界篮球的最高水平，其中产生了迈克尔·乔丹、魔术师约翰逊、科比·布莱恩特、姚明、勒布朗·詹姆斯等世界巨星。该协会一共拥有 30 支球队，分属两个联盟——东部联盟和西部联盟；其中每个联盟各由三个赛区组成，每个赛区有五支球队。30 支球队当中，有 29 支位于美国本土，另外一支来自加拿大的多伦多。

NBA 正式赛季于每年 11 月第一个星期的星期二开始，分为常规赛和季后赛两部分。常规赛为循环赛制，每支球队都要完成 82 场比赛；常规赛到次年的 4 月结束，每个联盟的前八名，将有资格进入接下来进行的季后赛。季后赛采用七战四胜赛制，共分四轮；季后赛的最后一轮也称为总决赛，由两个联盟的冠军争夺 NBA 的最高荣誉——总冠军。NBA 前身是 1946 年成立的美国篮球协会(BAA)，1949 年改为现名。协会总部位于纽约第五大道 645 号的奥林匹克塔大厦，现任总裁为亚当·萧华。NBA 同时也是北美四大职业体育联盟之一，排在国家美式足球联盟和职棒大联盟之后，位列第三。

5.1.2 NBA 的全球化

全球化像一股汹涌澎湃的浪潮，冲击着整个世界。在全球化的过程中，人类不断地跨越空间、制度和文化等障碍，在全球范围内充分实现共通共融。全球化现象、数量、种类、强度、制度化程度及全球化意识逐渐扩大，并潜移默化地渗透到了社会生活的方方面面，人类已经进入了崭新的全球化时代。当今世界，体育运动逐渐走向职业化、市场化、全球化和科学化,而篮球运动作为体育运动中的一个重要组成部分,也要顺应体育的发展潮流,在各个方面加大改革和发展力度,用科学的思路、科学的方法和科学的管理来逐步走向规范。众所周知,NBA 作为体育文化家族的一员,作为美国经济与文化的双重代表,在全球化进程中,以其特有的形式和内容,在巨大经济利益驱动下和美国强势文化的扩张中席卷全球。NBA 全球化影响也潜移默化地渗透到了社会生活的方方面面,地球村到处都在散发着 NBA 特色文化的气质和力度,美国文化也随之进入世界的每一个角落。

5.2　需求分析

因为 NBA 的欢迎程度很高,所以很有必要对这项赛事的相关数据进行数据分析。在当今的 NBA 联盟中,各支球队都有自己的当家球星,当家球星的效率值、球员场上正负数,都是综合评价一个球星为球队带来多少收益的参考指标。而纵观球史,一位巨星往往不是刚进联盟便远近闻名,而是需要经过多个赛季的锻炼,在高强度对抗下,在日复一日的训练中慢慢成长,从而成为一名合格的球队建队基石。

扫码看视频

在 NBA 中,对球员综合能力的评价是联盟、球队管理高层、球迷等非常关心的一件事。联盟利用各种各样的奖项来评价球员的素质,比如常规赛 MVP、最佳新人、进步最快球员、最佳防守球员,等等,但这些指标都不能完全体现一个球员的综合素质;而且这些奖项是由美国资深体育评论员、体育记者及 NBA 技术官员投票产生的,人为的因素不可忽略,缺乏一套科学而严谨的评选体系。在 NBA 赛场上,临场统计的单项技术指标虽然能从一个侧面反映一位篮球运动员的比赛能力,但是其单一性和局限性决定了它无法对篮球运动员的比赛能力给出客观的评价。

在现实应用中,很有必要用可视化的方法将球星的技术统计展示出来,例如得分、命中率、篮板、抢断等,并且实现各个球星之间的可视化对比。本项目将利用国内外知名网站的球星技术统计数据信息,实现数据可视化分析,以更加直观地展现每一名球星的独有魅力。

5.3　系统架构

扫码看视频

NBA 球星技术统计信息数据分析和可视化系统的基本系统架构如图 5-1 所示。

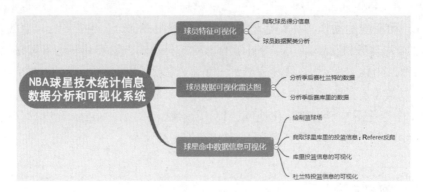

图 5-1　系统架构

5.4　球员特征可视化

本项目将针对篮球运动员个人的信息、技能水平等各项指标进行相关的分析与统计，来帮助球迷和球队全面地分析球员的数据。

扫码看视频

5.4.1　爬取球员得分信息

得分是衡量一名球员水平的重要信息之一，本系统将爬取某知名体育网站中的球员得分信息，具体为爬取本赛季球员得分榜中的信息，如图5-2所示。

			得分	投篮	三分	罚球	篮板	助攻	盖帽	抢断		
排名	球员	球队	得分	命中-出手	命中率	命中-三分	三分命中率	命中-罚球	罚球命中率	场次	上场时间	
1	乔尔-恩比德	76人	33.50	11.20-20.90	53.4%	1.20-3.30	36.2%	9.90-11.60	85.5%	39	34.60
2	卢卡-东契奇	独行侠	33.40	11.30-22.30	50.4%	2.80-7.80	35.3%	8.10-11.10	72.8%	47	36.50
3	扬尼斯-阿德托昆博	雄鹿	32.40	11.50-21.30	53.9%	0.80-3.10	26.9%	8.60-13.30	64.4%	42	33.80
4	谢伊-吉尔杰斯-亚历山大	雷霆	31.00	10.30-20.40	50.8%	1.00-2.70	35.4%	9.30-10.20	91.1%	48	35.50
5	达米安-利拉德	开拓者	30.90	9.30-20.00	46.7%	4.10-11.10	37.1%	8.10-8.90	91.2%	41	36.20
5	杰森-塔特姆	凯尔特人	30.90	10.00-21.60	46.4%	3.30-9.40	35.5%	7.50-8.70	87.1%	50	37.30
7	勒布朗-詹姆斯	湖人	30.00	11.60-22.90	50.5%	2.20-7.00	30.8%	4.70-6.20	76.3%	43	38.50
8	凯文-杜兰特	篮网	29.70	10.50-18.80	55.9%	1.80-4.80	37.6%	6.80-7.30	93.4%	39	36.00
9	斯蒂芬-库里	勇士	29.40	9.80-19.80	49.5%	4.90-11.40	42.7%	5.00-5.40	92.2%	38	34.60
10	贾-莫兰特	灰熊	27.30	9.60-20.70	46.5%	1.70-5.20	32%	6.40-8.40	75.3%	44	32.60
11	多诺万-米切尔	骑士	27.10	9.40-19.70	47.5%	3.70-9.30	39.2%	4.70-5.40	86.6%	44	35.50
11	凯里-欧文	篮网	27.10	9.90-20.50	48.6%	3.20-8.70	37.4%	4.00-4.50	88.3%	40	37.00

图 5-2　球员得分榜信息

编写实例文件 SpiderHot.py，爬取图 5-2 中球员得分榜的信息，具体实现代码如下：

```
import requests
import csv
from lxml import etree

url = 'https://nba.hupu.com/stats/players'
headers = {
# print(resp.text)
'User-Agent':'Mozilla/5.0 (Windows NT 10.0; Win64; x64) AppleWebKit/537.36 (KHTML, like
Gecko) Chrome/95.0.4638.69 Safari/537.36 Edg/95.0.1020.44'
}
resp = requests.get(url,headers=headers)
resp.encoding = 'utf-8'

#此项目运用 xpath 解析方式进行爬虫
#解析
html = etree.HTML(resp.text)

# 将每个链接添加入链表当中
hrefs =["https://nba.hupu.com"+
html.xpath("/html/body/div[3]/div[4]/div/div/span[1]/a/@href")[0]]

hrefs.append("https://nba.hupu.com"+
html.xpath("/html/body/div[3]/div[4]/div/div/span[5]/a/@href")[0] )

hrefs.append("https://nba.hupu.com"+
html.xpath("/html/body/div[3]/div[4]/div/div/span[6]/a/@href")[0] )

# 对每个链接(子页面)循环，提取到需要的数据
#***************************************************************************
for href in hrefs:
    print(href)
    #重复请求、响应、解析 url 的过程
    kidresp = requests.get(href)
    kidresp.encoding = 'utf-8'
    kidhtml = etree.HTML(kidresp.text)
    trs = kidhtml.xpath("/html/body/div[3]/div[4]/div/table/tbody/tr")

    # 检查变量 href 是否等于 hrefs 列表中的第一种元素 hrefs[o]，能够根据不同的链接(子页面)来执行不同的操作
    if(href == hrefs[0] ):
        f1 = open('score.csv', 'w', newline="", encoding='utf-8')
        csv_writer = csv.writer(f1)
        csv_writer.writerow([ trs[0].xpath("./td[1]/text()")[0],trs[0].xpath
                        ("./td[2]/text()")[0],
                    trs[0].xpath("./td[3]/text()")[0],trs[0].xpath
                    ("./td[4]/text()")[0],
```

```
                    trs[0].xpath("./td[6]/text()")[0],trs[0].xpath
                    ("./td[8]/text()")[0],
                    trs[0].xpath("./td[10]/text()")[0] ,trs[0].xpath
                    ("./td[12]/text()")[0] ])
# print(trs[0].xpath("./td[1]/text()"),trs[0].xpath ("./td[2]/text()"),trs[0].xpath
        ("./td[4]/text()"),trs[0].xpath("./td[12]/text()") )
i=0
j=0
for tr in trs[1:]:
    i=i+1

    id = tr.xpath("./td[1]/text()")[0]
    name = tr.xpath("./td[2]/a/text()")[0]
    team = tr.xpath("./td[3]/a/text()")[0]
    score = tr.xpath("./td[4]/text()")[0]
    hitPossibility = round( float(tr.xpath("./td[6]/text()")[0].split("%")[0])/100 ,3)
    threeHitPossibility =
            round( float(tr.xpath("./td[8]/text()")[0].split("%")[0])/100 ,3)
    twoHitPossibility =
            round( float(tr.xpath("./td[10]/text()")[0].split("%")[0])/100 ,3)
    time = tr.xpath("./td[12]/text()")[0]

    csv_writer.writerow([id, name, team, score, hitPossibility,
        threeHitPossibility, twoHitPossibility, time])


    if(i<5):

        kiddresp = requests.get(tr.xpath("./td[2]/a/@href")[0])
        print(kiddresp)
        kiddresp.encoding = 'utf-8'
        kiddhtml = etree.HTML(kiddresp.text)

        trss = kiddhtml.xpath("/html/body/div[3]/div[3]/div[1]/div[2]/div[3]/
                div[2]/div[1]/table[1]/tbody/tr  ")

        f22 = open('ScoreFouth.csv', 'a', newline="", encoding='utf-8')
        csv_writerr = csv.writer(f22)

        name = kiddhtml.xpath("/html/body/div[3]/div[3]/div[1]/div[1]")

        if(j == 0):
            j=j+1
            csv_writerr.writerow([ "球员",  trss[1].xpath("./td[15]/text()")[0],
                        trss[1].xpath("./td[4]/text()")[0],
                            trss[1].xpath("./td[6]/text()")[0], trss[1].xpath
                                ("./td[8]/text()")[0],
```

```
                        trss[1].xpath("./td[9]/text()")[0], trss[1].xpath
                                ("./td[10]/text()")[0],
                        trss[1].xpath("./td[11]/text()")[0], trss[1].xpath
                                ("./td[12]/text()")[0] ])

        csv_writerr.writerow([ name[0].xpath("./h2/text()")[0], trss[2].xpath
("./td[15]/text()")[0], round(float(trss[2].xpath("./td[4]/text()")[0].split("%")[0])/100,3),
                round(float(trss[2].xpath("./td[6]/text()")
                [0].split("%")[0])/100,3), round(float(trss[2].xpath
                        ("./td[8]/text()")[0].split("%")[0])/100,3),
                trss[2].xpath("./td[9]/text()")[0], trss[2].xpath
                        ("./td[10]/text()")[0],
                trss[2].xpath("./td[11]/text()")[0], trss[2].xpath
                        ("./td[12]/text()")[0]])
```

爬取成功后，将本赛季球员得分榜的信息保存到本地文件 score.csv 中，如图 5-3 所示。

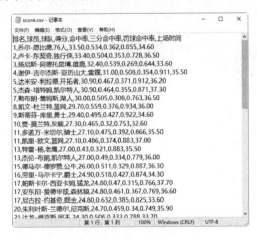

图 5-3　爬取到的球员得分榜信息

5.4.2　球员数据聚类分析

在爬取到的数据中保存了球员的详细得分信息，接下来使用 K-Means 聚类算法分析各个球员的技术特征。K-Means 聚类算法的思路通俗易懂，即通过不断计算各样本点与簇中心的距离，直到收敛为止，具体步骤如下：

步骤 1　从数据中随机挑选 k 个样本点作为原始的簇中心。

步骤 2　计算剩余样本与簇中心的距离，并把各样本标记为离 k 个簇中心最近的类别。

步骤 3　重复计算各簇中样本点的均值，并以均值作为新的 k 个簇中心。

步骤 4　重复步骤 2、步骤 3，直到簇中心的变化趋势趋于稳定，形成最终的 k 个簇。

为了确定最佳 k 值，可以使用以下两种常用的方法进行评估。

● 簇内离差平方和拐点法：在不同的 k 值下计算簇内的离差平方和，然后通过可视化的方法找到"拐点"所对应的 k 值。

● 轮廓系数法：该方法综合考虑了簇的密集性与分散性两个信息，如果数据集被分割为理想的 k 个簇，那么对应的簇内样本会很密集，而簇间样本会很分散。

编写球员数据聚类分析文件 K-Means.py，实现得分、罚球命中率、命中率和三分命中率 4 项技术指标的分析。文件 K-Means.py 具体实现流程如下所示。

(1) 读取球员数据，绘制球员得分与命中率的散点图，代码如下：

```python
import pandas as pd
import matplotlib.pyplot as plt
import numpy as np

players = pd.read_csv(r"score.csv",encoding='utf-8')

# 中文和符号的正常显示
plt.rcParams['font.sans-serif'] = ['Microsoft YaHei']
plt.rcParams['axes.unicode_minus'] = False
import seaborn as sns
sns.lmplot(x = '得分',y = '命中率',data = players,
        fit_reg = False, scatter_kws = {'alpha':0.8,'color':'steelblue'})
plt.show()
```

执行结果如图 5-4 所示。

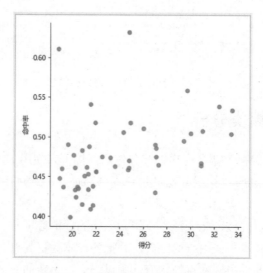

图 5-4　球员得分与命中率的散点图

(2) 构造自定义函数 k_SSE(),用于绘制不同 k 值和对应的总的簇内离差平方和的折线图,代码如下:

```python
def k_SSE(X, clusters):
    # 选择连续的 K 种不同的值
    K = range(1,clusters+1)
    # 构建空列表,用于存储总的簇内离差平方和
    TSSE = []
    for k in K:
        # 用于存储各个簇内离差平方和
        SSE = []
        from sklearn.cluster import KMeans
        kmeans = KMeans(n_clusters=k) #创建分类器对象
        kmeans.fit(X)  #用训练器数据拟合分类器模型
        # 返回簇标签
        labels = kmeans.labels_
        # 返回簇中心
        centers = kmeans.cluster_centers_
        # 计算各簇样本的离差平方和,并保存到列表中
        for label in set(labels):
            SSE.append(np.sum((X.loc[labels == label,]-centers[label,:])**2))
        # 计算总的簇内离差平方和
        TSSE.append(np.sum(SSE))

    # 中文和符号的正常显示
    plt.rcParams['font.sans-serif'] = ['Microsoft YaHei']
    plt.rcParams['axes.unicode_minus'] = False
    # 设置绘图风格
    plt.style.use('ggplot')
    # 绘制 K 的个数与 GSSE 的关系
    plt.plot(K, TSSE, 'b*-')
    plt.xlabel('簇的个数')
    plt.ylabel('簇内离差平方和之和')
    # 显示图形
    plt.show()
```

执行结果如图 5-5 所示。

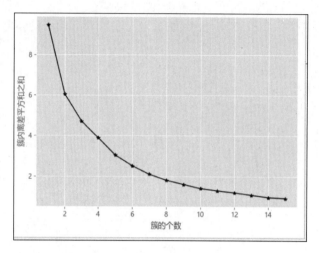

图 5-5　不同 k 值和对应的总的簇内离差平方和的折线图

(3) 构造自定义函数 k_silhouette()，挑选出技术统计文件 score.csv 中的 4 项技术统计数据：得分、罚球命中率、命中率、三分命中率，以绘制不同 k 值和对应轮廓系数的折线图，代码如下：

```python
from sklearn import preprocessing
# 数据标准化处理
X = preprocessing.minmax_scale(players[['得分','罚球命中率','命中率','三分命中率']])
# 将数组转换为数据框
X = pd.DataFrame(X, columns=['得分','罚球命中率','命中率','三分命中率'])
k_SSE(X, 15)

# 构造自定义函数，用于绘制不同 k 值和对应轮廓系数的折线图
def k_silhouette(X, clusters):
    K = range(2,clusters+1)
    # 构建空列表，用于存储各种簇数下的轮廓系数
    S = []
    for k in K:
        from sklearn.cluster import KMeans
        kmeans = KMeans(n_clusters=k)
        kmeans.fit(X)
        labels = kmeans.labels_
        # 调用字模块 metrics 中的 silhouette_score 函数，计算轮廓系数
        from sklearn.metrics import silhouette_score
        S.append(silhouette_score(X, labels, metric='euclidean'))

    # 中文和符号的正常显示
    plt.rcParams['font.sans-serif'] = ['Microsoft YaHei']
    plt.rcParams['axes.unicode_minus'] = False
```

```
# 设置绘图风格
plt.style.use('ggplot')
# 绘制 K 的个数与轮廓系数的关系
plt.plot(K, S, 'b*-')
plt.xlabel('簇的个数')
plt.ylabel('轮廓系数')
# 显示图形
plt.show()

k_silhouette(X, 10)
```

执行结果如图 5-6 所示。

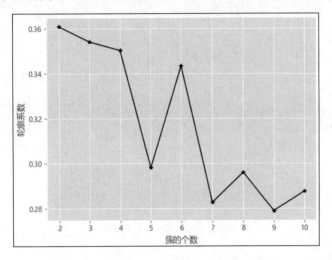

图 5-6　不同 k 值和对应轮廓系数的折线图

(4) 对数据进行 K 均值聚类处理，并可视化展示不同簇的数据点在'得分'和'命中率'上的分布，并输出不同簇的数据点信息。最终绘制了一个散点图，其中包含了不同簇的数据点分布。横坐标是'得分'，纵坐标是'命中率'，不同簇的数据点使用不同的标记('^'和's')表示。并且在图中还添加了簇中心，簇中心用黑色星号标记。代码如下：

```
from sklearn.cluster import KMeans
kmeans = KMeans(n_clusters = 2)
kmeans.fit(X)
# 将聚类结果标签插入到数据集 players 中
players['cluster'] = kmeans.labels_
# 构建空列表，用于存储三个簇的簇中心
centers = []
for i in players.cluster.unique():
```

```
        centers.append(players.loc[players.cluster == i,['得分','罚球命中率','命中率',
                                                        '三分命中率']].mean())
# 将列表转换为数组，便于后面的索引取数
centers = np.array(centers)

# 绘制散点图
sns.lmplot(x = '得分', y = '命中率', hue = 'cluster', data = players, markers = ['^','s'],
        fit_reg = False, scatter_kws = {'alpha':0.8}, legend = False)
# 添加簇中心
plt.scatter(centers[:,0], centers[:,2], c='k', marker = '*', s = 180)
plt.xlabel('得分')
plt.ylabel('命中率')
# 图形显示
plt.show()

res0Series = pd.Series(kmeans.labels_)
res0 = res0Series[res0Series.values == 0]
print(players.iloc[res0.index])

res0Series = pd.Series(kmeans.labels_)
res0 = res0Series[res0Series.values == 1]
print(players.iloc[res0.index])

print(players.iloc[res0.index])
```

执行结果如图 5-7 所示。

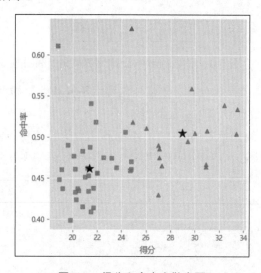

图 5-7　得分和命中率散点图

5.5　球员数据可视化雷达图

雷达图可以展示对象多个维度的数据,并将不同度量的维度数据转化成统一度量,可用于科学直观地描述单个对象的属性。雷达图也可以同时展示多个指标,用来判断同一个对象的多个指标之间的强弱或显示不同对象的相同指标的对比情况,为决策提供数据依据。本项目通过使用雷达图,可以显示出每个球员的特点,通过对比可以更好地找出每个球员的优点与不足。

扫码看视频

5.5.1　分析季后赛杜兰特的数据

本系统将爬取历年来季后赛中杜兰特的技术统计信息,如图 5-8 所示。

职业生涯季后赛平均数据

场次	时间	投篮	命中率	三分	命中率	罚球	命中率	篮板	助攻	抢断	盖帽	失误	犯规	得分
13.08	40.3	9.9-20.8	47.6%	2.2-6.2	35.5%	7.3-8.4	86.7%	7.8	4.1	1.04	1.17	3.23	2.52	29.4

赛季	球队	场次	首发	时间	投篮	命中率	三分	命中率	罚球	命中率	篮板	助攻	抢断	盖帽	失误	犯规	得分
2009	雷霆	6	6	38.5	7.2-20.5	35.0%	1.7-5.8	29.0%	9.0-10.3	87.0%	7.7	2.3	0.50	1.33	3.67	2.83	25.0
2010	雷霆	17	17	42.5	9.1-20.3	45.0%	2.2-6.4	34.0%	8.2-9.8	84.0%	8.2	2.8	0.94	1.12	2.47	3.06	28.6
2011	雷霆	20	20	41.9	9.9-19.1	52.0%	2.0-5.5	37.0%	6.7-7.7	86.0%	7.4	3.7	1.45	1.20	3.15	2.55	28.5
2012	雷霆	11	11	44.1	10.2-22.4	46.0%	2.0-6.4	31.0%	8.5-10.2	83.0%	6.3	1.27	1.09	3.91	2.36	30.8
2013	雷霆	19	19	42.9	10.2-22.2	46.0%	2.3-6.6	34.0%	6.9-8.6	81.0%	8.9	3.9	1	1.32	3.79	2.16	29.6
2015	雷霆	18	18	40.3	9.7-22.6	43.0%	1.7-6.1	28.0%	7.2-8.1	89.0%	7.1	3.3	1	1	3.61	2.06	28.4
2016	勇士	15	15	35.5	9.9-17.9	56.0%	2.5-5.7	44.0%	6.1-6.9	89.0%	7.9	4.3	0.80	1.33	2.53	2.60	28.5
2017	勇士	21	21	38.4	10.1-20.7	49.0%	2.2-6.6	34.0%	6.5-7.2	90.0%	7.8	4.7	0.71	1.19	2.38	2.05	29.0
2017	汇总	2	2	35.5	9.5-18.0	53.0%	2.0-6.5	31.0%	7.0-7.5	93.0%	7.5	6.5	1	0.50	3.00	3.00	28.0
2018	勇士	12	12	36.8	10.4-20.2	51.0%	2.9-6.7	44.0%	8.5-9.4	90.0%	4.9	4.5	1.08	1	3.58	3.17	32.2
2020	篮网	12	12	40.4	12.1-23.5	51.0%	2.8-6.8	40.0%	7.3-8.4	87.0%	9.2	4.4	1.50	1.58	3.50	2.58	34.2
2021	篮网	4	4	44.0	8.0-20.8	39.0%	1.8-5.2	33.0%	8.5-9.5	90.0%	5.8	6.2	1	0.25	5.25	3.75	26.2

图 5-8　季后赛中杜兰特的技术统计信息

编写项目文件 DurantScore.py,爬取杜兰特在季后赛中的技术统计信息,具体实现代码如下所示。

```
import requests
import csv
from lxml import etree
```

```
url = 'https://nba.hupu.com/players/kevindurant-1236.html'
headers = {
'User-Agent':'Mozilla/5.0 (Windows NT 10.0; Win64; x64) AppleWebKit/537.36 (KHTML, like
Gecko) Chrome/95.0.4638.69 Safari/537.36 Edg/95.0.1020.44'
}
resp = requests.get(url,headers=headers)
resp.encoding = 'utf-8'

html = etree.HTML(resp.text)
trs = html.xpath("/html/body/div[3]/div[3]/div[1]/div[3]/div[3]/div/div/div[1]/
table[2]/tbody/tr")
f1 = open('durant.csv', 'w', newline="", encoding='utf-8')
csv_writer = csv.writer(f1)

csv_writer.writerow([  trs[0].xpath("./td[1]/text()")[0],
                    trs[0].xpath("./td[18]/text()")[0],
                    trs[0].xpath("./td[7]/text()")[0],
                    trs[0].xpath("./td[9]/text()")[0],trs[0].xpath("./td[11]/text()")[0],
                    trs[0].xpath("./td[12]/text()")[0],
                    trs[0].xpath("./td[13]/text()")[0],
                    trs[0].xpath("./td[14]/text()")[0],
                    trs[0].xpath("./td[15]/text()")[0]])

for i in range(1,15):
   csv_writer.writerow( [  trs[i].xpath("./td[1]/text()")[0],
                    trs[i].xpath("./td[18]/text()")[0],round( float(trs[i].xpath
                            ("./td[7]/text()")[0].split("%")[0])/100 ,3),
                    round( float(trs[i].xpath("./td[9]/text()")
                            [0].split("%")[0])/100 ,3),
                    round( float(trs[i].xpath("./td[11]/text()")
                            [0].split("%")[0])/100 ,3),
                    trs[i].xpath("./td[12]/text()")[0],trs[i].xpath
                            ("./td[13]/text()")[0],
                    trs[i].xpath("./td[14]/text()")[0] ,trs[i].xpath
                            ("./td[15]/text()")[0]])
```

　　数据爬取成功后，将杜兰特在季后赛中的技术统计信息保存到本地文件 durant.csv 中，如图 5-9 所示。

```
赛季,得分,命中率,命中率,命中率,篮板,助攻,抢断,盖帽
2007,20.3,0.43,0.29,0.87,4.3,2.4,0.97,0.94
2008,25.3,0.48,0.42,0.86,6.5,2.8,1.30,0.72
2009,30.1,0.48,0.37,0.9,7.6,2.8,1.37,1.02
2010,27.7,0.46,0.35,0.88,6.8,2.7,1.13,0.97
2011,28.0,0.5,0.39,0.86,8.0,3.5,1.33,1.17
2012,28.1,0.51,0.42,0.91,7.9,4.6,1.43,1.30
2013,32.0,0.5,0.39,0.87,7.4,5.5,1.27,0.73
2014,25.4,0.51,0.4,0.85,6.6,4.1,0.89,0.93
2015,28.2,0.51,0.39,0.9,8.2,5.0,0.96,1.18
2016,25.1,0.54,0.38,0.88,8.3,4.8,1.06,1.60
2017,26.4,0.52,0.42,0.89,6.8,5.4,0.74,1.75
2017,26.4,0.52,0.42,0.89,6.8,5.4,0.74,1.75
2018,26.0,0.52,0.35,0.89,6.4,5.9,0.74,1.08
2020,26.9,0.54,0.45,0.88,7.1,5.6,0.71,1.29
```

图 5-9 杜兰特在季后赛中的技术统计信息

编写项目文件 DurantRadarMap.py，根据杜兰特在季后赛中的技术统计信息绘制雷达图，具体实现代码如下所示。

```python
import matplotlib.pyplot as plt
import numpy as np
import pandas as pd

nba = pd.read_csv('durant.csv',encoding='utf-8')

#转换数据到同一数据级别
nba_total = nba.sum(axis=0)
# for  i in range(1,9):
nba.iloc[:,1] = nba.iloc[:,1]/(nba_total[1]-100)
nba.iloc[:,2] = nba.iloc[:,2]/(nba_total[2]-2)

nba.iloc[:,3] = nba.iloc[:,3]/(nba_total[3]-0.5)
nba.iloc[:,4] = nba.iloc[:,4]/(nba_total[4]-3)
nba.iloc[:,5] = nba.iloc[:,5]/(nba_total[5]-4)
nba.iloc[:,6] = nba.iloc[:,6]/(nba_total[6]-25)
nba.iloc[:,7] = nba.iloc[:,7]/(nba_total[7]+13)
nba.iloc[:,8] = nba.iloc[:,8]/(nba_total[8]+3)

#提取数据
nba.set_index(nba['赛季'],inplace=True)   #把"赛季"列设置为DataFrame 的索引列
nba = nba.iloc[:,1:]   #从第一列开始提取

#设置中文
plt.rcParams['font.sans-serif'] = ['SimHei']
plt.rcParams['axes.unicode_minus'] = False
```

```
#构造雷达图的数据
values = nba.iloc[0,:]
values1 = nba.iloc[1,:]
values2 = nba.iloc[2,:]
values3 = nba.iloc[3,:]
labels = nba.columns

N=len(values)
#设置雷达
angles = np.linspace(0,2*np.pi,N,endpoint= False)
#闭合数据
values = np.concatenate(( values ,[values[0]] ))
values1 = np.concatenate(( values1 ,[values1[0]] ))
values2 = np.concatenate(( values2 ,[values2[0]] ))
values3 = np.concatenate(( values3 ,[values3[0]] ))
angles = np.concatenate(( angles,[angles[0]] ))
labels = np.concatenate((labels,[labels[0]] ))

#绘制雷达
fig = plt.figure()
ax = fig.add_subplot(111,polar = True)    #开启极坐标模式
ax.plot(angles,values,'ro-',label='2007')
ax.fill(angles ,values , 'r', alpha=0.5)

ax.plot(angles,values1,'bo-',label='2008')
ax.fill(angles ,values1 , 'b', alpha=0.5)

ax.plot(angles,values2,'yo-',label='2009')
ax.fill(angles ,values2 , 'y', alpha=0.5)

ax.plot(angles,values3,'go-',label='2010')
ax.fill(angles ,values3 , 'g', alpha=0.5)

ax.plot(angles,values3,'co-',label='2011')
ax.fill(angles ,values3 , 'c', alpha=0.5)

ax.plot(angles,values3,'mo-',label='2010')
ax.fill(angles ,values3 , 'm', alpha=0.5)

ax.plot(angles,values3,'ko-',label='2010')
ax.fill(angles ,values3 , 'k', alpha=0.5)

ax.plot(angles,values3,'ro-',label='2014')
ax.fill(angles ,values3 , 'r', alpha=0.5)

ax.plot(angles,values3,'bo-',label='2015')
ax.fill(angles ,values3 , 'b', alpha=0.5)
```

```
ax.plot(angles,values3,'yo-',label='2016')
ax.fill(angles ,values3 , 'y', alpha=0.5)

ax.plot(angles,values3,'go-',label='2017')
ax.fill(angles ,values3 , 'go-', alpha=0.5)

ax.plot(angles,values3,'co-',label='2018')
ax.fill(angles ,values3 , 'c', alpha=0.5)

ax.plot(angles,values3,'mo-',label='2019')
ax.fill(angles ,values3 , 'm', alpha=0.5)

ax.plot(angles,values3,'ko-',label='2020')
ax.fill(angles ,values3 , 'k', alpha=0.5)

ax.plot(angles,values3,'go-',label='2021')
ax.fill(angles ,values3 , 'g', alpha=0.5)
#设置标签
ax.set_thetagrids(angles*180/np.pi,labels)
ax.set_ylim(0,0.1)
plt.title('球员数据')
plt.legend(bbox_to_anchor=(1.1,1))
plt.show()
```

执行结果如图 5-10 所示。

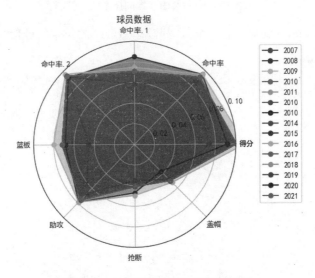

图 5-10   杜兰特数据的可视化雷达图

从雷达图不难看出，杜兰特在新赛季中的各项能力值较低，但从第二年开始各项能力值均有上升，说明球员自身成长得很快，有很好的天赋，很快适应了联盟高强度的竞技水平。从图中不难看出，球员的得分能力非常突出。

5.5.2 分析季后赛库里的数据

本系统爬取历年来季后赛中库里的技术统计信息，如图5-11所示。

| 职业生涯季后赛平均数据 | | | | | | | | | | | | | |
场次	时间	投篮	命中率	三分	命中率	罚球	命中率	篮板	助攻	抢断	盖帽	失误	犯规	得分
14.89	37.3	8.8-19.5	45.2%	4.2-10.4	40.1%	4.8-5.4	89.2%	5.4	6.2	1.57	0.28	3.34	2.54	26.6

赛季	球队	场次	首发	时间	投篮	命中率	三分	命中率	罚球	命中率	篮板	助攻	抢断	盖帽	失误	犯规	得分
2012	勇士	12	12	41.4	8.5-19.6	43.0%	3.5-8.8	40.0%	2.9-3.2	92.0%	3.8	8.1	1.67	0.17	3.33	2.92	23.4
2013	勇士	7	7	42.3	7.3-16.6	44.0%	3.1-8.1	39.0%	5.3-6.0	88.0%	3.6	8.4	1.71	0.14	3.71	2.57	23.0
2014	勇士	21	21	39.3	9.5-20.9	46.0%	4.7-11.0	42.0%	4.6-5.5	84.0%	5.0	6.4	1.86	0.14	3.90	2.24	28.3
2015	勇士	18	17	34.1	8.2-18.8	44.0%	4.4-11.0	40.0%	4.2-4.6	92.0%	5.5	5.2	1.44	0.28	4.17	2.17	25.1
2016	勇士	17	17	35.4	8.9-18.4	48.0%	4.2-10.1	42.0%	6.1-6.7	90.0%	6.2	6.7	2.00	0.24	3.41	2.18	28.1
2017	勇士	15	14	37.0	9.1-20.3	45.0%	4.3-10.8	40.0%	3.0-3.1	96.0%	6.1	5.4	1.73	0.73	2.87	2.53	25.5
2018	勇士	22	22	38.5	8.6-19.6	44.0%	4.2-11.1	38.0%	6.7-7.1	94.0%	6.0	5.7	1.09	0.18	3.00	3.09	28.2
2021	勇士	22	18	34.7	9.2-20.0	46.0%	4.1-10.4	40.0%	4.9-5.9	83.0%	5.2	5.9	1.32	0.36	2.59	2.68	27.4

图 5-11　季后赛中库里的技术统计信息

编写项目文件 CurrysScore.py，爬取库里在季后赛中的技术统计信息，主要实现代码如下所示。

```
url = 'https://nba.hupu.com/players/stephencurry-3311.html'
headers = {
'User-Agent':'Mozilla/5.0 (Windows NT 10.0; Win64; x64) AppleWebKit/537.36 (KHTML, like
Gecko) Chrome/95.0.4638.69 Safari/537.36 Edg/95.0.1020.44'
}
resp = requests.get(url,headers=headers)
resp.encoding = 'utf-8'
# print(resp.text)

html = etree.HTML(resp.text)
trs = html.xpath("/html/body/div[3]/div[3]/div[1]/div[3]/div[3]/div/div/div[1]/
table[2]/tbody/tr")
f1 = open('Curryst.csv', 'w', newline="", encoding='utf-8')
csv_writer = csv.writer(f1)
```

编写项目文件 CurrysRadarMap.py，根据库里在季后赛中的技术统计信息绘制雷达图，主要实现代码如下所示。

```
nba = pd.read_csv('Curryst.csv',encoding='utf-8')
ax.plot(angles,values3,'ko-',label='2020')
ax.fill(angles ,values3 , 'k', alpha=0.5)

ax.plot(angles,values3,'go-',label='2021')
ax.fill(angles ,values3 , 'g', alpha=0.5)
#设置标签
ax.set_thetagrids(angles*180/np.pi,labels)
ax.set_ylim(0,0.1)
plt.title('球员数据')
plt.legend(bbox_to_anchor=(1.1,1))
plt.show()
```

执行结果如图 5-12 所示。

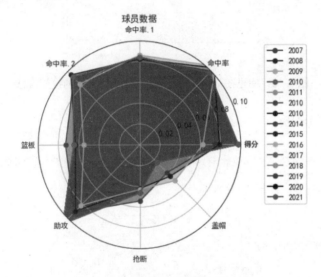

图 5-12　库里数据的可视化雷达图

从雷达图不难看出，库里的得分能力更加突出。

5.6　球星命中数据信息可视化

在 NBA 的官方网站中，不但统计了各个球队中所有队员的投篮命中信息，而且还用可视化的方式绘制了每一次投篮的位置，并标注出这次投篮是否命中。例如图 5-13 展示了库里在 2023 年 2 月 2 日这场比赛中的投篮信息。图中首先绘制了篮球场，然后用绿色圆圈表示投篮命中，红色叉号表示没有命中，

扫码看视频

并且准确绘制了每次投篮的具体位置。

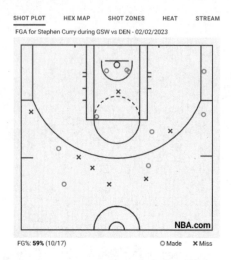

图 5-13　库里在 2023 年 2 月 2 日这场比赛中的投篮信息

5.6.1　绘制篮球场

　　NBA 篮球场的各区域尺寸如图 5-14 所示，单位为英尺。整个篮球场长 94 英尺，宽 50 英尺。

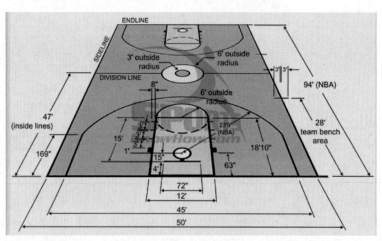

图 5-14　NBA 篮球场的尺寸

　　编写项目文件 Basketball.py，使用 Matplotlib 根据上述尺寸绘制 NBA 篮球场，具体实现代码如下所示。

```
from matplotlib import pyplot as plt
from matplotlib.patches import Arc,Circle,Rectangle
import pandas as pd

def draw_ball_field(color='#20458C',lw=2):

    #绘制篮球场

    #新建一个大小为(6,6)的绘图窗口
    plt.figure(figsize=(6,6))
    #获得当前的 Axes 对象 ax 并进行绘图
    ax=plt.gca()

    #对篮球场进行底色填充
    lines_outer_rec=Rectangle(xy=(-250,-47.5),width=500,height=470,linewidth=lw,color=
                    '#F0F0F0',fill=True)
    #设置篮球场填充图层为最底层
    lines_outer_rec.set_zorder(0)
    #将 rec 添加进 ax
    ax.add_patch(lines_outer_rec)

    #绘制篮筐,半径为7.5
    circle_ball=Circle(xy=(0,0),radius=7.5,linewidth=lw,color=color,fill=False)
    #将 circle 添加进 ax
    ax.add_patch(circle_ball)

    #绘制篮板,尺寸为(60,1)
    plate=Rectangle(xy=(-30,-7.5),width=60,height=-1,linewidth=lw,color=color,fill=False)
    #将 rec 添加进 ax
    ax.add_patch(plate)

    #绘制2分区的外框线,尺寸为(160,190)
    outer_rec=Rectangle(xy=(-80,-47.5),width=160,height=190,linewidth=lw,color=
                        color,fill=False)
    #将 rec 添加进 ax
    ax.add_patch(outer_rec)

    #绘制2分区的内框线,尺寸为(120,190)
    inner_rec=Rectangle(xy=(-60,-47.5),width=120,height=190,linewidth=lw,color=
                        color,fill=False)
    #将 rec 添加进 ax
    ax.add_patch(inner_rec)

    #绘制罚球区域圆圈,半径为60
    circle_punish=Circle(xy=(0,142.5),radius=60,linewidth=lw,color=color,fill=False)
```

```
    #将 circle 添加进 ax
    ax.add_patch(circle_punish)

    #绘制三分线的左边线
    three_left_rec=Rectangle(xy=(-220,-47.5),width=0,height=140,linewidth=lw,
                             color=color,fill=False)
    #将 rec 添加进 ax
    ax.add_patch(three_left_rec)

    #绘制三分线的右边线
    three_right_rec=Rectangle(xy=(220,-47.5),width=0,height=140,linewidth=lw,
                              color=color,fill=False)
    #将 rec 添加进 ax
    ax.add_patch(three_right_rec)

    #绘制三分线的圆弧,圆心为(0,0),半径为238.66,起始角度为22.8,结束角度为157.2
    three_arc=Arc(xy=(0,0),width=477.32,height=477.32,theta1=22.8,theta2=157.2,
                  linewidth=lw,color=color,fill=False)
    #将 arc 添加进 ax
    ax.add_patch(three_arc)

    #绘制中场处的外半圆,半径为60
    center_outer_arc=Arc(xy=(0,422.5),width=120,height=120,theta1=180,theta2=0,
                         linewidth=lw,color=color,fill=False)
    #将 arc 添加进 ax
    ax.add_patch(center_outer_arc)

    #绘制中场处的内半圆,半径为20
    center_inner_arc=Arc(xy=(0,422.5),width=40,height=40,theta1=180,theta2=0,
                         linewidth=lw,color=color,fill=False)
    #将 arc 添加进 ax
    ax.add_patch(center_inner_arc)

    #绘制篮球场外框线,尺寸为(500,470)
    lines_outer_rec=Rectangle(xy=(-250,-47.5),width=500,height=470,
                              linewidth=lw,color=color,fill=False)
    #将 rec 添加进 ax
    ax.add_patch(lines_outer_rec)

    return ax

axs=draw_ball_field(color='#20458C',lw=2)
#设置坐标轴范围
axs.set_xlim(-250,250)
axs.set_ylim(422.5,-47.5)
#消除坐标轴刻度
axs.set_xticks([])
axs.set_yticks([])
```

```
#添加备注信息
plt.annotate('guanxijing',xy=(100,160),xytext=(178,418))
```

执行结果如图 5-15 所示。

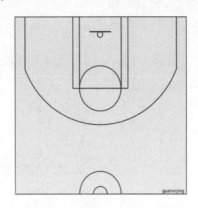

图 5-15　绘制的 NBA 篮球场

5.6.2　爬取球星库里的投篮信息：Referer 反爬

本项目的投篮数据来源于 NBA 官方网站获取投篮数据，然后使用谷歌浏览器登录到相应的页面，并通过按下 F12 键打开开发者工具来查看网页源代码。在源代码中，找到了与爬虫页面相关的链接，这些链接以"https://stats.nba.com/stats/shotchartdetail?"开头。这些链接包含了我们所需的投篮数据，如图 5-16 所示。

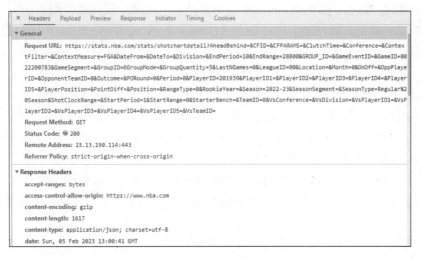

图 5-16　要爬取的页面

我们重点需要爬取的数据如下。

- 10："EVENT_TYPE"：是否得分命中。
- 17："LOC_X"：表示投篮位置的横坐标。
- 18："LOC_Y"：表示投篮位置的纵坐标。

如图 5-17 所示。

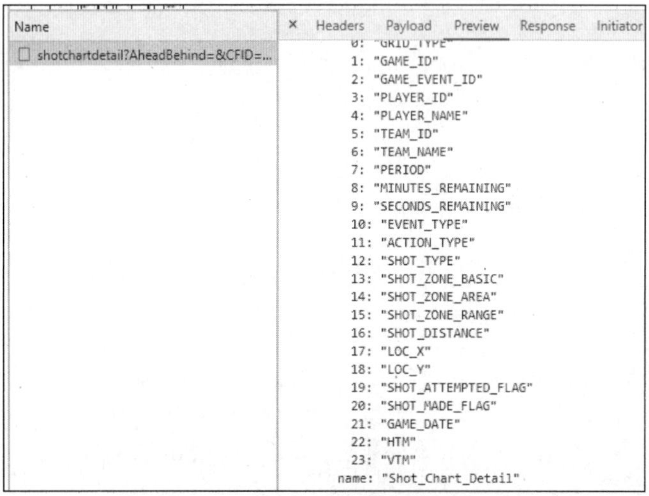

图 5-17　是否命中和投篮位置

本项目使用了 Referer 技术来绕过反爬虫机制。Referer 是记录在访问目标网站之前所在的原始网站地址。例如，当使用 Chrome 浏览器从知乎的某个版块跳转到另一个页面时，你所在的当前页面就是原始网站。通过按下 F12 键，选择 Network 选项，可以在进入另一个网站时查看请求头(header)中的 Referer 字段，它指向了你之前所在的网站。

由于 Referer 是请求网页时 HTTP 请求头的一部分，它可以用于防止网页图片的盗链。假设你想从一个网页下载图片到你的计算机上，使用 Python 的 urllib.request 或第三方库 requests 来访问图片时，通常无法成功下载。这是因为 Python 发送请求时，类似于在浏览器中直接访问图片链接，此时没有 Referer 信息。有些网站要求请求中包含 Referer，并且 Referer 必须是之前访问的网站，也就是图片的主页。

为了满足这种要求，你需要在构建 HTTP 请求头时，传入 Referer 参数(注意 R 要大写)，其值应该是与图片链接相关的网站，或者图片链接地址的原始网站。例如下面的示例代码。

```python
from fake_useragent import UserAgent
#伪装成浏览器
ua = UserAgent()
headers = {'User-Agent':ua.random}
```

```
#一般网站伪装成这样也就够了，但是如果想爬图片，图片反盗链的话如下
headers = {'User-Agent':ua.random,'Referer':'这里放入图片的主页面'}
#然后在后续 requests 中传入 header 即可
```

编写项目文件 kuli.py，爬取官方网站中库里在 2018—2019 年的投篮信息，具体实现代码如下所示。

```
import requests
import json

headers = {
    'Origin': "https://www.nba.com",
    'Referer': "https://www.nba.com/",
    'User-Agent': 'Mozilla/5.0 (Linux; Android 6.0; Nexus 5 Build/MRA58N)
AppleWebKit/537.36 (KHTML, like Gecko) Chrome/103.0.0.0 Mobile Safari/537.36'
}
# 球员职业生涯时间
years = [2018, 2019]
for i in range(years[0], years[1]):
    # 赛季
    season = str(i) + '-' + str(i + 1)[-2:]
    # 球员 ID
    player_id = '201939'
    # 请求网址
    url = 'https://stats.nba.com/stats/shotchartdetail?AheadBehind=&CFID=33&CFPARAMS=' +
season + '&ClutchTime=&Conference=&ContextFilter=&ContextMeasure=FGA&DateFrom=&DateTo=
&Division=&EndPeriod=10&EndRange=28800&GROUP_ID=&GameEventID=&GameID=&GameSegment=&Gr
oupID=&GroupMode=&GroupQuantity=5&LastNGames=0&LeagueID=00&Location=&Month=0&OnOff=&O
pponentTeamID=0&Outcome=&PORound=0&Period=0&PlayerID=' + player_id + '&PlayerID1=
&PlayerID2=&PlayerID3=&PlayerID4=&PlayerID5=&PlayerPosition=&PointDiff=&Position=&Ran
geType=0&RookieYear=&Season=' + season + '&SeasonSegment=&SeasonType=Regular+
Season&ShotClockRange=&StartPeriod=1&StartRange=0&StarterBench=&TeamID=0&VsConference=
&VsDivision=&VsPlayerID1=&VsPlayerID2=&VsPlayerID3=&VsPlayerID4=&VsPlayerID5=&VsTeamID='
    # 请求结果
    response = requests.get(url=url, headers=headers)
    result = json.loads(response.text)
    print(result)
    # 获取数据
    for item in result['resultSets'][0]['rowSet']:
        # 是否进球得分
        flag = item[10]
        # 横坐标
        loc_x = str(item[17])
        # 纵坐标
        loc_y = str(item[18])
        with open('curry.csv', 'a+') as f:
            f.write(loc_x + ',' + loc_y + ',' + flag + '\n')
```

根据爬取成功后，将库里在 2018—2019 年的投篮信息保存到本地文件 curry.csv 中，如图 5-18 所示。

图 5-18　库里在 2018—2019 年的投篮信息

5.6.3　库里投篮信息的可视化

有了球场和投篮数据，就可以使用 Matplotlib 绘制库里的投篮信息图。项目文件 Basketball.py 可以实现这一功能，具体代码如下所示。

```
#读取数据
df=pd.read_csv('curry.csv',header=None,names=['width','height','type'],encoding='utf-8')
#分类数据
df1=df[df['type']=='Made Shot']
df2=df[df['type']=='Missed Shot']
#绘制散点图

axs.scatter(x=df2['width'],y=df2['height'],s=30,marker='x',color='#A82B2B')
axs.scatter(x=df1['width'],y=df1['height'],s=30,marker='o',edgecolors='#3A7711',color
="#F0F0F0",linewidths=2)
plt.show()
print("绘制散点图结束")
```

执行结果如图 5-19 所示。从中可以得出结论：通过分析投篮位置图，可以推测出库里进攻基本没有死角，而且投篮命中率很高。针对这种超强进攻型球员，球队很难限制住他，那么教练可以采用限制其队友的思想，封住其传球路线，让他无限制地进入单打的局势；再实施一对一轮流单防，消耗他的体力，让其在关键时刻打不出最高水平。

将上述可视化的投篮信息跟 NBA 官网中的数据(图 5-20)进行比较，二者基本一致。

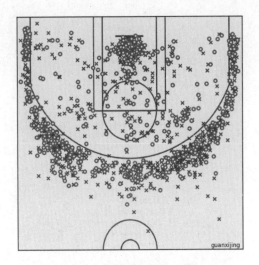

图 5-19　库里投篮信息的可视化图

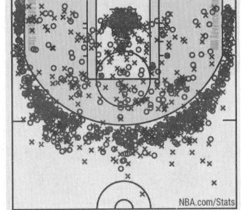

图 5-20　NBA 官网中的库里投篮信息可视化图

5.6.4　杜兰特投篮信息的可视化

　　参照库里投篮信息的可视化方法，我们可以进一步爬取其他球星的信息，并绘制对应的投篮信息的可视化图，然后通过设置球员 ID 以及赛季时间来获取不同的数据。例如杜兰特在 NBA 官网的 ID 为 201142，使用爬虫技术将杜兰特在 2018—2019 年的投篮信息保存到本地文件 du.csv 中，如图 5-21 所示。

```
1360    141,226,Missed Shot
1361    -128,52,Made Shot
1362    124,102,Made Shot
1363    116,152,Missed Shot
1364    -1,186,Made Shot
1365    162,263,Missed Shot
1366    114,160,Missed Shot
1367    -12,81,Made Shot
1368    38,101,Made Shot
1369    -13,274,Made Shot
1370    35,117,Made Shot
1371    -197,209,Missed Shot
1372    -5,10,Made Shot
1373    11,161,Made Shot
1374    234,-10,Missed Shot
1375    -11,2,Made Shot
1376    60,43,Made Shot
1377    53,111,Made Shot
1378    -185,185,Missed Shot
1379    15,4,Missed Shot
1380    172,37,Made Shot
1381    2,6,Made Shot
1382    190,17,Made Shot
1383    63,191,Made Shot
```

图 5-21　杜兰特在 2018—2019 年的投篮信息

细心读者会发现，在 2018—2019 年，杜兰特的比赛场数比库里少很多，这是因为在此期间他受伤了很长时间。接下来使用 Matplotlib 绘制杜兰特的投篮信息图，如图 5-22 所示。

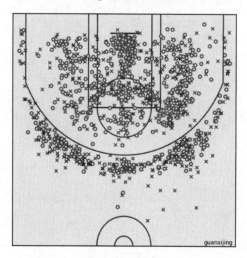

图 5-22　杜兰特投篮信息的可视化图

通过分析杜兰特的投篮位置图，可以推测出杜兰特进攻基本没有死角，而且投篮命中率很高。针对这种超强进攻型球员，球队很难限制住他。我们可以得出结论：库里和杜兰特是 NBA 的超级巨星，个人能力十分突出，投篮位置无死角。

第6章

股票数据分析和可视化系统(网络爬虫+Selenium+TuShare+Matplotlib+Scikit-Learn)

近几年国内金融市场得到了飞速发展,其中股票市场每天的成交额超过万亿。在同花顺、东方财富等专业财经系统中,都用图形化图表展示行情信息。对专业财经工作人员和广大股民、基民用户来说,图形化图表可以更加直观地展示出行情信息。本章通过一个综合实例,详细讲解使用 Python 开发一个股票数据分析和可视化系统的方法。

6.1　背景介绍

股票是股份公司在筹集资本时向出资人公开或私下发行的、用以证明出资人的股本身份和权利，并根据持有人所持有的股份数享有权益和承担义务的凭证。当前，股票市场对国民经济发挥着越来越重要的影响，同时作为一个窗口能够反映国家的经济状况。股票到现在已有四百年左右的历史了，它随着股份公司的产生而出现。企业的经营规模不断扩大，在资本不足的情况下，公司需要想办法获得大量的资金，于是就产生了以股份公司形态出现、股东一起出资经营的企业组织。世界上最早出现的股份有限公司是 1602 年在荷兰成立的东印度公司。股份公司这样的企业组织形态出现以后，很快就在资本主义国家成了企业组织的一个重要形式。

扫码看视频

股票在当今社会越来越普及，同时对国民经济的影响也越来越大，越来越多的人投身于股市。但是股市比较复杂，股票价格的变化受到经济、行业、政治及投资者心理等多种因素的影响，各个因素的影响程度、范围和影响方式也不尽相同；且股市各因素间的关系错综复杂，主次关系变化不定，数量关系难以提取及定量分析，投资者贸然进入股市，可能会导致资金的损失。

6.2　需求分析

本系统将对股票历史数据进行分析，展现股票的历史走势、实时数据并对未来趋势进行预测。将历史数据走势图中的杂波滤掉，找到股票大的走势，再将当前股票走势与历史走势进行对比，根据不同手段进行操作，即可完成趋势预测。

6.2.1　股票历史数据分析的目的与意义

扫码看视频

中国的股票市场是在改革开放进行到一定阶段后逐步孕育和发展起来的。股票市场发展是我国金融深化的重要环节，是中国经济持续增长的一股推动力量。股票市场有着复杂的价格变化方式，投资者在市场里进行投资时，需要用某些方法来选择或者制定投资策略。对股票历史数据分析，是为了对股票现在的股价是否合理而进行判断，并且根据一系列的计算、与历史数据的对比，描绘出这只股票未来可能的走势，观测它以后的发展。通过分析，可以让投资者对未来股市的波动有大致的了解，并确定应该购买、何时购买哪种股票。

股票价格由很多因素决定，股票历史数据分析通过研究历史价格图表以及一些辅助性的技术指标,可以找到股市将来一段时间内最有可能出现的走势。价格的运动是以趋势方式演变的,研究价格图表需要在一个市场趋势出现的早期,就能够及时地发现它,从而达到顺应市场趋势交易股票的目的。正是因为有这样的趋势存在,才能通过图表与技术指标的研究确定股票买入和卖出的时机。

6.2.2　股票数据分析

股票的基本分析是为了判断某只股票的现行股价是否合理,并描绘出它未来的发展趋势,而股票技术分析主要是对短期内股价的涨跌进行预测。通过对股票的基本分析,投资者可以了解购买哪种股票比较好,而技术分析可以让投资者把握购买股票的最好时机。注重短期趋势的技术分析法,在预测股票旧趋势结束与新趋势开始方面,比基本分析法更加优秀,但是基本分析法在较长期的趋势预测方面要明显强于技术分析法。要在股市获得成功,就需要将这两种分析方法结合,发挥两种分析方法各自的优点,靠基本分析法分析出股票长期的趋势后,再使用技术分析法判断短期走势和确定买卖的时机。

微观经济学认为,需求与供给的关系是影响价格波动最重要的因素。过去对股票市场的讨论一般仅限于价格本身,却忽略了供求关系与价格之间的内在联系。而不管用什么理论和分析方法,证券市场价格涨跌的本质均是由供求关系确定的:证券品种和数量供不应求就会涨、供过于求就会跌,而且其市场价格将围绕着自身的内在价值波动。

6.3　系统架构

扫码看视频

本项目的系统架构如图 6-1 所示。

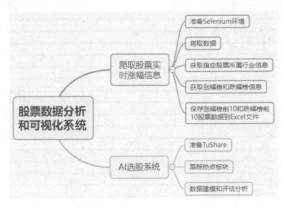

图 6-1　股票数据分析和可视化系统结构

6.4 爬取股票实时涨幅榜信息

在同花顺、东方财富等专业财经系统中，保存了大量的财经数据，这些数据有当前实时数据，也有历史成交数据。通过使用 Python 和 Selenium，可以爬取在交易时间内市场涨幅榜的信息。实例文件 Mony.py 的功能是爬取当前股票市场涨幅榜前 10 名的信息。

扫码看视频

6.4.1 准备 Selenium 环境

Selenium 是一个用计算机模拟人操作的浏览器网页，可以实现自动化测试等操作。在使用 Selenium 之前，首先需要通过如下命令安装：

```
pip install selenium
```

然后下载浏览器驱动，假如你使用的是 Chrome 浏览器，则需要下载和浏览器版本相对应的驱动 chromedriver。接下来编写配置程序，在初始化函数中设置要爬取的网址和 Selenium 配置信息，并编写函数 run()启动驱动 chromedriver。代码如下：

```
from selenium import webdriver
import time,os,xlwt,sys,subprocess

tall_style = xlwt.easyxf('font:height 360')  # 36p

class splider:
   def __init__(self):
      self.url="http://data.eastmoney.com/zjlx/detail.html"
      self.driver = webdriver.Chrome()
      self.driver.maximize_window()
      self.ShenA, self.HuA, self.ChuangA=[],[],[]

def run():
   aobj=splider()
   aobj.major()
   aobj.driver.close()
   cmd = "taskkill /f /im chromedriver.exe -T"
   res = subprocess.call(cmd, shell=True, stdin=subprocess.PIPE, stdout=subprocess.PIPE,
      stderr=subprocess.PIPE)
```

6.4.2 爬取数据

编写函数 major(self)，开始爬取数据。函数分别提取深 A 板块、沪 A 板块和创 A 板块中的股票数据信息，并将爬取到的数据转换为列表形式，写入到指定名字的 Excel 文件中。代码如下：

```
#主函数
def major(self):
    self.driver.implicitly_wait(10)
    self.driver.get(self.url)
    #单击深A板块
    js='''document.querySelector("#filter_mkt > li:nth-child(5)").click()'''
    self.driver.execute_script(js)
    time.sleep(6)
    self.ShenA=self.getAbankuai()

    #单击沪A板块
    js='''document.querySelector("#filter_mkt > li:nth-child(3)").click()'''
    self.driver.execute_script(js)
    js='''document.querySelector('div [data-value="sha"]').click()'''
    self.driver.execute_script(js)
    time.sleep(6)
    self.HuA=self.getAbankuai()

    #单击创A板块
    js='''document.querySelector("#filter_mkt > li:nth-child(6)").click()'''
    self.driver.execute_script(js)
    js='''document.querySelector('div [data-value="cyb"]').click()'''
    self.driver.execute_script(js)
    time.sleep(6)
    self.ChuangA = self.getAbankuai()

    #转变数据
    self.ShenA=self.url2data(self.ShenA)
    self.HuA=self.url2data(self.HuA)
    self.ChuangA=self.url2data(self.ChuangA)
    #
    # self.ShenA=[[['300612', '宣亚国际', '-3.33%', '商务服务业', '2017-02-15'],['300612',
'宣亚国际', '-3.33%', '商务服务业', '2017-02-15']],[['300612', '宣亚国际', '-3.33%', '商务
服务业', '2017-02-15'],['300612', '宣亚国际', '-3.33%', '商务服务业', '2017-02-15']]]
    # self.HuA=[[['300612', '宣亚国际', '-3.33%', '商务服务业', '2017-02-15'],['300612',
'宣亚国际', '-3.33%', '商务服务业', '2017-02-15']],[['300612', '宣亚国际', '-3.33%', '商务
服务业', '2017-02-15'],['300612', '宣亚国际', '-3.33%', '商务服务业', '2017-02-15']]]
```

```
# self.ChuangA=[[['300612', '宣亚国际', '-3.33%', '商务服务业', '2017-02-15'],['300612',
'宣亚国际', '-3.33%', '商务服务业', '2017-02-15']],[['300612', '宣亚国际', '-3.33%', '商务
服务业', '2017-02-15'],['300612', '宣亚国际', '-3.33%', '商务服务业', '2017-02-15']]]

    self.ShenA=self.data2writdata(self.ShenA)
    self.HuA=self.data2writdata(self.HuA)
    self.ChuangA=self.data2writdata(self.ChuangA)

    ctime=time.strftime("%Y-%m-%d %H%M", time.localtime())
    path="市场日报"+ctime+".xls"
    nameList=['沪A','深A','创A']

    wvalueList=[self.HuA,self.ShenA,self.ChuangA]
    self.write_excel_xls(path,nameList,wvalueList)
```

6.4.3 获取指定股票所属行业信息

编写函数 industryNmae()，提取爬取到股票的所属行业值，代码如下：

```
#url转化成值
def url2data(self,listdata):
    result=[]
    urllist=['''http://f10.eastmoney.com/f10_v2/CompanySurvey.aspx?code=SZ''',
             '''http://f10.eastmoney.com/f10_v2/CompanySurvey.aspx?code=SH''']
    for alistdata in listdata:
        tmpdata=[]
        for adata in alistdata:
            if adata[0][0]=='6':
                href=urllist[1]+adata[0]
            else:
                href=urllist[0]+adata[0]
            self.driver.get(href)
            errornum=0
            while 1:
                errornum+=1
                try:
                    industryNmae=self.driver.find_element_by_xpath
                                ("//*[@id=\"Table0\"]/tbody/tr[8]/td[2]").text
                    break
                except:
                    if errornum%5==0:
                        self.driver.refresh()
                    time.sleep(0.5)
                    continue

            industryNmae=industryNmae.split("-")[-1]
```

```
            print(industryNmae)
            listedTime=self.driver.find_element_by_xpath
              ("//*[@id=\"templateDiv\"]/div[2]/div[2]/table/tbody/tr[1]/td[2]").text

            adata[3]=industryNmae
            adata.append(listedTime)
            print(adata)
            tmpdata.append(adata)
        result.append(tmpdata)
    return result
```

6.4.4 获取涨幅榜和跌幅榜信息

编写函数 getAbankuai(self)，获取涨幅榜板块的信息；编写函数 getLeaderboarddata(self)，提取实时涨幅榜中前 10 名和跌幅榜中前 10 名股票的信息，包括涨幅排名、涨幅、股票代码、股票名称和上市时间等信息。代码如下：

```
def getAbankuai(self):
    #单击涨幅榜单
    js='''document.querySelector("#dataview > div.dataview-center > div.dataview-body >
        table > thead > tr:nth-child(1) > th:nth-child(6) > div").click()'''
    self.driver.execute_script(js)
    time.sleep(6)
    up=self.getLeaderboarddata()
    self.driver.execute_script(js)
    time.sleep(6)
    down=self.getLeaderboarddata()
    if "-" in up[0]:#如果涨和跌的位置反了
        tmp=down
        down=up
        up=tmp
    print(up)
    print(down)
    return [up,down]

#获取单击榜单后的主要数据
def getLeaderboarddata(self):
    content=self.driver.find_element_by_xpath ("//*[@id=\"dataview\"]/
        div[2]/div[2]/table/tbody")
    trs=content.find_elements_by_tag_name("tr")
    targetdata=[]#目标数据
    for atr in trs:
        tmplist=atr.text
        tmplist=tmplist.split(" ")
        if tmplist[2][0]=="N":
```

```
            continue
        infoUrl=atr.find_elements_by_tag_name("a")[1].get_attribute("href")
        targetdata.append([tmplist[1],tmplist[2],tmplist[9],infoUrl])
        if len(targetdata)==10:
            break
    return targetdata

#数据转化成可以直接写的数据
def data2writdata(self,ndata):
    resdata=[]
    resdata.append( [" ","日期:", time.strftime("%Y-%m-%d %H:%M:%S", time.localtime()),
                    " ", " ", " "])
    resdata.append( ["涨幅榜"," ", " ", " ", " ", " "])
    adddFlag=True
    for adata in ndata:
        resdata.append([" 序号","代码", "名称", "涨跌幅", "所属行业", "上市时间"])
        for i,aadata in enumerate(adata):
            aadata.insert(0,str(i+1))
            resdata.append(aadata)
        if adddFlag:
            resdata.append( [" "," ", " ", " ", " ", " "],)
            resdata.append( ["跌幅榜"," ", " ", " ", " ", " "],)
            adddFlag=False
    return resdata
```

6.4.5　将涨幅榜前 10 和跌幅榜前 10 股票数据保存到 Excel 文件

编写函数 write_excel_xls()，爬取当前涨幅榜中前 10 名和跌幅榜前 10 名的股票数据信息，并将爬取到的信息保存到指定的 Excel 文件中。代码如下：

```
#将数据写入 xls
def write_excel_xls(self,path,nameList,valueList):
    workbook = xlwt.Workbook()  # 新建一个工作簿
    for i,aname in enumerate(nameList):
        sheet_name=aname
        value=valueList[i]
        index = len(value)  # 获取需要写入数据的行数
        sheet = workbook.add_sheet(sheet_name)  # 在工作簿中新建一个表格
        sheet.col(4).width = 8888
        for i in range(0, index):
            sheet.row(i).set_style(tall_style)
            for j in range(0, len(value[i])):
                sheet.write(i, j, value[i][j])  # 像表格中写入数据(对应的行和列)
    workbook.save(os.path.dirname(sys.executable)+"\\"+path)
    print("xls 格式表格写入数据成功! ")
def run():
```

```
aobj=splider()
aobj.major()
aobj.driver.close()
cmd = "taskkill /f /im chromedriver.exe -T"
res = subprocess.call(cmd, shell=True, stdin=subprocess.PIPE, stdout=subprocess.PIPE,
    stderr=subprocess.PIPE)

if __name__ == '__main__':

    if len(sys.argv)==3 and sys.argv[1]=='-t' and sys.argv[2]!="":
        runtime=sys.argv[2]
        runtime=runtime.replace(': ',':')
        while 1:
            nowtime=time.strftime("%Y-%m-%d %H:%M:%S", time.localtime())[11:16]
            print(runtime,nowtime)
            if runtime==nowtime:
                run()
                print("完成执行，等待下次执行")
                time.sleep(60*60*23)
            else:
                print("时间未到，等待一会儿")
                time.sleep(10)
    else:
        run()
    sys.exit(0)
```

执行文件后会在指定的 Ecxel 文件中看到爬取到的股票信息，如图 6-2 所示。

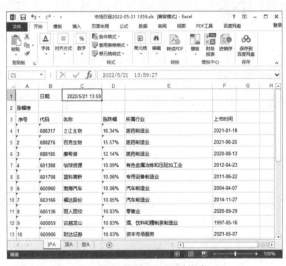

(a) 涨幅榜前 10 股票信息

图 6-2　执行结果

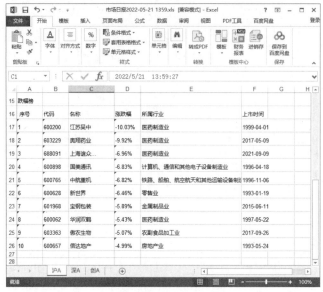

(b) 跌幅榜前 10 股票信息

图 6-2   执行结果(续)

6.5   AI 选股系统

本章前文初步介绍了使用爬虫技术获取热门股票数据信息的知识。本节使用 TuShare 开发一个 AI 选股系统，它首先挖掘热门板块，然后分析热门板块热门股票的实时走势数据，并根据走势数据训练机器学习模型，最后做出评估和预测分析。

扫码看视频

6.5.1   准备 TuShare

TuShare 是一个免费、开源的 Python 财经数据接口包，主要实现对股票等金融数据从数据采集、清洗、加工到数据存储的过程，能够为金融分析人员提供快速、整洁和多样的便于分析的数据，极大地减轻了他们在数据来源方面的工作量，使他们更加专注于策略和模型的研究与实现。考虑到 Python Pandas 包在金融量化分析中的优势，TuShare 返回的绝大部分数据都是 Pandas DataFrame 类型，非常便于用 Pandas、NumPy 和 Matplotlib 进行数据分析和可视化操作。如果使用 Excel 或者关系型数据库做数据分析，可以通过 TuShare

的数据存储功能，将数据全部保存到本地后再进行分析。

6.5.2 跟踪热点板块

本节使用 Tushare 对同花顺中的热点板块进行分析，并跟踪热点板块的数据，绘制出对应的热点图和树状图。

(1) 导入模块 matplotlib、seaborn、plotly_express，在 TuShare 官网获取一个 token(令牌)，并将这 token 赋值为下面代码中的变量 token。

```
import pandas as pd
import numpy as np
#可视化: matplotlib、seaborn、plotly_express
import matplotlib.pyplot as plt
import seaborn as sns
#正确显示中文和符号
plt.rcParams['font.sans-serif']=['Arial Unicode MS']
plt.rcParams['axes.unicode_minus'] = False
sns.set_style({'font.sans-serif':['Arial Unicode MS', 'Arial']})
#use sns default theme and set font for Chinese
#这里的 pyecharts 使用的是 0.5.11 版本
#from pyecharts.charts import Bar,HeatMap
import plotly.express as px
#导入时间处理模块
from dateutil.parser import parse
from datetime import datetime,timedelta
import time
#pandas 赋值老提升警告
#import warnings
#warnings.filterwarnings('ignore')
#使用 tushare pro 获取数据，需要到官网注册获取相应的 token
import tushare as ts
token=''
pro=ts.pro_api(token)
```

(2) 获取同花顺中的概念和行业列表，并查看前几行数据，代码如下：

```
index_list = pro.ths_index()
index_list.head()
```

执行代码后输出如下：

```
0 864006.TI   固态电池   3.0      A 20200102   N
1 864007.TI    太阳能   6.0      A 20200102    N
2 864008.TI   激光雷达   3.0      A 20200102    N
3 864009.TI  CAR-T  12.0      A 20200102    N
```

```
4   864010.TI    NFT   18.0       A  20200102    N
     ts_code    name  count  exchange  list_date type
0   885866.TI   数字货币   61       A  20190918    N
```

(3) 查看某一具体概念的信息，例如查看 885866 概念的信息：

```
pro.ths_index(ts_code='885866.TI')
```

执行代码后输出如下：

```
   ts_code     name count    exchange  list_datetype
0   885866.TI数字货币   57       A    20190918 N
```

(4) 分别提取出美股、A 股和港股的行业指数数据，代码如下：

```
df = index_list.groupby('exchange')['name'].count()
df_1 = df.reset_index()
df_1
```

执行代码后输出如下：

```
   exchange  name
0    A    953
1    HK    589
2    US    644
```

(5) 根据上面提取出的美股、A 股和港股的行业指数数据绘制出柱状图，代码如下：

```
ax = sns.barplot(x='exchange',y='name',data=df_1)
ax.set_title('同花顺概念和行业指数\n A股/HK/US')  # 同花顺概念和行业指数
```

执行结果如图 6-3 所示。

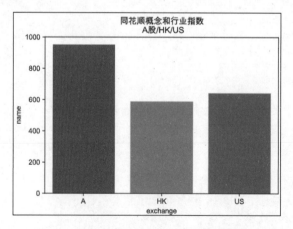

图 6-3　同花顺概念和行业指数(A 股/HK/US)

(6) 列出所有的行业指数数据,其中 N 为板块指数,I 为行业指数。代码如下:

```
px.bar(df_1,x='exchange',y='name', title='同花顺概念和行业指数\nA股/HK/US', color='exchange')
A_index_list = index_list[index_list['exchange']=='A']
A_index_list
```

执行代码后,输出如图 6-4 所示的结果。

	ts_code	name	count	exchange	list_date	type
0	864006.TI	固态电池	3.0	A	20200102	N
1	864007.TI	太阳能	16.0	A	20200102	N
2	864008.TI	激光雷达	3.0	A	20200102	N
3	864009.TI	CAR-T	12.0	A	20200102	N
4	864010.TI	NFT	18.0	A	20200102	N
...	...	...	...	...	...	...
2181	884270.TI	综合环境治理	24.0	A	20210730	I
2182	884271.TI	个护用品	13.0	A	20210730	I
2183	884272.TI	化妆品	13.0	A	20210730	I
2184	884273.TI	医疗美容	3.0	A	20210730	I
2185	884274.TI	IT服务	116.0	A	20210730	I

953 rows × 6 columns

图 6-4　所有的行业指数数据

(7) 在获取的数据中有一些 NA 值,接下来我们过滤掉这些值。首先查看是否有 NA 值,代码如下:

```
A_index_list.info()

<class 'pandas.core.frame.DataFrame'>
Int64Index: 953 entries, 0 to 2185
Data columns (total 6 columns):
 #   Column     Non-Null Count  Dtype
---  ------     --------------  -----
 0   ts_code    953 non-null    object
 1   name       953 non-null    object
 2   count      947 non-null    float64
 3   exchange   953 non-null    object
 4   list_date  953 non-null    object
 5   type       953 non-null    object
dtypes: float64(1), object(5)
memory usage: 52.1+ KB
```

删除其中的 NA 值,代码如下:

```
A_index_list2 = A_index_list.dropna() # drop NA values
A_index_list2.info()
```

执行代码后输出如下:

```
<class 'pandas.core.frame.DataFrame'>
Int64Index: 947 entries, 0 to 2185
Data columns (total 6 columns):
 #   Column     Non-Null Count  Dtype
---  ------     --------------  -----
 0   ts_code    947 non-null    object
 1   name       947 non-null    object
 2   count      947 non-null    float64
 3   exchange   947 non-null    object
 4   list_date  947 non-null    object
 5   type       947 non-null    object
dtypes: float64(1), object(5)
memory usage: 51.8+ KB
```

(8) 统计数据中的描述信息,代码如下:

```
A_index_list2['count'].describe()
```

执行代码后输出如下:

```
count    947.000000
mean      52.959873
std      110.860532
min        1.000000
25%       12.000000
50%       26.000000
75%       51.000000
max     2273.000000
Name: count, dtype: float64
```

由此可以看出,在每个概念(行业)中大概有 53 只个股,但是一只个股可能属于多个概念和行业,所以需要剔除重复的个股;同时,如果一个概念或者行业含有太多或者太少个股,相当于涵盖面太大或者太小,分析起来意义不大。

(9) 剔除重复项和成分个股少于 10 或者大于 60 的概念或者行业(参考值 25%和 75%),代码如下:

```
A_index_list3 = A_index_list2.drop_duplicates(subset='ts_code', keep='first')
A_index_listF = A_index_list3.query("type=='N'").query('10<count<60')
A_index_listF
```

执行代码后的结果如图 6-5 所示。

	ts_code	name	count	exchange	list_date	type
1	864007.TI	太阳能	16.0	A	20200102	N
3	864009.TI	CAR-T	12.0	A	20200102	N
4	864010.TI	NFT	18.0	A	20200102	N
7	864013.TI	WSB概念	14.0	A	20200102	N
11	864017.TI	太空旅行	13.0	A	20200102	N
...	...	...	...	...	...	...
639	885962.TI	土壤修复	58.0	A	20220218	N
640	885963.TI	智慧灯杆	20.0	A	20220221	N
641	885964.TI	俄乌冲突概念	51.0	A	20220225	N
642	885965.TI	中俄贸易概念	12.0	A	20220228	N
643	885966.TI	跨境支付（CIPS）	27.0	A	20220228	N

177 rows × 6 columns

图 6-5　最新的所有的行业指数数据

(10) 剔除其中的样本股和成分股指数，代码如下：

```
A_index_listF = A_index_listF[-A_index_listF['name'].apply(lambda s: s.endswith('样本股
') or s.endswith('成分股'))]
A_index_listF.sort_values('count')
```

执行代码后的结果如图 6-6 所示。

	ts_code	name	count	exchange	list_date	type
415	885591.TI	中韩自贸区	11.0	A	20140714	N
373	885487.TI	天津自贸区	11.0	A	20131010	N
465	885747.TI	共享单车	11.0	A	20170623	N
557	885877.TI	转基因	11.0	A	20200106	N
489	885780.TI	啤酒概念	11.0	A	20180108	N
...	...	...	...	...	...	...
629	885952.TI	幽门螺杆菌概念	57.0	A	20220106	N
597	885920.TI	光伏建筑一体化	57.0	A	20210309	N
548	885866.TI	数字货币	57.0	A	20190918	N
639	885962.TI	土壤修复	58.0	A	20220218	N
555	885875.TI	MiniLED	58.0	A	20191217	N

176 rows × 6 columns

图 6-6　剔除样本股和成分股指数数据

(11) 获取每日 THS 概念数据。因为一般只需要算 1、3、5 日的收益率，所以只要 10 天的数据即可，在代码中将 num_days 的值设置为 10。

```
fig = px.bar(A_index_listF.sort_values('count'), x='name', y='count', color='name')
fig.update_layout(xaxis_tickangle=45)
#获取每日 THS 概念数据
```

```
ct = datetime.today()  # 当前时间
print(ct)
# ct = datetime.strptime(ct.strftime('%Y%m%d'), '%Y%m%d')
# print(ct)
num_days = 10
pt = ct - timedelta(num_days)  # num_days days before
ct = ct.strftime('%Y%m%d')
pt = pt.strftime('%Y%m%d')
print(f'current date is {ct}, previous date is {pt}')
```

执行代码后输出如下：

```
2023-03-04 21:14:27.936758
current date is 20230304, previous date is 20230222
```

(12) 获取各个概念指数的详细数据信息，代码如下：

```
df = pd.DataFrame()
cnt = 0
miss_code = []
for code in A_index_listF['ts_code']:
    print(f'TS code is {code}')
    if cnt != 0 and cnt % 5 == 0:
        print('beyond 5 times sleep 1 min')
        miss_code.append(code)
        time.sleep(60)
        cnt +=1
    else:
        df_tmp = pro.ths_daily(ts_code=code, start_date=pt, fields='ts_code,trade_date,
                open,close,high,low,pct_change')
        df = pd.concat([df,df_tmp], ignore_index=True)
        # print(df,df_tmp)
        cnt += 1
        print(f'count = {cnt}')
```

执行代码后输出如下：

```
TS code is 864007.TI
count = 1
TS code is 864009.TI
count = 2
TS code is 864010.TI
count = 3
TS code is 864013.TI
count = 4
TS code is 864017.TI
count = 5
TS code is 864020.TI
beyond 5 times sleep 1 min
```

```
TS code is 864022.TI
count = 7
TS code is 864026.TI
count = 8
TS code is 864027.TI
......省略中间部分的数据
count = 167
TS code is 885958.TI
count = 168
TS code is 885959.TI
count = 169
TS code is 885960.TI
count = 170
TS code is 885961.TI
beyond 5 times sleep 1 min
TS code is 885962.TI
count = 172
TS code is 885963.TI
count = 173
TS code is 885964.TI
count = 174
TS code is 885965.TI
count = 175
TS code is 885966.TI
beyond 5 times sleep 1 min
```

(13) 休息一分钟后，继续提取概念数据信息，代码如下：

```
time.sleep(60)
cnt = 0
while len(miss_code) > 5:
    miss_code2 = []
    for code in miss_code:
        if cnt != 0 and cnt % 5 == 0:
            print('beyond 5 times sleep 1 min')
            miss_code2.append(code)
            miss_code = miss_code2
            time.sleep(60)
            cnt +=1
        else:
            df_tmp = pro.ths_daily(ts_code=code, start_date=pt, fields='ts_code,trade_date,
                    open,close,high,low,pct_change')
            df = pd.concat([df,df_tmp], ignore_index=True)
            # print(df,df_tmp)
            cnt += 1
            print(f'count = {cnt}')
else:
    print('missing code now less than 5')
```

```
for code in miss_code:
    df_tmp = pro.ths_daily(ts_code=code, start_date=pt, fields='ts_code,trade_date,
        open,close,high,low,pct_change')
    df = pd.concat([df,df_tmp], ignore_index=True)
```

执行代码后输出如下：

```
count = 1
count = 2
count = 3
count = 4
count = 5
beyond 5 times sleep 1 min
count = 7
count = 8
count = 9
count = 10
beyond 5 times sleep 1 min
count = 12
count = 13
count = 14
count = 15
beyond 5 times sleep 1 min
count = 17
count = 18
count = 19
count = 20
beyond 5 times sleep 1 min
count = 22
count = 23
count = 24
count = 25
beyond 5 times sleep 1 min
count = 27
count = 28
count = 29
count = 30
beyond 5 times sleep 1 min
count = 32
count = 33
count = 34
count = 35
beyond 5 times sleep 1 min
count = 37
count = 38
count = 39
count = 40
beyond 5 times sleep 1 min
missing code now less than 5
```

(14) 将提取到的数据保存到 CSV 文件中，代码如下：

```
df.to_csv('同花顺概念指数'+ct+'.csv')
# df = pd.read_csv('同花顺概念指数' + ct + '.csv')
final_data = (df.sort_values(['ts_code', 'trade_date'])
              .set_index(['trade_date', 'ts_code'])['close'].unstack()
              )
final_data
```

执行代码后输出如下：

```
ts_code  885284.TI885343.TI885345.TI885372.TI885402.TI885406.TI885426.TI885428.TI
    885439.TI885462.TI...  885957.TI885958.TI885959.TI885960.TI885961.TI885962.TI
    885963.TI885964.TI885965.TI885966.TI
trade_date

20230222 1308.081 2115.636  770.232   176.767   3370.094 3872.374 1897.016 3200.964
    2223.529 2133.999 ...  1142.291 1047.809 1007.335 1164.085  972.536   994.861
    1001.955 NaN NaN NaN
20230223 1314.649 2156.857  767.829  1704.015   3415.791 3958.383 1927.337 3238.433
    2225.905 2140.923 ...  1159.460 1101.246 1034.837 1161.983  980.119  1004.154
    1010.194 NaN NaN NaN
20230224 1302.515 2119.847  768.358  1758.840   3272.582 3821.816 1934.491 3163.729
    2179.850 2090.180 ...  1108.167 1098.931 1007.127 1129.917  944.637   967.341
    984.360  NaN NaN NaN
20230225 1308.824 2152.772  776.990  1774.313   3298.475 3885.884 1922.119 3222.426
    2188.224 2103.876 ...  1118.839 1103.604 1021.766 1125.638  959.967   971.623
    986.683  996.083  NaN NaN
20230228 1332.786 2162.242  785.580  1802.785   3290.083 3953.928 1938.044 3230.711
    2197.124 2108.268 ...   116.553  116.617 1012.808 1134.639  949.254   969.860
    975.345  1006.837 1042.512 1027.102
20230301 1326.452 2156.669  791.459  1801.114   3307.534 3974.307 1968.830 3242.772
    2224.463 2142.991 ...  1147.340 1140.012 1014.982 1132.594  959.609   973.611
    977.542  996.911  1035.807 1048.588
20230302 1342.998 2164.238  801.836  1863.996   3327.533 3991.237 1982.937 3250.554
    2265.503 2159.435 ...  1144.955 1150.591 1001.688 1131.723  960.061   982.569
    978.321  1032.521 1115.413 1041.817
20230303 1346.983 2140.266   86.706  1951.060   3333.858 3962.378 1989.268 3255.116
    2291.872 2148.164 ...  1121.624 1126.068  981.537 1115.955  960.916   987.075
    970.113  1073.473 1224.810 1046.800
20230304 1320.323 2096.746  800.074  1864.445   3315.398 3933.456 1932.246 3206.310
    2261.076 2143.605 ...  1099.231 1104.698  973.333 1097.343  954.021   971.141
    951.253  1029.366 1201.588 1020.100
9 rows × 166 columns
```

(15) 为了更加直观地了解数据信息，用概念名称替换 ts_codes 代码，代码如下：

```
ts_codes = final_data.columns.values
code_name = pd.DataFrame()
```

```
for code in ts_codes:
    name = A_index_listF[A_index_listF['ts_code'] == code][['ts_code', 'name']]
    code_name = pd.concat([code_name,name], ignore_index=True)

code_name
```

执行代码后输出如下：

```
    ts_code  name
0   885284.TI稀缺资源
1   885343.TI稀土永磁
2   885345.TI新疆振兴
3   885372.TI页岩气
4   885402.TI智能医疗
... ... ...
161 885962.TI土壤修复
162 885963.TI智慧灯杆
163 885964.TI俄乌冲突概念
164 885965.TI中俄贸易概念
165 885966.TI跨境支付(CIPS)
166 rows × 2 columns
```

(16) 通过以下两行代码，展示最近 3 天各个概念的数据，代码如下：

```
final_data = final_data.rename(columns=dict(code_name.values))
final_data.iloc[-3:]
```

执行代码后输出如下：

```
ts_code  稀缺资源  稀土永磁  新疆振兴  页岩气    智能医疗  食品安全  海工装备  特钢概念  土
地流转   乳业 ... 东数西算(算力) 硅能源  PCB 概念  民爆概念  净水概念  土壤修复  智慧灯杆
    俄乌冲突概念   中俄贸易概念   跨境支付(CIPS)
trade_date

20230302 1342.998 2164.238 801.836  1863.996 3327.533 3991.237 1982.937 3250.554
    2265.503 2159.435 ... 1144.955 1150.591 1001.688 1131.723 960.061  982.569
    978.321  1032.521 1115.413 1041.817
20230303 1346.983 2140.266 86.706   1951.060 3333.858 3962.378 1989.268 3255.116
    2291.872 2148.164 ... 1121.624 1126.068 981.537  1115.955 960.916  987.075
    970.113  1073.473 1224.810 1046.800
20230304 1320.323 2096.746 800.074  1864.445 3315.398 3933.456 1932.246 3206.310
    2261.076 2143.605 ... 1099.231 1104.698 973.333  1097.343 954.021  971.141
    951.253  1029.366 1201.588 1020.100
3 rows × 166 columns
```

(17) 提取各个概念的涨跌幅信息，代码如下：

```
((final_data/final_data.shift(3)-1)*100).fillna(0).iloc[-1]
```

执行代码后输出如下：

```
ts_code
稀缺资源          -0.462060
稀土永磁          -2.778498
新疆振兴           1.088496
页岩气            3.516213
智能医疗           0.237760
                  ...
土壤修复          -0.253695
智慧灯杆          -2.689296
俄乌冲突概念        3.255556
中俄贸易概念        6.005009
跨境支付(CIPS)    -2.716796
Name: 20230304, Length: 166, dtype: float64
```

(18) 编写函数 index_ret()，计算各个概念指数的 5 日收益率，代码如下：

```
def index_ret(data, w_list=[1,3,5]):
    index = pd.DataFrame()
    for w in w_list:
        index[str(w)+'日收益率%'] = ((data/data.shift(w) - 1)*100).round(2).fillna(0).iloc[-1]
    return index

R = index_ret(final_data)
R.sort_values('5日收益率%', ascending=False)
```

执行代码的结果如图 6-7 所示。

ts_code	1日收益率%	3日收益率%	5日收益率%
中韩自贸区	-1.09	6.48	9.93
煤炭概念	0.08	4.96	8.78
航运概念	-1.94	4.03	6.59
辅助生殖	3.22	6.20	6.57
养鸡	0.86	0.04	6.27
...	...	...	...
胎压监测	-1.85	-3.85	-3.81
华为海思概念股	-1.60	-4.03	-3.82
传感器	-1.60	-3.70	-3.91
无线充电	-2.10	-4.92	-4.60
PCB概念	-0.84	-4.10	-4.74

166 rows × 3 columns

图 6-7　收益率信息

(19) 整理 5 日收益率数据信息，用于绘制 THS 概念的每日热点图，代码如下：

```
fig = px.bar(R.sort_values('5日收益率%'), x=R.sort_values('5日收益率%').index.values,
y=R.sort_values('5日收益率%')['5日收益率%'], labels=dict(x='同花顺概念', y='5日收益率%',
color='5日收益率%'), color='5日收益率%')
fig.update_layout(xaxis_tickangle=45)

one_day_ret = ((final_data/final_data.shift(1) - 1) * 100).round(2)[-5:]
one_day_ret
```

(20) 提取所有的概念数据信息，代码如下：

```
date_list = one_day_ret.index.tolist()
date_str = [datetime.strptime(str(date), "%Y%m%d") for date in date_list]
dates = np.array(date_str, dtype = 'datetime64[D]')
dates
```

执行代码后输出如下：

```
array(['稀缺资源', '稀土永磁', '新疆振兴', '页岩气', '智能医疗', '食品安全', '海工装备',
       '特钢概念', '土地流转', '乳业', '上海自贸区', '天津自贸区', '在线旅游', '通用航空',
       '生态农业', '禽流感', '京津冀一体化', '白酒概念', '黄金概念', '3D打印', '氟化工概念', 'PM2.5',
       '金改', '水利', '猪肉', '基因测序', '足球概念', '举牌', '中韩自贸区', '福建自贸区',
       '农村电商', '染料', '草甘膦', '互联网彩票', '碳纤维', '钛白粉概念', '供应链金融', '医药电商',
       '证金持股', '地下管网', '深圳国资改革', '杭州亚运会', '农机', '量子科技', '航运概念',
       '广东自贸区', '电子竞技', '债转股', '共享单车', '可燃冰', '蚂蚁金服概念', '特色小镇',
       '网约车', '租售同权', '人脸识别', '超级品牌', '自由贸易港', '互联网保险', '无人零售',
       '细胞免疫治疗', '智能物流', '智能音箱', '无线充电', '啤酒概念', '石墨电极', '水泥概念',
       '富士康概念', '知识产权保护', '国产航母', '百度概念', '养鸡', '玉米', '农业种植', '信托概念',
       '工业大麻', '电力物联网', '数字孪生', '冰雪产业', '横琴新区', '超级真菌', '华为汽车',
       '眼科医疗', '人造肉', '草地贪夜蛾防治', '数字乡村', '华为海思概念股', '国产操作系统',
       '生物疫苗', '动物疫苗', '黑龙江自贸区', '烟草', 'ETC', '磷化工', '光刻胶', '钴', '数字货币',
       '胎压监测', '云游戏', 'MiniLED', '转基因', 'HJT电池', '云办公', '消毒剂', '医疗废物处理',
       '航空发动机', '超级电容', 'C2M概念', '富媒体', '新三板精选层概念', '国家大基金持股',
       '海南自贸区', '室外经济', '中芯国际概念', '免税店', '新型烟草', 'NMN概念', '汽车拆解概念',
       '环氧丙烷', '代糖概念', '辅助生殖', '拼多多概念', '社区团购', '有机硅概念', '医美概念',
       '煤炭概念', '物业管理', '快手概念', '光伏建筑一体化', '盐湖提锂', '鸿蒙概念', '共同富裕示范区',
       'MCU芯片', '牙科医疗', 'CRO概念', '钠离子电池', '工业母机', '北交所概念', 'NFT概念',
       '抽水蓄能', '换电概念', '海峡两岸', 'WiFi 6', '智能制造', '数据安全', 'EDR概念',
       '动力电池回收', '汽车芯片', '传感器', 'DRG/DIP', '柔性直流输电', '虚拟数字人', '预制菜',
       '幽门螺杆菌概念', '电子纸', '新冠治疗', '智慧政务', '东数西算(算力)', '硅能源', 'PCB概念',
       '民爆概念', '净水概念', '土壤修复', '智慧灯杆', '俄乌冲突概念', '中俄贸易概念',
       '跨境支付(CIPS)'], dtype=object)
```

(21) 绘制各个概念的涨幅热点图，代码如下：

```
fig = px.imshow(one_day_ret,labels=dict(x='同花顺概念', y='日期', color='涨幅'),
            x=one_day_ret.columns.values, y=dates, aspect='auto',
```

```
                color_continuous_scale='Inferno')
fig.update_layout(xaxis_tickangle=60, yaxis_nticks=5)
fig

pro.ths_member('885343.TI')
```

执行结果如图 6-8 所示。

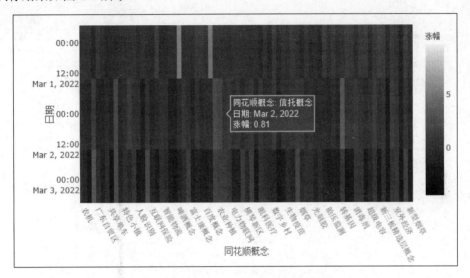

图 6-8　各个概念的涨幅热点图

6.5.3　数据建模和评估分析

本节利用 Tushare 获取的个股数据信息进行建模,并评估分析不同模型的表现。

(1) 导入需要的模块和 token,分别设置显示的列长和行数,代码如下:

```
import tushare as ts
token=''
pro=ts.pro_api(token)
import numpy as np
import pandas as pd
import matplotlib.pyplot as plt
import seaborn as sns
import datetime
pd.set_option('display.max_columns', 20, 'display.min_rows', 50)
#正确显示中文和符号
plt.rcParams['font.sans-serif']=['Arial Unicode MS']
plt.rcParams['axes.unicode_minus'] = False
sns.set_style({'font.sans-serif':['Arial Unicode MS', 'Arial']}) # 使用中文设置
```

(2) 获取 2023 年 2 季度新华制药(000756.SZ)的日线行情数据，代码如下：

```
df = pro.daily(ts_code='000756.SZ', start_date='20230314', end_date='20230513')
df = df[::-1].reset_index(drop=True)
df
```

执行代码后输出如下：

	ts_code	trade_date	open	high	low	close	pre_close	change	pct_chg	vol	amount
0	000756.SZ	20230314	9.72	9.77	9.29	9.30	9.63	-0.33	-3.4268	128903.15	123402.355
1	000756.SZ	20230315	9.35	9.40	8.52	8.55	9.30	-0.75	-8.0645	154959.71	138469.229
2	000756.SZ	20230316	8.71	8.82	8.14	8.72	8.55	0.17	1.9883	149639.81	127065.557
3	000756.SZ	20230317	8.71	9.43	8.65	9.15	8.72	0.43	4.9312	178600.37	163258.792
4	000756.SZ	20230318	9.10	9.33	9.07	9.23	9.15	0.08	0.8743	89483.05	82210.577
5	000756.SZ	20230321	9.23	9.58	9.21	9.41	9.23	0.18	1.9502	131225.03	123101.458
6	000756.SZ	20230322	9.42	9.45	9.20	9.29	9.41	-0.12	-1.2752	84249.77	78201.241
7	000756.SZ	20230323	9.30	9.37	9.15	9.17	9.29	-0.12	-1.2917	78098.21	72068.663
8	000756.SZ	20230324	9.08	9.72	9.02	9.62	9.17	0.45	4.9073	220746.44	209060.816
9	000756.SZ	20230325	9.55	10.58	9.46	10.04	9.62	0.42	4.3659	460775.68	467179.889
10	000756.SZ	20230328	10.14	10.20	9.57	9.65	10.04	-0.39	-3.8845	298745.09	293747.013
11	000756.SZ	20230329	9.70	9.85	9.55	9.79	9.65	0.14	1.4508	196835.32	191003.616
12	000756.SZ	20230330	9.70	9.75	9.35	9.58	9.79	-0.21	-2.1450	140386.34	134441.634
13	000756.SZ	20230331	9.53	10.05	9.34	9.84	9.58	0.26	2.7140	213949.46	209781.018
14	000756.SZ	20230401	9.65	9.68	9.00	9.05	9.84	-0.79	-8.0285	239818.87	220674.270
15	000756.SZ	20230406	9.12	9.65	9.11	9.53	9.05	0.48	5.3039	192881.36	182685.289
16	000756.SZ	20230407	9.45	9.55	9.05	9.06	9.53	-0.47	-4.9318	130906.77	120592.040
17	000756.SZ	20230408	9.11	9.14	8.57	8.66	9.06	-0.40	-4.4150	132443.17	115178.596
18	000756.SZ	20230411	8.65	8.65	8.25	8.33	8.66	-0.33	-3.8106	88097.34	74442.501
19	000756.SZ	20230412	8.31	8.46	8.20	8.42	8.33	0.09	1.0804	67867.27	56755.311
20	000756.SZ	20230413	8.36	8.41	8.07	8.18	8.42	-0.24	-2.8504	79701.84	65443.503
21	000756.SZ	20230414	8.30	8.46	8.23	8.43	8.18	0.25	3.0562	71380.75	59724.123
22	000756.SZ	20230415	8.36	9.09	8.34	8.84	8.43	0.41	4.8636	151162.85	132026.524
23	000756.SZ	20230418	8.82	9.16	8.63	8.71	8.84	-0.13	-1.4706	113611.28	100217.901
24	000756.SZ	20230419	8.64	9.13	8.61	8.93	8.71	0.22	2.5258	93354.50	83144.685
25	000756.SZ	20230420	8.85	9.82	8.84	9.82	8.93	0.89	9.9664	25156.04	242274.802
26	000756.SZ	20230421	10.41	10.80	9.88	10.80	9.82	0.98	9.9796	461866.79	484957.610
27	000756.SZ	20230422	10.80	11.20	9.72	9.72	10.80	-1.08	-10.0000	593733.42	613838.049
28	000756.SZ	20230425	8.95	9.85	8.94	9.38	9.72	-0.34	-3.4979	419761.52	392184.346
29	000756.SZ	20230426	9.44	10.32	9.22	10.32	9.38	0.94	10.0213	481838.59	478973.405
30	000756.SZ	20230427	11.35	11.35	11.35	11.35	10.32	1.03	9.9806	80560.95	91436.678
31	000756.SZ	20230428	12.49	12.49	12.49	12.49	11.35	1.14	10.0441	33202.17	41469.510

32	000756.SZ20230429 13.74	13.74	13.74	13.74	12.49	1.25 10.0080
	40578.29 55754.570					
33	000756.SZ20230505 15.11	15.11	15.11	15.11	13.74	1.37 9.9709
	41572.67 6286.304					
34	000756.SZ20230506 6.62 6.62	6.62 6.62	15.11	1.51 9.9934	37655.36 62583.208	
35	000756.SZ20230509 18.28	18.28	18.28	18.28	6.62 1.66 9.9880	
	11285.31 20629.546					
36	000756.SZ20230510 20.11	20.11	20.11	20.11	18.28	1.83 10.0109
	29522.27 59369.284					
37	000756.SZ20230511 22.12	22.12	22.12	22.12	20.11	2.01 9.9950
	501728.261109822.911					
38	000756.SZ20230512 22.00	24.33	22.00	24.33	22.12	2.21 9.9910
	1390014.20 3272579.485					
39	000756.SZ20230513 24.01	26.76	22.88	26.76	24.33	2.43 9.9877
	1048978.28 2602019.760					

(3) 在有了某股票的历史数据后，我们可以使用模型分析股票。首先看第一种模型，即用第一天和最后一天的收盘价计算斜率 k，把第一天的收盘价设为截距 b。直接连接首尾两点，计算斜率：

$$y = \log(y)$$

其中 y 表示每日收盘价：

$$y = b + k * x$$

y 表示天数，k 表示斜率，在连板的情况下 k 约等于 0.1，b 与初始资金有关。根据斜率进行打分：

$$\text{annualized retun} = (e^k)^{250} - 1$$

将 score 设为 annualized return。

(4) 以最近的 momentum 天为例计算其斜率 k，代码如下：

```
momentum = 29
x = np.arange(momentum)
y = df['close']
y
```

执行代码后输出如下：

```
0    9.30
1    8.55
2    8.72
3    9.15
4    9.23
5    9.41
6    9.29
7    9.17
8    9.62
```

```
9      10.04
10      9.65
11      9.79
12      9.58
13      9.84
14      9.05
15      9.53
16      9.06
17      8.66
18      8.33
19      8.42
20      8.18
21      8.43
22      8.84
23      8.71
24      8.93
25      9.82
26     10.80
27      9.72
28      9.38
29     10.32
30     11.35
31     12.49
32     13.74
33     15.11
34      6.62
35     18.28
36     20.11
37     22.12
38     24.33
39     26.76
Name: close, dtype: float64
```

获取每一个点的数据，代码如下：

```
logy = np.log(y[-momentum:])
logy
```

执行代码后输出如下：

```
11     2.281361
12     2.259678
13     2.286456
14     2.202765
15     2.254445
16     2.203869
17     2.158715
18     2.119863
19     2.130610
20     2.101692
```

```
21    2.131797
22    2.179287
23    2.164472
24    2.189416
25    2.284421
26    2.379546
27    2.274186
28    2.238580
29    2.334084
30    2.429218
31    2.524928
32    2.620311
33    2.715357
34    2.810607
35    2.905808
36    3.001217
37    3.096482
38    3.191710
39    3.286908
Name: close, dtype: float64
```

提取每个点对应的时间值，代码如下：

```
dates = df['trade_date'][-momentum:]
dates
```

执行代码后输出如下：

```
11    20230329
12    20230330
13    20230331
14    20230401
15    20230406
16    20230407
17    20230408
18    20230411
19    20230412
20    20230413
21    20230414
22    20230415
23    20230418
24    20230419
25    20230420
26    20230421
27    20230422
28    20230425
29    20230426
30    20230427
31    20230428
```

```
32    20230429
33    20230505
34    20230506
35    20230509
36    20230510
37    20230511
38    20230512
39    20230513
Name: trade_date, dtype: object
```

绘制可视化折线图，代码如下：

```
k = (logy.iloc[-1]-logy.iloc[0])/momentum
yy1 = k * x + logy.iloc[0]
# plot y and yy
fig = plt.figure(figsize=(10,8),dpi=100)
plt.plot(dates,logy,'g*', label='close')
plt.plot(dates,yy1,'b-', label='mod 1')
plt.title('Fitting Performance')
# set xtick angle
plt.xticks(rotation=45)
plt.xlabel('days')
plt.ylabel('close')
plt.legend()
plt.savefig('fitting_performance.png', dpi=300, facecolor='white')
```

执行结果如图 6-9 所示。

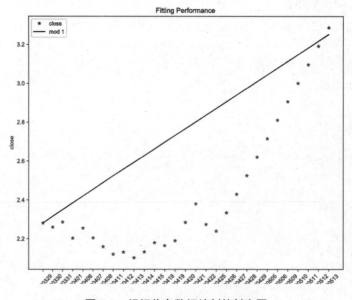

图6-9　根据收盘数据绘制的斜率图

(5) 通过 slope_num 计算出一共有多少个斜率，通过 slope 输出每个斜率，代码如下：

```
slope_num = Y.size - momentum
slope_num

slope = [(Y[i+momentum] - Y[i])/momentum for i in range(slope_num)]
slope
```

执行代码后输出如下：

```
11
[0.0035885986170416002,
 0.009768498654439402,
 0.012389968490227516,
 0.014019220948509416,
 0.016996473371375418,
 0.019614959856207374,
 0.023340310800008857,
 0.027078617845385778,
 0.02871165213712134,
 0.03052182905282236,
 0.03517070068652183]
```

(6) 计算 r 平方值，代码如下：

```
r_squared_list = []
for i in range(slope_num):
    y = slope[i] * x + Y[i]
    r_squared = 1 - (sum(Y[i:i+momentum] - y)**2 / ((len(y) - 1) * np.var(Y[i:i+momentum],
            ddof=1)))
    r_squared_list.append(r_squared)

r_squared_list

[-26.846440580309523,
 -23.111939494719266,
 -58.66890798904764,
 -95.74493295381646,
 -90.96043768728062,
 -84.33395749889868,
 -66.51366549562164,
 -52.67297011797189,
 -51.82538779744218,
 -49.21014030518744,
 -36.72264876026081]
```

根据上述数据计算年化收益率，代码如下：

```
annualized_returns = np.power(np.exp(slope),250) - 1
annualized_returns
```

执行代码后输出如下：

```
array([1.45260237e+00, 1.04974430e+01, 2.11423513e+01, 3.22749625e+01,
       6.90436306e+01, 1.33792959e+02, 3.41091314e+02, 8.70010874e+02,
       1.30917112e+03, 2.05899176e+03, 6.58482685e+03])
```

分别绘制年化收益率曲线和斜率曲线，代码如下：

```
fig, ax = plt.subplots(1,1, figsize = (20,5), dpi = 100)
ax.plot(df['trade_date'][-slope_num:], df['close'][-slope_num:],'b-', label = 'close')
ax.plot(df['trade_date'][-slope_num:],np.log(annualized_returns),'r-', label =
        'annualized_returns')
#将 xlabel 旋转 45 度
ax.tick_params(axis='x', labelrotation = 45)
ax.legend()
fig.savefig('annualized_returns.png', dpi=300, facecolor = 'white')
```

执行结果如图 6-10 所示。

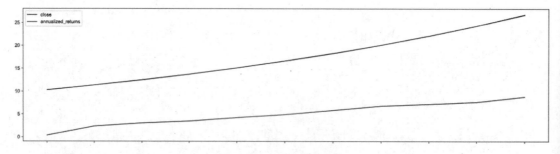

图 6-10　绘制的曲线图

（7）使用第二种模型处理数据，这种模型用所有的数据点进行线性回归，拟合出斜率 k 和截距 b 后，将这些拟合参数用于计算年化收益率。也就是说，通过拟合的线性模型来估计资产的收益表现，并将与计算的年化收益率进行比较或传递。我们首先定义 momentum 参数为要选取的数据长度，设置参数 momentum=29，即取 29 天的数据来进行模型的拟合。当然，也可以根据当时的行情调整 momentum 的值。如果行情比较稳定，则可以选取较大的值；如果轮动很快，则可以将值适当调小。以最近的 momentum 天为例绘制曲线图，代码如下：

```
slop_tmp, intercept_tmp = np.polyfit(x, Y[-momentum:], 1)
yy2 = slop_tmp * x + intercept_tmp
fig = plt.figure(figsize=(10,8),dpi=100)
```

```
plt.plot(df['trade_date'][-momentum:], Y[-momentum:],'g*', label='close')
plt.plot(df['trade_date'][-momentum:], yy2,'b-', label='mod 2')
plt.plot(df['trade_date'][-momentum:],yy1,'m-', label='mod 1')
plt.title('Fitting Performance')
# plt.xlabel('days')
plt.xticks(rotation=45)
plt.ylabel('close')
plt.legend()
plt.savefig('fitting_performance2.png', dpi=300, facecolor='white')
```

执行结果如图 6-11 所示。

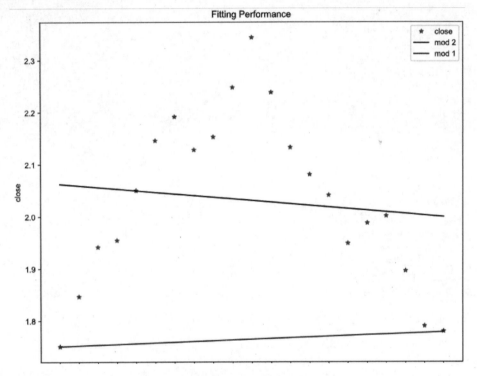

图 6-11　根据第二种模型绘制的曲线图

再次提取数据，通过 Python 线性回归计算 r-squared 值，代码如下：

```
score_list1 = []
# x = np.arange(momentum)
for n in range(slope_num):
    #x值和y值
    slope, intercept = np.polyfit(x, Y[n:n+momentum], 1)
    #计算R^2
```

```
    r_squared = 1 - (np.sum((Y[n:n+momentum] - (slope * x +
intercept))**2)/np.sum((Y[n:n+momentum] - np.mean(Y[n:n+momentum]))**2))
    # r_squared2 = 1 - (np.sum((Y - (slope * x + intercept))**2)/((len(Y) - 1) *
    # np.var(Y,ddof=1)))
    annualized_returns2 = np.power(np.exp(slope),250) - 1
    score = r_squared * annualized_returns2
    score_list1.append(score)

score_list1
```

执行代码后输出如下：

```
[116.7093150812038,
 5640.043519553031,
 29209.994351380454,
 116038.75045204608,
 508455.47829930263,
 2304013.027306895,
 8728037.556525355,
 17224637.327229664,
 25527358.513855457,
 33823334.79032847,
 37201158.25782191,
 22519178.18265958,
 9070089.949883105,
 1716930.683831067,
 190469.44351985827,
 14964.498026991943,
 1417.375429354082,
 145.047497285924,
 8.328022449755904,
 0.09868266736392196]
```

绘制曲线对比图，同时比较第一种模型和第二种模型的曲线，代码如下：

```
fig, ax = plt.subplots(1,1, figsize = (20,5), dpi = 100)
ax.plot(df['trade_date'][-slope_num:], df['close'][-slope_num:],'b-', label = 'close')
ax.plot(df['trade_date'][-slope_num:],np.log(annualized_returns),'r-', label = 'mod 1')
ax.plot(df['trade_date'][-slope_num:],np.log(score_list1),'g-', label = 'mod 2')
# rotate x label 45 degree
ax.set_title('Score Variation')
ax.tick_params(axis='x', labelrotation = 45)
ax.legend()
fig.savefig('score_variation.png', dpi=300, facecolor = 'white')
```

执行结果如图 6-12 所示。

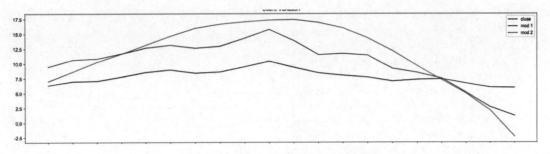

图 6-12 模型 1 和模型 2 回归曲线图

在经过一次函数拟合后，可以看到拟合出的斜率为负，这说明该股的时代已经过去了。并且可以发现 mod 2 的下降有一些滞后，表示 mod 2 对收盘价的敏感度没有 mod 1 的好，这有一定的概率代表很大的回撤，所以要及时卖出，在这一点上，mod 1 要优于 mod 2。目前看来，简单算法要比复杂算法的表现好，直接取第一天和最后一天的收盘价来计算得分在及时性上要优于线性回归模型。

(8) 接下来开始用第三种模型处理数据。在本模型中，使用机器学习库 Scikit-Learn 实现多参数回归，在里面加入了交易量 Vol，并且可以试验多项式回归。多元回归公式如下：

$$y = \hat{\theta} * \hat{x}$$

其中 $\hat{\theta} = \theta_0, \theta_1, \cdots, \theta_n$，$\hat{x} = x_0, x_1, \cdots, x_n$，$n$ 为特征个数。

首先使用 Scikit-Learn 创建模型，代码如下：

```
from sklearn.linear_model import LinearRegression
df['num'] = np.arange(len(df.close))
X = df[['num', 'vol']].to_numpy()
y = df['close'].to_numpy()
y = np.log(y)
X
```

执行代码后，输出 X 的值：

```
array([[0.00000000e+00, 4.39982770e+05],
       [1.00000000e+00, 2.25987500e+05],
       [2.00000000e+00, 1.74419200e+05],
       [3.00000000e+00, 2.13240920e+05],
       [4.00000000e+00, 1.76367500e+05],
       [5.00000000e+00, 1.66387500e+05],
       [6.00000000e+00, 1.71045420e+05],
       [7.00000000e+00, 1.74297700e+05],
       [8.00000000e+00, 1.58627500e+05],
       [9.00000000e+00, 2.08787200e+05],
       [1.00000000e+01, 6.25388300e+05],
```

```
      [1.10000000e+01, 1.17816255e+06],
      [1.20000000e+01, 1.05214155e+06],
      [1.30000000e+01, 8.20987780e+05],
      [1.40000000e+01, 6.89502580e+05],
      [1.50000000e+01, 1.03692300e+05],
      [1.60000000e+01, 1.54343341e+06],
      [1.70000000e+01, 5.69494270e+05],
      [1.80000000e+01, 2.00788061e+06],
      [1.90000000e+01, 2.90186651e+06],
      [2.00000000e+01, 2.09858641e+06],
      [2.10000000e+01, 2.02216250e+06],
      [2.20000000e+01, 2.20862989e+06],
      [2.30000000e+01, 2.55805798e+06],
      [2.40000000e+01, 1.97566585e+06],
      [2.50000000e+01, 1.58211537e+06],
      [2.60000000e+01, 3.06610898e+06],
      [2.70000000e+01, 2.50296802e+06],
      [2.80000000e+01, 3.86431696e+06],
      [2.90000000e+01, 2.72020906e+06],
      [3.00000000e+01, 3.58890114e+06],
      [3.10000000e+01, 3.45737632e+06],
      [3.20000000e+01, 3.10912303e+06],
      [3.30000000e+01, 2.97905241e+06],
      [3.40000000e+01, 2.63056015e+06],
      [3.50000000e+01, 2.81788889e+06],
      [3.60000000e+01, 2.58190471e+06],
      [3.70000000e+01, 2.52689121e+06],
      [3.80000000e+01, 1.73777538e+06],
      [3.90000000e+01, 1.91728437e+06],
     [4.00000000e+01, 2.01301684e+06]])
```

同样道理，也可以输出 Y 的值：

```
Y
```

根据 X 值和 Y 值绘制可视化点阵图，代码如下：

```
fig = plt.figure(figsize=(10,8), dpi=100)
plt.plot(X[:,1],y,'b.', label = 'vol')
plt.title('vol vs close')
plt.xlabel('Vol')
plt.ylabel('Close')
```

执行结果如图 6-13 所示。

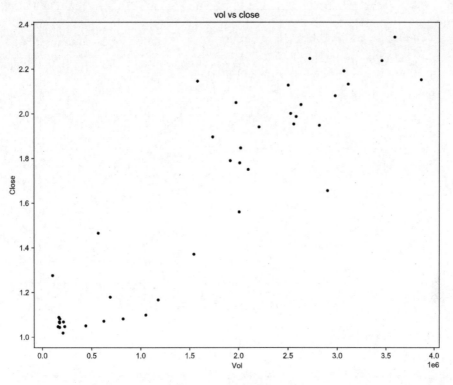

图 6-13　绘制的点阵图

根据第三种模型绘制曲线，同时绘制三种模型的曲线图，代码如下：

```
lin_reg = LinearRegression()
lin_reg.fit(X[-momentum:], y[-momentum:])
lin_reg.intercept_, lin_reg.coef_
fig = plt.figure(figsize=(10,8), dpi=100)
plt.plot(df['trade_date'][-momentum:], y[-momentum:],'g*', label='close')
plt.plot(df['trade_date'][-momentum:], yy3,'b-', label='mod 3')
plt.plot(df['trade_date'][-momentum:],yy2,'m-', label='mod 2')
plt.plot(df['trade_date'][-momentum:],yy1,'r-', label='mod 1')
plt.title('Fitting Performance')
# plt.xlabel('days')
plt.xticks(rotation=45)
plt.ylabel('close')
plt.legend()
```

执行结果如图 6-14 所示。

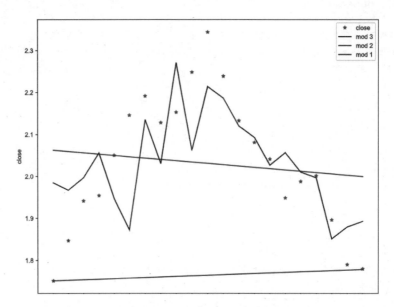

图 6-14　三种模型的曲线对比图

实现第三种模型的线性回归，代码如下：

```
score_list2 = []
# x = np.arange(momentum) # use X above
lin_reg = LinearRegression()
for n in range(slope_num):
    # x 值和 y 值
    # slope, intercept = np.polyfit(x, Y[n+momentum:n:-1], 1)
    # use scikit-learn linear model
    lin_reg.fit(X[n:n+momentum], y[n:n+momentum])
    slope = lin_reg.coef_
    intercept = lin_reg.intercept_
    #计算 R^2
    r_squared = 1 - (np.sum((y[n:n+momentum] - (np.sum(slope * X[n:n+momentum], axis=1)
        + intercept))**2)/np.sum((y[n:n+momentum] - np.mean(y[n:n+momentum]))**2))
    # r_squared2 = 1 - (np.sum((Y - (slope * x + intercept))**2)/((len(Y) - 1) *
                np.var(Y,ddof=1)))
    # print(f'r_squared: {r_squared}, r_squared2: {r_squared2}')
    annualized_returns2 = np.power(np.exp(slope[0]),250) - 1
    score = r_squared * annualized_returns2
    score_list2.append(score)

score_list2
```

执行代码后输出如下：

```
[3834.585736758116,
 13345.860852890615,
 35958.45174345182,
 84768.0758542689,
 110200.85429212742,
 68945.0091189402,
 20746.461866215246,
 4446.191093251667,
 1240.8238691701079,
 459.29105536330667,
 203.92065711342553,
 67.44280188731712]
```

绘制三种模型的回归曲线图，代码如下：

```
fig, ax = plt.subplots(1,1, figsize = (10,5), dpi = 100)
ax.plot(df['trade_date'][-slope_num:], df['close'][-slope_num:],'b-', label = 'close')
ax.plot(df['trade_date'][-slope_num:],np.log(annualized_returns),'r-', label = 'mod 1')
ax.plot(df['trade_date'][-slope_num:],np.log(score_list1),'g-', label = 'mod 2')
ax.plot(df['trade_date'][-slope_num:],np.log(score_list2),'m-', label = 'mod 3')
#将 x 标签旋转 45 度
ax.tick_params(axis='x', labelrotation = 45)
ax.set_title('Score Variation')
ax.legend()
```

执行结果如图 6-15 所示。

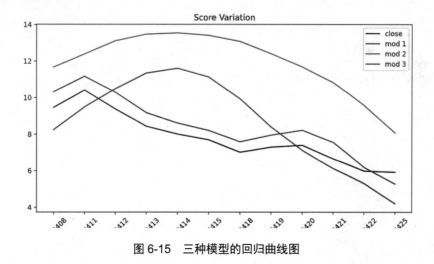

图 6-15　三种模型的回归曲线图

(9) 接下来开始用第四种模型处理数据。在本模型中，使用机器学习库 Tensorflow 实现全连接层，这是一个回归算法问题。首先导入 Tensorflow，并提取 3 列数据，代码如下：

```
import tensorflow as tf
from tensorflow import keras
from tensorflow.keras import layers
import seaborn as sns
print(tf.__version__)

data = df[['close', 'vol', 'num']]
data
```

执行代码后输出如下：

	close	vol	num
0	2.86	439982.77	0
1	2.85	225987.50	1
2	2.84	174419.20	2
3	2.91	213240.92	3
4	2.95	176367.50	4
5	2.97	166387.50	5
6	2.91	171045.42	6
7	2.90	174297.70	7
8	2.85	158627.50	8
9	2.77	208787.20	9
10	2.92	625388.30	10
11	3.21	1178162.55	11
12	3.00	1052141.55	12
13	2.95	820987.78	13
14	3.25	689502.58	14
15	3.58	103692.30	15
16	3.94	1543433.41	16
17	4.33	569494.27	17
18	4.76	2007880.61	18
19	5.24	2901866.51	19
20	5.76	2098586.41	20
21	6.34	2023162.50	21
22	6.97	2208629.89	22
23	7.06	2558057.98	23
24	7.77	1975665.85	24
25	8.55	1582115.37	25
26	8.95	3066108.98	26
27	8.40	2502968.02	27
28	8.61	386436.96	28
29	9.47	2720209.06	29
30	10.42	3588901.14	30
31	9.38	3457376.32	31
32	8.44	3109123.03	32
33	8.01	2979052.41	33
34	7.70	2630560.15	34
35	7.02	2817888.89	35

36	7.30	2581904.71	36
37	7.40	2526891.21	37
38	6.66	1737775.38	38
39	5.99	1917284.37	39
40	5.93	201306.84	40

根据上述数据，使用函数 pairplot()绘制数据分布图，代码如下：

```
sns.pairplot(data, diag_kind='kde')
```

执行结果如图 6-16 所示。

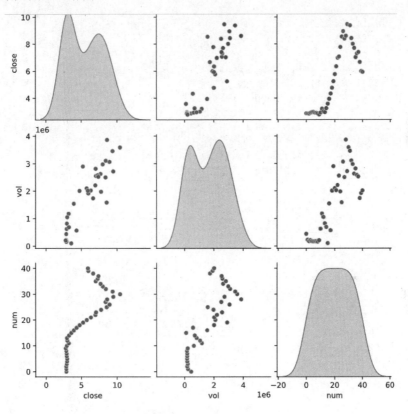

图 6-16　数据分布图

随机划分训练集和测试集，代码如下：

```
X = data.drop('close', axis=1).to_numpy()
y = data['close'].to_numpy()
X, y
```

执行代码后输出如下：

```
(array([[4.39982770e+05, 0.00000000e+00],
       [2.25987500e+05, 1.00000000e+00],
       [1.74419200e+05, 2.00000000e+00],
       [2.13240920e+05, 3.00000000e+00],
       [1.76367500e+05, 4.00000000e+00],
       [1.66387500e+05, 5.00000000e+00],
       [1.71045420e+05, 6.00000000e+00],
       [1.74297700e+05, 7.00000000e+00],
       [1.58627500e+05, 8.00000000e+00],
       [2.08787200e+05, 9.00000000e+00],
       [6.25388300e+05, 1.00000000e+01],
       [1.17816255e+06, 1.10000000e+01],
       [1.05214155e+06, 1.20000000e+01],
       [8.20987780e+05, 1.30000000e+01],
       [6.89502580e+05, 1.40000000e+01],
       [1.03692300e+05, 1.50000000e+01],
       [1.54343341e+06, 1.60000000e+01],
       [5.69494270e+05, 1.70000000e+01],
       [2.00788061e+06, 1.80000000e+01],
       [2.90186651e+06, 1.90000000e+01],
       [2.09858641e+06, 2.00000000e+01],
       [2.02216250e+06, 2.10000000e+01],
       [2.20862989e+06, 2.20000000e+01],
       [2.55805798e+06, 2.30000000e+01],
       [1.97566585e+06, 2.40000000e+01],
       [1.58211537e+06, 2.50000000e+01],
       [3.06610898e+06, 2.60000000e+01],
       [2.50296802e+06, 2.70000000e+01],
       [3.86431696e+06, 2.80000000e+01],
       [2.72020906e+06, 2.90000000e+01],
       [3.58890114e+06, 3.00000000e+01],
       [3.45737632e+06, 3.10000000e+01],
       [3.10912303e+06, 3.20000000e+01],
       [2.97905241e+06, 3.30000000e+01],
       [2.63056015e+06, 3.40000000e+01],
       [2.81788889e+06, 3.50000000e+01],
       [2.58190471e+06, 3.60000000e+01],
       [2.52689121e+06, 3.70000000e+01],
       [1.73777538e+06, 3.80000000e+01],
       [1.91728437e+06, 3.90000000e+01],
       [2.01301684e+06, 4.00000000e+01]]),
 array([ 2.86,  2.85,  2.84,  2.91,  2.95,  2.97,  2.91,  2.9 ,  2.85,
         2.77,  2.92,  3.21,  3.  ,  2.95,  3.25,  3.58,  3.94,  4.33,
         4.76,  5.24,  5.76,  6.34,  6.97,  7.06,  7.77,  8.55,  8.95,
         8.4 ,  8.61,  9.47, 10.42,  9.38,  8.44,  8.01,  7.7 ,  7.02,
         7.3 ,  7.4 ,  6.66,  5.99,  5.93]))
```

基于上面的数据构建模型并训练模型,代码如下:

```
#构建模型
model = tf.keras.Sequential([
    layers.Dense(64, activation='relu', input_shape=[2]),
    layers.Dense(2, activation='relu'),
    layers.Dense(1)
])

#选择 Optimizer 和 loss 函数
model.compile(optimizer='adam', loss='mse', metrics=['mse'])

# 提前终止
early_stop = keras.callbacks.EarlyStopping(monitor='val_loss', patience=5)

# 训练模型
history = model.fit(X, y, epochs=1000, validation_split=0.2, callbacks=[early_stop])

#绘制损失图
fig, ax = plt.subplots(1,1, figsize = (10,5), dpi = 100)
ax.plot(history.history['loss'], label='loss')
ax.plot(history.history['val_loss'], label='val_loss')
ax.set_title('Loss')
ax.legend()
```

训练过程如下:

```
Epoch 1/1000
1/1 [==============================] - 0s 152ms/step - loss: 180366606336.0000 - mse:
180366606336.0000 - val_loss: 307615629312.0000 - val_mse: 307615629312.0000
Epoch 2/1000
1/1 [==============================] - 0s 14ms/step - loss: 164660150272.0000 - mse:
164660150272.0000 - val_loss: 279782916096.0000 - val_mse: 279782916096.0000
Epoch 3/1000
1/1 [==============================] - 0s 13ms/step - loss: 149761916928.0000 - mse:
149761916928.0000 - val_loss: 253463625728.0000 - val_mse: 253463625728.0000
Epoch 4/1000
1/1 [==============================] - 0s 14ms/step - loss: 135673757696.0000 - mse:
135673757696.0000 - val_loss: 228656709632.0000 - val_mse: 228656709632.0000
Epoch 5/1000
1/1 [==============================] - 0s 14ms/step - loss: 122395148288.0000 - mse:
122395148288.0000 - val_loss: 205355466752.0000 - val_mse: 205355466752.0000
/////省略部分内容
Epoch 28/1000
1/1 [==============================] - 0s 36ms/step - loss: 415742592.0000 - mse:
415742592.0000 - val_loss: 280254592.0000 - val_mse: 280254592.0000
Epoch 29/1000
```

```
1/1 [==============================] - 0s 17ms/step - loss: 150015824.0000 - mse:
150015824.0000 - val_loss: 4817926.0000 - val_mse: 4817926.0000
Epoch 30/1000
1/1 [==============================] - 0s 15ms/step - loss: 25781956.0000 - mse:
25781956.0000 - val_loss: 7965833.0000 - val_mse: 7965833.0000
Epoch 31/1000
1/1 [==============================] - 0s 15ms/step - loss: 4260953.5000 - mse:
4260953.5000 - val_loss: 52.2823 - val_mse: 52.2823
Epoch 32/1000
1/1 [==============================] - 0s 15ms/step - loss: 32.8621 - mse: 32.8621 -
val_loss: 52.2871 - val_mse: 52.2871
Epoch 33/1000
1/1 [==============================] - 0s 13ms/step - loss: 32.8655 - mse: 32.8655 -
val_loss: 52.2915 - val_mse: 52.2915
Epoch 34/1000
1/1 [==============================] - 0s 16ms/step - loss: 32.8686 - mse: 32.8686 -
val_loss: 52.2955 - val_mse: 52.2955
Epoch 35/1000
1/1 [==============================] - 0s 17ms/step - loss: 32.8715 - mse: 32.8715 -
val_loss: 52.2991 - val_mse: 52.2991
Epoch 36/1000
1/1 [==============================] - 0s 12ms/step - loss: 32.8741 - mse: 32.8741 -
val_loss: 52.3024 - val_mse: 52.3024
```

绘制的损失可视化图如图 6-17 所示。

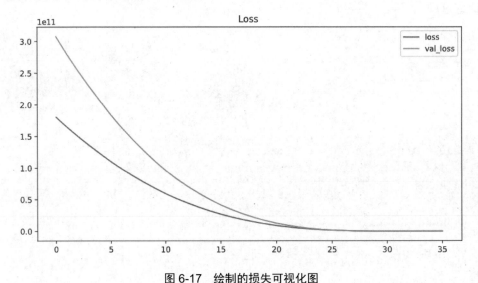

图 6-17　绘制的损失可视化图

第 **7** 章

民宿信息数据分析和可视化系统
(网络爬虫+Django+Echarts 可视化)

很多工作累了想出来放松放松的游客，不住酒店，主要是想通过民宿这个平台，感受一下当地的风土人情，体验一下不同的生活方式，打造"民宿+当地文化"的个性民宿。基于越来越多的人喜欢住在民宿的市场需求下，分析民宿市场的发展和市场定位变得越发重要。本章通过一个综合实例，详细讲解爬虫爬取民宿信息的方法，并讲解可视化分析这些民宿信息的过程。

7.1 背景介绍

扫码看视频

绿水青山就是金山银山。近年来，随着国家建设美丽乡村政策的实施，各地纷纷加大对特色小镇的建设力度，相继出台对民宿的补贴扶持方案，之所以选择从事民宿行业，大部分人是因为自己喜欢旅行，也有"隐于野"的诗意情结，他们或是放弃了稳定的工作，或是逃离了大都市的生活，希望能通过民宿传递自己的生活理念。

在新的消费观念下，越来越多的游客已经厌倦了千篇一律的酒店住宿形态。在以后的旅游过程中，游客更希望体验多样化的住宿形态，深入到当地的特色文化中。大众化景点路线会越来越被轻视，个性化住宿、个性化旅游线路的选择会带给客栈民宿更多的发展机遇。

作为一种新兴的非标准住宿业态，民宿对传统标准酒店住宿业起到明显的补充作用。目前美团民宿交易额占美团酒店交易额的比例约为 4.8%，且整体呈现上升趋势。从各省份民宿交易额看，广东省民宿交易份额占据首位，占全国市场的 11.6%。交易额排前 10 位的省市依次为广东省、北京市、四川省、江苏省、山东省、陕西省、重庆市、上海市、浙江省、湖北省，上述十省市交易额占全国民宿市场交易额比例超过 65%。

数据显示，2019 年民宿预订以女性消费者为主，占比 55.7%。从民宿产品用户年龄层分布来看，40 岁以下人群占整体消费者比例达到 86.2%，可见国内民宿产品受众偏向年轻化。其中，90 后是民宿消费的主力军，90 后消费者的订单量占比约 58.9%，80 后占比约 27.4%。从消费品类偏好看，用户在住民宿期间，同时消费餐饮品类的比例约占 30.8%，同时消费非餐饮品类的比例约占 28.2%。这说明民宿消费对其他品类的消费具有一定的带动作用。

在民宿市场大发展的前提下，可视化分析民宿市场的发展现状对商家来说具有重要的意义。另外，对于消费者来说，也可以通过可视化系统及时了解民宿行情，帮助自己获得更加物美价廉的服务。

本项目首先使用爬虫技术爬取×团网中的民宿信息，然后将爬取到的民宿信息持久化保存到 MySQL 数据库中，最后可视化分析民宿信息，大数据分析民宿行业的现状和发展趋势。本项目用到了反爬技术，读者可以掌握反爬技术的原理和具体用法。

7.2　系统架构

本项目的系统架构如图 7-1 所示。

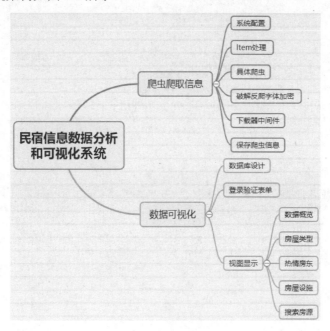

图 7-1　系统架构

7.3　爬虫爬取信息

本项目将使用 Scrapy 作为爬虫框架,使用代理 IP 爬取业内知名民宿网中的数据信息,然后将爬取的信息保存到 MySQL 数据库中。最后使用 Django 可视化展示在数据库中保存的民宿数据信息。本节首先讲解爬虫功能的具体实现过程。

7.3.1　系统配置

在 Django 模块中设置整个项目的配置信息,在文件 settings.py 中设置数据库和缓存等配置信息，主要代码如下所示。

```
# 配置 MySQL 数据库的参数
DATABASES = {
    'default': {
        'ENGINE': 'django.db.backends.mysql',
        'NAME': "scrapy_django",
        'USER': 'root',
        'PASSWORD': '66688888',
        'OPTIONS': {
            'charset':'utf8mb4',
            # "init_command": "SET foreign_key_checks = 0;",
            },    # 都改成这种编码，避免 emoji 无法存储
        'HOST': "127.0.0.1",  # 要不要都改成远程的地址
        'PORT': '3306'
    }
}
CACHES = {  # redis 做缓存
    'default': {
        'BACKEND': 'django_redis.cache.RedisCache',
        "LOCATION": "redis://127.0.0.1:6379/3",  # 本机 django 的 redis 缓存路径
        # 'LOCATION':"redis://127.0.0.1:6378/3",
        'OPTIONS':{
            "CLIENT_CLASS":"django_redis.client.DefaultClient",
        }
    }
}
```

7.3.2　Item 处理

Scrapy 提供了 Item 类，这些 Item 类可以让我们自己来指定字段。比方说在某个 Scrapy 爬虫项目中定义了一个 Item 类，在这个 Item 里边包含了 title、release_date、url 等，这样通过各种爬取方法爬取过来的字段，再通过 Item 类进行实例化，就不容易出错了，因为我们在一个地方统一定义过了字段，而且这个字段具有唯一性。本项目的实例文件 items.py 设置了 4 个 ORM 对象，这 4 个对象和本项目数据库字段是一一对应的。文件 items.py 的具体实现代码如下所示。

```
class HouseItem(DjangoItem):
    django_model = House
    jsonString = scrapy.Field()    # 这儿需要增加临时字段，用来把多个其他对象的属性一次性传过来

class HostItem(DjangoItem):
    django_model = Host
```

```
class LabelsItem(DjangoItem):
    django_model = Facility

class FacilityItem(DjangoItem):
    django_model = Labels

class CityItem(DjangoItem):
    django_model = City

class urlItem(scrapy.Item):  # master 专用 item
    # define the fields for your item here like:
    url = scrapy.Field()
```

7.3.3 具体爬虫

编写文件 hotel.py，实现具体的网络爬虫功能，具体实现流程如下所示。

(1) 创建类 HotwordspiderSpider，设置爬虫项目的名字是"hotel"，然后分别设置爬虫的并发请求数、延时、最大的并发请求数量、保存数据管道和使用代理等信息。对应的实现代码如下所示。

```
class HotwordspiderSpider(scrapy.Spider):
    def __init__(self):
        self.ua = UserAgent()
        # for i in range(10):
        #     print(ua.random)

    name = 'hotel'
    allowed_domains = ['*']
    # start_urls = ['https://minsu.meituan.com/guangzhou/']

    custom_settings = {  # 每个爬虫使用各自的自定义的设置
        #### Scrapy downloader(下载器) 处理的最大的并发请求数量。默认: 16
        'CONCURRENT_REQUESTS' : 2,
        #### 下载延迟的秒数，用来限制访问的频率,默认为0，没有延时
        # 'DOWNLOAD_DELAY' : 1,
        #### 每个域名下能够被执行的最大的并发请求数据量,默认8个
        'CONCURRENT_REQUESTS_PER_DOMAIN' : 2,
        'ROBOTSTXT_OBEY':False,
        'COOKIES_ENABLED':False,
        #### 设置某个IP最大并发请求数量，默认0个
        'ONCURRENT_REQUESTS_PER_IP' : 2,
        'RETRY_ENABLED' :True,    #打开重试开关
        'RETRY_TIMES': 20 ,  #重试次数,没办法
```

```
'DOWNLOAD_TIMEOUT': 60,
'DOWNLOAD_DELAY': 2,  # 慢慢爬呗，这里写了下载延迟，403 就 IP 被封了 todo
'RETRY_HTTP_CODES': [404,403,406],  #重试
'HTTPERROR_ALLOWED_CODES': [403],  #上面报的是 403，就把 403 加入。
"ITEM_PIPELINES": {
    'myscrapy.pipelines.houseItemPipeline': 300,  # 启用这个管道来保存数据

},
"DOWNLOADER_MIDDLEWARES":{  # 这样就可以单独每个使用不同的配置
'myscrapy.middlewares.RandomUserAgent': 100,  # 使用代理
'myscrapy.middlewares.proxyMiddleware': 301,  # 暂时不用代理来进行爬取测试下最多多少

},
```

(2) 设置爬虫网页 HTTP 请求协议的请求报文(Request Headers)，对应的实现代码如下所示。

```
"DEFAULT_REQUEST_HEADERS": {
    'Accept': 'application/json',
    'Accept-Language': 'zh-CN,zh;q=0.9',
    'Referer': 'https://www.meituan.com/',
    'X-Requested-With': "XMLHttpRequest",
    # "cookie":"lastCity=101020100; JSESSIONID="";
Hm_lvt_194df3105ad7148dcf2b98a91b5e727a=1532401467,1532435274,1532511047,1532534098;
__c=1532534098; __g=-; __l=l=%2Fwww.zhipin.com%2F&r=;
toUrl=https%3A%2F%2Fwww.zhipin.com%2Fc101020100-p100103%2F;
Hm_lpvt_194df3105ad7148dcf2b98a91b5e727a=1532581213;
__a=4090516.1532500938.1532516360.1532534098.11.3.7.11"
    # 'Accept': 'application/json',
    # 'User-Agent': 'Mozilla/6.0 (Linux; Android 8.0; Pixel 2 Build/OPD3.170816.012)
AppleWebKit/537.46 (KHTML, like Gecko) Chrome/66.0.3359.117 Mobile Safari/537.46',
    # 'User-Agent': self.ua.random  # 随机  好像还是需要通过中间件来 todo
    # 'cookie':cookie self.ua


    }
}
```

(3) 编写函数 regexMaxNum()，使用正则表达式返回匹配到的最大的数字就是页数，对应的实现代码如下所示。

```
def regexMaxNum(self,reg,text):
    temp = re.findall(reg,text)
    return max([int(num) for num in temp if num != ""])
```

(4) 编写函数 start_requests()，设置爬虫启动时要爬取的城市列表，对应的实现代码如下所示。

```python
    def start_requests(self):
        guangdong = '''广州市、韶关市、深圳市、珠海市、汕头市、佛山市、江门市、湛江市、茂名市、肇庆市、
惠州市、梅州市、汕尾市、河源市、阳江市、清远市、东莞市、中山市、潮州市、揭阳市、雷州市、陆丰市、普宁市'''
        topcity = '北京、南京、上海、杭州、昆明市、大连市、厦门市、合肥市、福州市、哈尔滨市、济南市、
温州市、长春市、石家庄市、常州市、泉州市、南宁市、贵阳市、南昌市、南通市、金华市、徐州市、太原市、嘉兴市、
烟台市、保定市、台州市、绍兴市、乌鲁木齐市、潍坊市、兰州市。'
        pin = Pinyin()
        print("启动")
        guangdonglist = [pin.get_pinyin(i.replace("市", ""), "") for i in guangdong.split("、")]
        for onecity in City.objects.all():  # todo 城市这儿先设置 0：2 直接读取数据库中的
            # print(i.city_
            # print(i.city_pynm)
            # 先爬取广东省内的
            # if onecity.city_pynm in guangdonglist:  # 只爬取广东省内的数据
            #     print("在广州")
            for i in range(1, 18):  # 表示范围是：1~17
                yield
scrapy.Request(url=f'https://minsu.meituan.com/{onecity.city_pynm}/pn{i}',
                dont_filter=True,
                callback=self.parse)   # 暂时还不是很懂发生了什么


    def parse(self, response):
        tempPageUrl = response.xpath("//a[@target='_blank']/@href").extract()
        tempPageUrl2 = [urljoin(response.url,url) for url in tempPageUrl if
url.find("housing")!=-1]
        for url in tempPageUrl2:  # 一页里面的所有房源的链接
            print(url)
            # yield
scrapy.Request(url="https://minsu.meituan.com/housing/9969914/",callback=self.detail,
dont_filter=True) # 直接转到详情上
            yield scrapy.Request(url=url,callback=self.detail,dont_filter=True)
            # 直接转到详情上
```

(5) 编写函数 getRSXFPrice()，提取爬虫数据中的价格信息，对应的实现代码如下所示。

```python
    def getRSXFPrice(self,RSXF_TOKEN):  # 提取
        import datetime
        import requests
        import time
        url = 'https://minsu.meituan.com/gw/corder/api/v1/order/productPricePreview'
        data ={
            "currentTimeMillis":int(round(time.time() * 1000)),   # 获得当前时间的毫秒
            "sourceType":7,
            "checkinGuests":1,
            "checkinDate":datetime.datetime.now().strftime("%Y%m%d"),   # 获得今天的日期
            "checkoutDate":(datetime.datetime.now()+datetime.timedelta(days=1)).strftime
                ("%Y%m%d"),  # 获得明天
            "productId":2645048,
```

```
        "autoChooseDiscount":'true',
        "avgMoneyFormat":'true',
        "deviceInfoByWeb":{
            "ua":"Mozilla/5.0 (Windows NT 10.0; Win64; x64) AppleWebKit/537.46
                (KHTML, like Gecko) Chrome/79.0.3945.130 Safari/537.46",
            "touchPoint":"",
            "browserPlugins":"Microsoft Edge PDF Plugin,Microsoft Edge PDF
                Viewer,Native Client",
            "colorDepth":24,"pixelDepth":24,"screenWith":1280,"screenHeight":720,
                "browserPageWidth":653,"browserPageHeight":615}}
    header ={'User-Agent':'Mozilla/5.0 (Windows NT 10.0; Win64; x64) AppleWebKit/537.46
        (KHTML, like Gecko) Chrome/79.0.3945.130 Safari/537.46',
            'Referer':'https://minsu.meituan.com/housing/2645048/'}
    cookies = {"XSRF-TOKEN":RSXF_TOKEN}
    result = requests.post(url,headers=header,data=data,cookies = cookies).content
    return result
```

（6）编写函数 detail()，获取每个民宿的详细信息，包括面积、标签、标题、地址、房型、位置、城市、留言数量等信息，对应的实现代码如下所示。

```
def detail(self, response):
    # 新增加提取预览图 todo
    try:
        house_img = response.xpath('//*[@class="item"]/img/@src').extract()[0]
        print(house_img)
    except Exception as e:
        print(e)
        print("预览图提取失败")

    print("in detail")
    print(response.url)
    # print(response.text)
    # from pprint import pprint
    item = HouseItem()
    print("设施")
    tempDic = []  # 这个出bug就全出问题咯，  todo fix
    facility = ""
    # facility = response.xpath("//*[@class='page-card']/*
    #           [@id='r-props-J-facility']/text()").extract()[0]
    facility01 = response.xpath("//*[@id='r-props-J-facility']/text()").extract()
    try:
        facility = facility01[0]
    except Exception as e:
        print("facility 错误")
        print(e)
        print(facility01)
        print(response.text)
```

```
# print(facility.strip("<!--").strip("-->"))
all = facility.replace("<!--", "").replace("-->", "")
# print(all)

# all = BeautifulSoup(facility[0],'lxml').find("script",attrs=
#        {"id": "r-props-J-facility"}).get_text()
facilityDic = json.loads(all)  # 可以爬取设施信息
for i in facilityDic:
    for j in facilityDic[i]:
        try:
            for x in j['group']:
                tempDic.append(x)
        except Exception as e:
            break

print("获得第一步发布的时间")
text = all
# print(text)
firstOnSaleTime = text[text.find('"firstOnSaleTime":')+18:18+13+text.find
                       ('"firstOnSaleTime":')]
print(firstOnSaleTime)
try:
    # print("怎么回事")
    tempInt = int(firstOnSaleTime)  # 这个是房源信息第一次发布的时间
    # print(tempInt)
    firstOnSale = time.strftime('%Y-%m-%d %H:%M:%S',time.localtime(tempInt/1000))
    print(firstOnSale)
    print("正常")
except Exception as e:
    print(e)
    tempInt = 0 # 默认 1970 年 1 月 1 日的毫秒
    firstOnSale = time.strftime('%Y-%m-%d %H:%M:%S',time.localtime(tempInt/1000))
    print(firstOnSale)
    print("元年,发布时间提取出错")

print("获取房主数据")
tempUserScript = response.xpath("//*[@id='r-props-J-gallery']").xpath("text()")
UserJson = tempUserScript.extract()[0]
```

(7) 在函数 detail()中，关于价格的计算比较麻烦，因为民宿网的价格进行了数据加密，所以需要专门的逻辑来破解这个反爬机制，对应的实现代码如下所示。

```
UserJson = UserJson.replace('"',"'").replace(" ","")
# str 这儿替换是为了让下面统一以单引号来进行提取操作。
# print(UserJson)
# 的这里又变成了双引号,而且自动把间隙的空格去掉了
```

```python
house_id = re.findall("(?<=housing\\/)[0-9]*?(?=\\/)",response.url)[0]
HostId = re.findall("(?<=hostId\\'\\:).*?(?=\\,)",UserJson)
price = re.findall("(?<=price\\'\\:)[0-9]*?(?=\\,)",UserJson)
# 提取出来的结构都是['999']
print("提取未加密price 转化前")
print(price)
try:
    price = [float(price[0])/100]
except Exception as e:
    print("price 出错")
    print(price)
    price = [0.00]


## 使用UserJson
tempjson = UserJson.strip("<!--").strip("-->").replace("'",'"')
tempjson2 = None

try:
    tempjson2 = json.loads(tempjson)
except Exception as e:
    print("提取折扣价格出错")
    print(e)
    print("输出tempjson")
    print(tempjson2)

if price == 0.00 and tempjson2 != None: # 补充用的
    price = [tempjson2['product']['price']]


discountprice = re.findall("(?<=discountPrice\\'\\:)[0-9]*?(?=\\,)",UserJson)
# 这儿这个可能找不到的
if len(discountprice) == 0: #
    discountprice = [0.00]

# print(tempjson2['product']['discountPrice'])
if discountprice == [0.00] and tempjson2 != None:
    try:  # 可能真的没有的
        discountprice = [tempjson2['product']['discountPrice']]  # 折扣价,默认为0
        print("这儿的disprice")
        print(discountprice)   # todo price discountprice 这两个bug 直接改成使用字典来吧
    except Exception as e:
        print(e)
        print("如果没有的话")
        discountprice = [0.00]

try:  # 单位变成元
```

```python
        discountprice = [float(discountprice[0])/100]
except Exception as e:
    print(e)
    print("discountprice 整除出错")
    print(discountprice)
    discountprice = [0.00]

# 再提取一次价格，使用新的方法，处理字体加密
if price == [0.00] or discountprice == [0.00]:
    try:
        # print("字体解密成功")
        price,discountprice = parsePriceMain(UserJson)
        price = [price]
        discountprice = [discountprice]
        # price = [0.00]# 这儿是原价
    except Exception as e:
        print(price)
        print(discountprice)
        print(e)
        traceback.print_exc()
        print("字体加密解除失败")


print("检查价格 price/discountprice")
print(price)
print(discountprice)


title = response.xpath("//head/title").xpath("string(.)").extract()
fullAddress = re.findall("(?<=fullAddress\\'\\:\\').*?(?=\\'\\,)",UserJson)
layoutRoom = re.findall("(?<=layoutRoom\\'\\:).*?(?=\\,)",UserJson)
layoutKitchen = re.findall("(?<=layoutKitchen\\'\\:).*?(?=\\,)",UserJson)
layoutHall = re.findall("(?<=layoutHall\\'\\:).*?(?=\\,)",UserJson)
layoutWc = re.findall("(?<=layoutWc\\'\\:).*?(?=\\,)",UserJson)
maxGuestNumber = re.findall("(?<=maxGuestNumber\\'\\:).*?(?=\\,)",UserJson)
bedCount = re.findall("(?<=bedCount\\'\\:).*?(?=\\,)",UserJson)
roomArea = re.findall("(?<=usableArea\\'\\:\\').*?(?=\\'\\,)",UserJson)
longitude = re.findall("(?<=longitude\\'\\:).*?(?=\\,)",UserJson)
latitude = re.findall("(?<=latitude\\'\\:).*?(?=\\}\\,)",UserJson)
cityName = re.findall("(?<=cityName\\'\\:\\').*?(?=\\'\\,)",UserJson)
earliestCheckinTime = re.findall("(?<=earliestCheckinTime\\'\\:\\').*?(?=\\')",UserJson)

house_type = response.xpath("//*[@class='spec-item spec-room'][1]/div/div
              [@class='value']/text()").extract()[0]
if house_type==None:
    house_type = "未分类"
house_commentNum = re.findall("(?<=count\\'\\:)[0-9]*?(?=\\,)",UserJson)
print(house_commentNum)
```

(8) 在函数 detail()中提取留言回复信息，对应的实现代码如下所示。

```
if house_commentNum == None or len(house_commentNum)==0:
    try:
        house_commentNum = re.findall("(?<=commentNumber\\'\\:)
                                        [0-9]*?(?=\\,)",UserJson)
    except Exception as e:
        pass
    if house_commentNum == None or len(house_commentNum)==0:
        house_commentNum = [0,]
print("house_commentNum")
print(house_commentNum)

print("房子面积开始")
print(roomArea)
print(house_id)
print(price)
# print(HostId)
# 折扣价格和原价这个有区别。
print(discountprice)   # 这个确实没有了，因为找不到现在的价格。
# print(title)
# print(fullAddress)
# print(longitude)
# print(latitude)
# print(layoutWc)
# print(layoutHall)
# print(layoutRoom)     # 卧室数量
# print(layoutKitchen)
# print(maxGuestNumber)
# print(bedCount)
# print(house_commentNum)
```

(9) 在函数 detail()中提取促销和普通标签的信息，对应的实现代码如下所示。

```
print("标签来了")
try:
    # tempJson = json.loads("".join(tagList).replace("'",'"').strip().strip(":")
    dictString = json.loads(UserJson.strip("<!--").strip("-->").replace("'", '"'))
    temp = dictString['product']['productTagInfoList']
    # 头痛，重新来提取这个label，标签    todo
    discountList = {"1": [], "0": []}
    for i in temp:
        #     print(i['tagName']," ",i['tagType']," ",i['styleType'],
        #        " ",i['tagDesc'])
        #     print()
        if i['tagType'] == 1:
            discountList['0'].append([i['tagName'], i['tagDesc']])
        # 这儿管道需要先检查后添加进来
```

```
        else:
            discountList['1'].append([i['tagName'], i['tagDesc']])
        # 这儿管道需要先检查后添加进来
    print("提取折扣")
    print(discountList)  # 这儿是提取折扣


###############这部分是用来提取折扣的


except Exception as e:
    print("提取折扣出错")
    print(e)


favCount = re.findall("(?<=favCount\\'\\:).*?(?=\\,)",UserJson)
# 这个也是可能为 0 的, 就是新房子
if favCount==None:
    favCount = 0
print("喜爱数量")
print(favCount)
```

(10) 在函数 detail()中提取评价信息和回复率信息, 对应的实现代码如下所示。

```
print()
print("下面是房主的信息(我猜估计很多都是二次房主)")
host_name = response.xpath("//a[@class='nick-name S--host-link']/text()").extract()
host_name = host_name[0].replace(" ","").replace("\n","")
host_main = response.xpath("//ul[@class='host-score-board']")
host_infos = []  # 评价数, 回复率, 房源数
for div in host_main.xpath("li"):
    temp = div.xpath("*[@class='value']/span/text()").extract()[0]
    if temp!=None or temp .find("%") != -1:
        temp = temp.replace("%","")
        print(div.xpath("*[@class='value']/span/text()").extract())
    else:
        temp = 0  # 如果没有评价, 或者没有回复(新房主)那就是 0
    host_infos.append(temp)


# print(host_infos)
print("下面开始赋值给 item")
# print(HostId)  # 这些是房主的信息
# print(host_infos[0])
# print(host_infos[1])
# print(host_infos[2])

host_commentNum = host_infos[0]
if not isinstance(host_infos[1],str):
    host_replayRate = host_infos[1]
```

```
    else:
        host_replayRate = 0
host_RoomNum = host_infos[2]
```

(11) 在函数 detail()中提取好评平均分信息，对应的实现代码如下所示。

```
# pointer_num = response.xpath("//span[@class='zg-price']/text()").extract()
# print(pointer_num[0])
# print(pointer_num[1])
# print(pointer_num[2])


# print("这个也不是每个都有的。")
# print("这个是平均分")
avarageScore = response.xpath("//*[@class='sum-score-circle']/text()").extract()
# 新房子
if avarageScore==None or len(avarageScore)==0:
    print(f"新房子, 检查一下{response.url}")
    avarageScore =[0,]
# print(avarageScore)


fourScore = []    # 描述, 沟通, 卫生, 位置的评分
for score in response.xpath("//ul[@class='score-chart']").xpath("li"):
    tempscore = score.xpath("div/div[@class='score']/text()").extract()
    print(tempscore)
    if tempscore==None:
        fourScore.append([0])
    else:
        fourScore.append(tempscore)
# print("评分")
print(fourScore)
if fourScore == []:  # 找不到的时候评分就是空的咯
    fourScore = [[0],[0],[0],[0]]
# print(fourScore)    # 评分可能是没有的

house_descScore = fourScore[0][0]
house_talkScore = fourScore[1][0]
house_hygieneScore = fourScore[2][0]
house_positionScore = fourScore[3][0]
```

7.3.4 破解反爬字体加密

在网站中的价格信息是加密的，为了获取每个民宿的价格信息，需要对 ".woff" 格式的加密字体进行破解。编写文件 parseTool.py，破解 ".woff" 格式的价格信息，主要实现代码如下所示。

```
# 获得 j-gallery 这段的字符串
def getFontUrl(UserJson):
    j_gallery_text = UserJson  # 这儿再处理一遍去掉可能出现的东西
    UserJson = j_gallery_text.replace("'",'"').replace("\\","")  # 这样才可以去掉了这一个杠杠
    test = re.findall('(?<=cssPath\\"\\:\\").*?(?=\\}\\,)',UserJson)[0]

    print()
    wofflist = re.findall('(?<=\\(\\").*?(?=\\)\\;)',test)  # j-gallery 那段 string 放进
去就可以找到了
#    print(wofflist)
    print()
    font_url = ''
    for woffurl in wofflist:
        if woffurl.find("woff")!=-1:
            tempwoff = re.findall('(?<=\\").*?(?=\\")',woffurl)
#           print(tempwoff)
            for j in tempwoff:
                if j.find("woff")!=-1:
                    print("https:"+j)
                    font_url = "https:"+ j

    # 提取字体成功
#    print(font_url)
    return font_url

def download_font(img_url,imgName,path=None):
    headers = {'User-Agent':"Mozilla/5.0 (Windows NT 6.1; WOW64) AppleWebKit/537.1 (KHTML,
like Gecko) Chrome/22.0.1207.1 Safari/537.1",
            }  ##浏览器请求头(大部分网站没有这个请求头会报错、请务必加上哦)
    try:
        img = requests.get(img_url, headers=headers)
        dPath = os.path.join("woff",imgName)  # imgName 传进来不需要带时间
        # print(dPath)
        print("字体的文件名 "+dPath)
        f = open(dPath, 'ab')
        f.write(img.content)
        f.close()
        print("下载成功")
        return dPath
    except Exception as e:
        print(e)


# 从字体文件中获得字形数据用来备用待对比
def getGlyphCoordinates(filename):
    """
    获取字体轮廓坐标,手动修改 key 值为对应数字
```

```python
    """
    font = TTFont("woff/"+f'{filename}')   # 自动带上了 woff 文件夹
    # font.saveXML("bd10f635.xml")
    glyfList = list(font['glyf'].keys())
    data = dict()
    for key in glyfList:
        # 剔除非数字的字体
        if key[0:3] == 'uni':   # 这样对比都行，我感觉有
            data[key] = list(font['glyf'][key].coordinates)
    return data


def getFontData(font_url):
    # 合并两个操作，如果有的话就不用下载
    filename = os.path.basename(font_url)
    font_data = None
    if os.path.exists("woff/"+filename):
        # 直接读取
        font_data = getGlyphCoordinates(filename)   # 读取时候自带 woff 文件夹
    else:
        # 先下载再读取
        download_font(font_url, filename, path=None)
        font_data = getGlyphCoordinates(filename)
    if font_data == None:
        print("字体文件读取出错，请检查")
    else:
        #         print(font_data)
        return font_data


# 自动分割并且大写，这两个要连着来调用，那么全部封装成一个对象好了
def splitABC(price_unicode):
    raw_price = price_unicode.split("&amp;")
    temp_price_unicode = []
    for x in raw_price:
        if x != "":
            temp_price_unicode.append(x.upper().replace("#X", "").replace(";", ""))
    return temp_price_unicode   # 提取出简化大写的，原价是 400，折扣价才是 280


def getBothSplit(UserJson):
    UserJson = UserJson.replace("\\", "").replace("'", '"')
    result_price = []
    result_discountprice = []
    try:
        price_unicode = re.findall('(?<=price\"\\:\\").*?(?=\\"\\,)', UserJson)[0]
        # 原价数字 400
        result_price = splitABC(price_unicode)
    except Exception as e:
```

```python
        print("没有找到价格")
        print(e)

    try:  # 可能没有找到，那就会有☞
        discountprice_unicode = re.findall('(?<=discountPrice\\"\\:\\").*?(?=\\"\\,)',
UserJson)[0]  # 原价数字 400
        result_discountprice = splitABC(discountprice_unicode)
    except Exception as e:
        print("没有找到折扣价")
        print(e)
    if result_discountprice == [] and result_price != []:
        result_discountprice = result_price  # 如果折扣价为 0 的话，那么就等于原价好了
    return result_price,result_discountprice  # 如果没有折扣，这个只是返回处理后的价格编码

def pickdict(dict):  # 序列化这个字典
    with open(os.path.join(os.path.abspath('.'),"label_dict.pickle"), "wb") as f:
        pickle.dump(dict, f)
```

7.3.5 下载器中间件

下载器中间件是在引擎及下载器之间的特定钩子(specific hook)，处理 Downloader 传递给引擎的 response(也包括引擎传递给下载器的 Request)。 其提供了一个简便的机制，通过插入自定义代码来扩展 Scrapy 功能。本项目的下载器中间件文件 middlewares.py，主要实现了在线代理 IP 功能。具体实现流程如下所示。

(1) 准备好基础工作，先创建类 EnvironmentIP 和 EnvironmentFlag，对应实现代码如下所示。

```python
class EnvironmentIP:                      # 这儿设置一个全局变量，单例模式
    _env = None

    def __init__(self):
        self.IP = 0                       # 用那个计数的来操作就可以

    @classmethod
    def get_instance(cls):
        """
        返回单例 Environment 对象
        """
        if EnvironmentIP._env is None:
            cls._env == cls()
        return cls._env

    def set_flag(self, IP):  # 里面放的是数字
```

```python
        self.IP = IP

    def get_flag(self):
        return self.IP

envVarIP = EnvironmentIP()  # 这个变量是看是否切换使用代理的

class EnvironmentFlag:  # 这儿设置一个全局变量，单例模式
    _env = None
    def __init__(self):
        self.flag = False    # 默认不使用代理

    @classmethod
    def get_instance(cls):
        """
        返回单例 Environment 对象
        """
        if EnvironmentFlag._env is None:
            cls._env == cls()
        return cls._env

    def set_flag(self, flag):
        self.flag = flag

    def get_flag(self):
        return self.flag

envVarFlag = EnvironmentFlag()  # 这个变量是看是否切换使用代理的

class Environment:  # 这儿设置一个全局变量，单例模式
    _env = None
    def __init__(self):
        self.countTime = datetime.datetime.now()

    @classmethod
    def get_instance(cls):
        """
        返回单例 Environment 对象
        """
        if Environment._env is None:
            cls._env == cls()
        return cls._env

    def set_countTime(self, time):
        self.countTime = time

    def get_countTime(self):
```

```
       return self.countTime

envVar = Environment()   # 初始化一个默认的
```

(2) 定义类 RandomUserAgent 实现随机生成 IP 功能，通过函数 process_request()和 process_response()及时获取相应信息，这样可以判断这个 IP 是否可用，对应实现代码如下所示。

```
class RandomUserAgent(object):  # ua 中间件
    # def __init__(self):

    @classmethod
    def from_crawler(cls, crawler):
        s = cls()
        crawler.signals.connect(s.spider_opened, signal=signals.spider_opened)
        return s

    def process_request(self, request, spider):
        ua = UserAgent()
        print(ua.random)
        request.headers['User-Agent'] = ua.random
        return None

    def process_response(self, request, response, spider):
        # Called with the response returned from the downloader.
        print(f"请求的状态码是 {response.status}")
        print("调试 ing")
        print(request.url)
        HTML = response.body.decode("utf-8")
        # print(HTML)
        print(HTML[:200])
        try:
            # print('进来中间件调试')
            if HTML.find("code")!=-1:
                if re.findall('(?<=code\\"\\:).*?(?=\\,)',HTML)[0]=='406':
                  # 自动会是双引号
                    print("正在重新请求(网络不好)")
                    return request
        except Exception as e:
            print(request.url)
            print(e)

        try:
            temp = json.loads(HTML)
            if temp['code'] == 406:  #
                print("正在重新请求(网络不好)状态码 406")
                request.meta["code"] = 406
```

```
            return request    # 重新发给调度器，重新请求
        except Exception as e:
            print(e)
        return response


    def process_exception(self, request, exception, spider):
        pass


    def spider_opened(self, spider):
        spider.logger.info('Spider opened: %s' % spider.name)
```

（3）定义类 proxyMiddleware 实现在线代理 IP 功能，创建了 redis 代理连接池，用列表 remote_iplist 中的 IP 轮训访问，并打印输出对应的响应信息，对应实现代码如下所示。

```
class proxyMiddleware(object):  # 代理中间件
    # 这儿是使用代理ip
    # MYTIME = 0   # 类变量用来设定切换代理的频率

    def __init__(self):
        # self.count = 0
        from redis import StrictRedis, ConnectionPool
        # 使用默认方式连接到数据库
        pool = ConnectionPool(host='localhost', port=6378, db=0,password='Zz123zxc')
        self.redis = StrictRedis(connection_pool=pool)

    @classmethod
    def from_crawler(cls, crawler):
        # This method is used by Scrapy to create your spiders.
        s = cls()
        crawler.signals.connect(s.spider_opened, signal=signals.spider_opened)
        return s

    def get_proxy_address(self):
        proxyTempList = list(self.redis.hgetall("useful_proxy"))
        # proxyTempList = list(redis.hgetall("useful_proxy"))
        return str(random.choice(list(proxyTempList)), encoding="utf-8")

    def process_request(self, request, spider):
        # 这儿是用来代理的
        remote_iplist = ['125.105.70.77:4376', '58.241.203.162:4386',
                         '119.5.181.109:4358', '14.134.186.95:4372',
                         '125.111.150.25:4305', '122.246.193.161:4375']

        print()
        print("proxyMiddleware")
```

```python
now = datetime.datetime.now()
print("flag")
print("time")
print(f"现在时间{now}")
print(f"变量内时间{envVar.get_countTime()}")
print("变量状态{True}才使用代理")
print(envVarFlag.get_flag())
print("相减少后的结果")
print((now-envVar.get_countTime()).seconds / 40)
if envVarFlag.get_flag() ==True:
    if (now-envVar.get_countTime()).seconds / 20 >= 1:
        envVarFlag.set_flag(not envVarFlag.get_flag())  # 切换为使用代理
        envVar.set_countTime(now)
    print("使用代理池中的 ip")
    proxy_address = None
    try:
        proxy_address = self.get_proxy_address()
        if proxy_address is not None:
            print(f'代理 IP -- {proxy_address}')
            request.meta['proxy'] = f"http://{proxy_address}"
        # 如果出现 302 错误，首要原因是代理问题
        else:
            print("代理池中没有代理 ip 存在")
    except Exception as e:
        print("检查到代理池中已经没有 ip 了,使用本地")
else:  # 不使用代理,这儿轮流使用本地 ip 和外面的 ip
    if (now-envVar.get_countTime()).seconds / 40 >= 1:  # 这个进来是切换状态的
        envVarFlag.set_flag(not envVarFlag.get_flag())  # 切换为使用代理
        envVar.set_countTime(now)

    if envVarIP.get_flag() <= len(remote_iplist)-1:    ## 直接本地,也用用代理的吧
        remoteip = remote_iplist[envVarIP.get_flag()]
        print(f'使用远程 ip -- {remoteip}')
        request.meta['proxy'] = f"http://{remoteip}"
        envVarIP.set_flag(envVarIP.get_flag()+1)
    else:
        envVarIP.set_flag(0)  # 把这个 ip 设置成 0,这个是使用本地的 ip
        print("使用到本地 ip")
    pass
```

7.3.6 保存爬虫信息

编写实例文件 pipelines.py，将爬取的民宿房源信息保存到本地数据库中。具体实现流程如下所示。

(1) 编写类 urlItemPipeline，保存房源的 URL 信息，对应实现代码如下所示。

```
class urlItemPipeline(object):                    # master 专用管道
    def __init__(self):
        self.redis_url = "redis://Zz123zxc:@localhost:6379/"  # master 端是本地 redis 的
        self.r = redis.Redis.from_url(self.redis_url,decode_response=True)

    def process_item(self, item, spider):
        if isinstance(item, urlItem):
            print("urlItem item")
            try :
                # item.save()
                self.r.lpush("Meituan:start_urls",item['url'])
            except Exception as e:
                print(e)
        return item
```

(2) 编写类 cityItemPipeline，保存房源的城市信息，对应实现代码如下所示。

```
class cityItemPipeline(object):
    def process_item(self, item, spider):
        if isinstance(item, CityItem):
            print("CityItem item")
            try :
                item.save()
            except Exception as e:
                print(e)
        return item
```

(3) 编写类 houseItemPipeline，保存房源的详细信息，主要包括 Labels、Facility 和 Host 等信息，对应实现代码如下所示。

```
class houseItemPipeline(object):
    def __init__(self):
        pass

    def process_item(self, item, spider):
        if isinstance(item, HouseItem):
            print("HouseItem item")
            house = None
            try:
                house = item.save()  # 最后才可以 save 这个
                print("hosuse 保存成功")

            except Exception as e:
                print("hosuse 保存失败，后面的跳过保存")
                print(e)
                print(item)
```

```
    return item

jsonString = item.get("jsonString")
labelsList = jsonString['Labels']
facilityList = jsonString['Facility']
hostInfos = jsonString['Host']

# house = House.objects.filter(**{'house_id':item.get("house_id"),
  "house_date":item.get("house_date")}).first()
# 查询一次就可以，多条件查询，查询两个联合的主键
# 这儿是标签的多对多写入
for onetype in labelsList:  # 1.添加所有标签的
    for one in labelsList[onetype]:  # one 都是一个标签
        try:  # 先找找有没有，然后把已经有的添加进来
            label = Labels.objects.filter(**{'label_name':one[0],
                "label_desc":one[1]})  # 找到的话就直接加入另一个Meiju 对象中
            # print("长度")
            if len(label) == 0:
                # print("需要创建后添加")
                l = Labels()
                l.label_name = one[0]
                l.label_desc = one[1]
                # print("检查 label")
                # print(f"onetype:{onetype}")
                # print(one)
                if onetype == "1":  # 优惠标签
                    l.label_type = 1  # 数字也行吧，应该，这儿没改
                else:
                    l.label_type = 0
                l.save()
                # label = Labels.objects.filter(**{'label_name':one[0],
                    "label_desc":one[1]})  # 找到的话就直接加入另一个Meiju 对象中
                house.house_labels.add(l)  # 直接把刚才的添加进来
            else:
                # print("找到有直接添加")
                # print(label)
                house.house_labels.add(label.first())  # 这样添加进来的
                # print("添加成功")
        except Exception as e:
            print(e)
            print("label 已存在，跳过插入")
            # print(e)


# 这儿开始是 Facility 的写入
# print(facilityList)
# 先全部写入一遍，然后再把有的添加起来就好，这个效率不太高的样子
```

```python
    for facility in facilityList:
        if 'metaValue' in facility:
            print()  # 执行先检查后添加
            try:  # 先找找有没有，然后把已经有的添加进来
                fac = Facility.objects.filter(**{'facility_name':facility['value']})
                    # 找到的话就直接加入另一个Meiju对象中
                # print("长度")
                if len(fac) == 0:
                    # print("需要创建后添加")
                    l = Facility()
                    l.facility_name = facility['value']
                    l.save()
                    # fac = Facility.objects.filter(**{'label_name':facility['value']})
                    # 找到的话就直接加入另一个Meiju对象中
                    # print(l)
                    house.house_facility.add(l)
                else:
                    # print("找到有直接添加")
                    house.house_facility.add(fac.first())  # 这样添加进来的
                    # print("添加成功")
            except Exception as e:
                print("facility 已经存在，跳过插入")
                # print(e)

print("下面开始host信息的添加")
'''{'hostId': '36438164',
    'host_RoomNum': '51',
    'host_commentNum': '991',
    'host_name': '店主大大',
    'host_replayRate': '100'}'''
print(hostInfos)

try:  # 先找找有没有，然后把已经有的添加进来,fixing
    hosts = Host.objects.filter(**{
        'host_id':hostInfos['hostId'],
    'host_updateDate':house.house_date})  # 找到的话就直接加入另一个Meiju对象中
    print("长度")
    print("输出查找到的结果")
    print(hosts)
    # if len(hosts) == 0:  # 都可以创建，可以看房东的评价变化
    try:
        # print("需要创建后添加")
        l = Host()
        l.host_name = hostInfos['host_name']
        l.host_id = hostInfos['hostId']
        l.host_RoomNum = hostInfos['host_RoomNum']
        l.host_commentNum = hostInfos['host_commentNum']
```

```
            l.host_replayRate = hostInfos['host_replayRate']
            l.save()  # 保存不成功会自然进行处理
            # fac = Facility.objects.filter(**{'label_name':facility['value']})
                    # 找到的话就直接加入另一个 Meiju 对象中
            # print("__label_")
            # print(l)
            house.house_host.add(l)
        except Exception as e:
            print(e)
        # else:
            # print("不为空找到了")
            # print("__label_")
            # print(fac)
            house.house_host.add(hosts.first())  # 这样添加进来的
            print("已有的情况下添加成功")
    except Exception as e:
        print("已有这个 host 跳过插入")
        print(e)

        return item  # 这个暂时是无所谓的, 因为只有一个管道
    return item
```

通过如下命令运行爬虫程序：

```
scrapy crawl hotel
```

爬虫的数据被保存在 MySQL 数据库中，如图 7-2 所示。

图 7-2　数据库中的爬虫数据

7.4 数据可视化

本项目使用 Django 框架实现可视化功能，提取在 MySQL 数据库中保存的民宿数据信息，然后使用 Echarts 实现数据可视化功能。本节详细讲解实现数据可视化功能的具体过程。

扫码看视频

7.4.1 数据库设计

编写文件 models.py 实现数据库模型设计功能，在此文件中每个类和 MySQL 数据库中的表一一对应，每个变量和数据库表中的字段一一对应。文件 models.py 的主要实现代码如下所示。

```python
class City(models.Model):
    city_nm = models.CharField(max_length=50,unique=True)    # 城市名字
    city_pynm = models.CharField(max_length=50,unique=True)    # 减少冗余的代价是时间代价
    city_statas = models.BooleanField(default=False)
    # 这个是让爬虫选择是否进行爬取的城市(缩小爬取范围才可以全部爬下来)

    def __str__(self):
        return self.city_nm + "  " + self.city_pynm


class Labels(models.Model):
    TYPE_CHOICE = (
        (0, "普通标签"),
        (1, "优惠标签"),
        )
    label_type = models.IntegerField(choices=TYPE_CHOICE)  # 类型 1 为营销，0 为默认标签
    label_name = models.CharField(max_length=191,unique=True)
    label_desc = models.CharField(max_length=191,unique=True)    # 减少冗余的代价是时间代价

    def __str__(self):
        return str(self.label_type)+"  "+self.label_name+"  "+self.label_desc

    class Meta:
        # 联合约束 独立性约束
        unique_together = ('label_name',"label_desc")


class Host(models.Model):
    '''自己会自动创建一个 id 的'''
```

```python
    host_name = models.CharField(max_length=191)  # 房东名字
    host_id = models.IntegerField()  # 房东 id
    host_replayRate = models.IntegerField(default=0)  # 回复率
    host_commentNum = models.IntegerField(default=0)  # 评价总数 ,会变也要存, 这样可以看变化率
    host_RoomNum = models.IntegerField(default=0)  # 不同时间段的房子含有数量
    host_updateDate = models.DateField(default=timezone.now)  # 自动创建时间, 不可修改

    def __str__(self):
        return str(self.host_id)+ " "+self.host_name

    class Meta:
        # 各一个房子一天最多一天数据(一个价格)
        unique_together = ('host_id',"host_updateDate")

class Facility(models.Model):
    ''' 设施类型 85 个设施
    todo django 如何设置不用外键约束, 这样可以更高效, 暂时还是使用外键约束的。
    '''
    facility_name = models.CharField(max_length=50,unique=True)  # 设施名字

    def __str__(self):
        return self.facility_name


# 这个是用来酒店公寓的 model 类
class House(models.Model):
    '''
    house_id 为主键, 然后 unique_together(house_id,date) 为联合 唯一约束, 一天只能插入一次这种
    然后这儿每天的房子都不一定一样, 那么要设置好一个爬取的时间, 每天凌晨的 12 点。
    '''

    house_img = models.CharField(max_length=191,default="static/media/default.jpg")
                            # 这个是预览图, 默认就是谁


    house_id = models.IntegerField(default=0)  # 用来标识唯一房子的, 可以
    house_cityName = models.CharField(max_length=50,default="未知城市")
    house_title = models.CharField(max_length=191)  # 设置足够长的长度, 避免截断信息
    house_url = models.CharField(max_length=191) # 这个好像是最长的了? 不知道会不会被截断啊
    house_date = models.DateField(default=timezone.now)  # 爬取时间
    house_firstOnSale = models.DateTimeField(default=datetime.datetime(1970, 1, 1, 1, 1,
                    1, 499454))  # 发布时间
    # 用户评价
    house_favcount = models.IntegerField(default=0)  # 房子页面的点赞数
    house_commentNum = models.IntegerField(default=0)  # 评分人数(也是评论人数)

    house_descScore = models.FloatField(default=0)  # 房子四个分数
    house_talkScore = models.FloatField(default=0)
```

```python
    house_hygieneScore = models.FloatField(default=0)
    house_positionScore = models.FloatField(default=0)
    house_avarageScore = models.FloatField(default=0)    # 总的平均分5.0满分,0分当成未评价

    # 房子的具体内容信息
    house_type = models.CharField(max_length=50,default="未分类")    # 整套/单间/合住
    house_area = models.IntegerField(default=0)    # 房子的面积单位 m²
    house_kitchen = models.IntegerField(default=0)    # 厨房数量0就是没
    house_living_room = models.IntegerField(default=0)    # 客厅数量
    house_toilet = models.IntegerField(default=0)    # 卫生间数量
    house_bedroom = models.IntegerField(default=0)    # 卧室数量
    house_capacity = models.IntegerField()    # 可以容纳的人数
    house_bed = models.IntegerField(default=1)    # 床的数量

    # 房子的价格信息
    house_oriprice = models.DecimalField(max_digits=16,decimal_places=2)    # 刚发布价格
    house_discountprice = models.DecimalField(max_digits=16,decimal_places=2,default=0.00)
    # 现在价格,这个可能搞不定,如果这个discountPrice没有的话,那就等于现价

    # 房源位置
    house_location_text = models.CharField(max_length=191)
    # 因为使用utf8mb4格式,char最长为191,四个字节为一个字符
    house_location_lat = models.DecimalField(max_digits=16,decimal_places=6)
    # 纬度,小数点后6位
    house_location_lng = models.DecimalField(max_digits=16,decimal_places=6)    # 经度

    #房源设施
    house_facility = models.ManyToManyField(Facility)
    # 一堆多外键,但是这样好像增加保存的难度了,不过可以一次性地进行显示等。

    #房东信息
    house_host = models.ManyToManyField(Host)    # 多对多

    #普通标签和优惠标签
    house_labels = models.ManyToManyField(Labels)

    earliestCheckinTime = models.TimeField(default="00:00")    # 这个时间有没有

    def __str__(self):
        return str(self.house_id)+":" +f"{str(self.house_cityName)}" + ":"+
f"{str(self.house_title[0:15])}..." + ":"+str(self.house_oriprice) + "¥/晚"

    class Meta:
        # 联合约束 独立性约束
        unique_together = ('house_id',"house_date")    # 各一个房子一天最多一天数据(一个价格)

        # 联合索引,优化的东西先不搞,索引先不建立
```

```
     # index_together = ["user", "good"]

# class TestUser(models.Model):
#    account = models.IntegerField(default=0)
#    password = models.CharField(max_length=191)


class Favourite(models.Model):  # 收藏夹
   user = models.OneToOneField(User,unique=True,on_delete=models.CASCADE)
#    # fav_house = models.CharField(max_length=50,unique=True)    # 城市名字

   fav_city = models.ForeignKey(City, on_delete=models.CASCADE)
   # 偏好城市,前端处理 ,默认都是广州
   fav_houses = models.ManyToManyField(House)

   def __str__(self):
      return str(self.user.username) + ":" + str(self.fav_city)
```

7.4.2 登录验证表单

为了提高系统的安全性，只有合法用户才能查看可视化结果。编写文件 forms.py 实现登录表单验证功能，主要实现代码如下所示。

```
from django import forms
class LoginForm(forms.Form):
   username = forms.CharField(widget=forms.TextInput(attrs={'class':
'mdui-textfield-input', 'placeholder':"用户名"}))
   password = forms.CharField(widget=forms.PasswordInput(attrs={'class':
'mdui-textfield-input', 'placeholder':"密码"}))

class RegistrationForm(forms.ModelForm):  # 这个是注册表单的,表单继承 model 就是 modelform
   username = forms.CharField(label="用户名",widget=forms.TextInput(attrs={'class':
'mdui-textfield-input', 'placeholder':"用户名"}))
   password = forms.CharField(label="密码",widget=forms.PasswordInput(attrs={'class':
'mdui-textfield-input',

'pattern':"^.*(?=.{8,})(?=.*[a-z])(?=.*[A-Z]).*$",'placeholder':"密码"}))
   password2 = forms.CharField(label="再次输入密码
",widget=forms.PasswordInput(attrs={'class': 'mdui-textfield-input',

'pattern':"^.*(?=.{8,})(?=.*[a-z])(?=.*[A-Z]).*$",'placeholder':"密码"}))
   email = forms.CharField(label='邮箱',widget=forms.EmailInput(attrs=
{'type':"email",'class': 'mdui-textfield-input', 'placeholder':"密码"})
                  ,error_messages={'required': "邮箱不能为空"})
```

```
class Meta:
    model = User
    fields = ("username","email")

    def clean_password2(self):
        cd = self.cleaned_data
        if cd['password'] != cd['password2']:
            raise forms.ValidationError("两次输入的密码不相同")
        return cd["password2"]
```

7.4.3 视图显示

本项目通过 View 视图文件和模板文件实现数据可视化功能，本项目的 View 视图文件是 drawviews.py，具体实现流程如下所示。

(1) 编写函数 bar_base()，获取系统内的爬虫数量，分别显示房源总数和城市数量，代码如下：

```
def bar_base() -> Bar:  # 返回给前端用来显示图的json设置,按城市分组来统计数量
    nowdate = time.strftime('%Y-%m-%d', time.localtime(time.time()))
    count_total_city =
House.objects.filter(house_date=nowdate).values("house_cityName").annotate(
        count=Count("house_cityName")).order_by("-count")
    # for i in count_total_city:
    #     print(i['house_cityName']," ",str(i['count']))
    c = (
        Bar(init_opts=opts.InitOpts(theme=ThemeType.WONDERLAND))
            .add_xaxis([city['house_cityName'] for city in count_total_city])
            .add_yaxis("房源数量", [city['count'] for city in count_total_city])
            .set_global_opts(title_opts=opts.TitleOpts(title="今天城市房源数量", subtitle="如图"),
                    xaxis_opts=opts.AxisOpts(axislabel_opts=opts.LabelOpts(rotate=-90)),
                    )
            .set_global_opts(
            datazoom_opts={'max_': 2, 'orient': "horizontal", 'range_start': 10,
                    'range_end': 20, 'type_': "inside"})
            .dump_options_with_quotes()
    )
    return c
```

(2) 编写类 PieView 统计数据库中的房型数据并绘制饼图，代码如下：

```
class PieView(APIView):
    def get(self, request, *args, **kwargs):
        result = fetchall_sql(
            "select house_type,count(house_type) from (select distinct house_id,house_type
from hotelapp_house  group by house_id,house_type ) hello group by house_type")
```

```
    c = (
        Pie()
            .add("", [z for z in zip([i[0] for i in result], [i[1] for i in result])])
            # .add("",[list(z) for z in zip([x['house_type'] for x in house_type_count],
                [x['count'] for x in house_type_count])])
            .set_global_opts(title_opts=opts.TitleOpts(title="总房屋类型"))
            .set_series_opts(label_opts=opts.LabelOpts(
            formatter="{b}: {c} | {d}%",
        ))
            .dump_options_with_quotes()
    )
    return JsonResponse(json.loads(c))
```

(3) 编写类 getMonthPostTime、getMonthPostTime2 和 timeLineView,获取数据库中保存的发布时间信息,并绘制发布时间折线图和最近 7 天的折线图。代码如下:

```
# 这个是按月的查询
class getMonthPostTime(APIView):  # 理论上这个按年份来进行统计
    def get(self, request, *args, **kwargs):
        result = fetchall_sql('''select DATE_FORMAT(house_firstOnSale,'%Y-%m')
          as mydate,count(DATE_FORMAT(house_firstOnSale,'%Y-%m'))as
         mydate_count from hotelapp_house group by mydate ORDER BY mydate'''
                             )
        context = {"result": result}
        return JsonResponse(context)


class getMonthPostTime2(APIView):  # 按各个月份来进行统计
    def get(self, request, *args, **kwargs):
        result = fetchall_sql(
            '''select DATE_FORMAT(house_firstOnSale,'%m') as mydate,count(DATE_FORMAT(house_
firstOnSale,'%Y-%m'))as mydate_count from hotelapp_house group by mydate ORDER BY mydate'''
            )
        context = {"result": result}
        # for i in result:
        #     print(i)
        return JsonResponse(context)


class timeLineView(APIView):
    def get(self, request, *args, **kwargs):
        # week_name_list = getLatestSevenDay()  # 获得最近七天的日期 时间列折线图
        # 七天前的那个日期
        today = datetime.datetime.now()
        # // 计算偏移量
        offset = datetime.timedelta(days=-6)
        # // 获取想要的日期的时间
```

```
re_date = (today + offset).strftime('%Y-%m-%d')
house_sevenday = House.objects.filter(house_date__gte=re_date).values("house_date"). \
    annotate(count=Count("house_date")).order_by("house_date")
week_name_list = [day['house_date'] for day in house_sevenday]
date_count = [day['count'] for day in house_sevenday]
c = (
    Line(init_opts=opts.InitOpts(width="1600px", height="800px"))
        .add_xaxis(xaxis_data=week_name_list)
        .add_yaxis(
        series_name="爬取的数量",
        # y_axis=high_temperature,
        y_axis=date_count,
        markpoint_opts=opts.MarkPointOpts(
            data=[
                opts.MarkPointItem(type_="max", name="最大值"),
                opts.MarkPointItem(type_="min", name="最小值"),
            ]
        ),
        markline_opts=opts.MarkLineOpts(
            data=[opts.MarkLineItem(type_="average", name="平均值")]
        ),
    )
        .set_global_opts(
        title_opts=opts.TitleOpts(title="最近七天爬取情况", subtitle=""),
        xaxis_opts=opts.AxisOpts(type_="category", boundary_gap=False),
    )
        .dump_options_with_quotes()
)
return JsonResponse(json.loads(c))
```

(4) 编写类 drawMap 绘制房源分布热点图，代码如下：

```
class drawMap(APIView):  # 要加 apiview # 美团房源数量热点图
    def get(self, request, *args, **kwargs):
        from pyecharts import options as opts
        from pyecharts.charts import Map
        from pyecharts.faker import Faker

        result = cache.get('house_city', None)  # 使用缓存，可以共享真好。
        if result is None:  # 如果无，则向数据库查询数据
            print("使用缓存房源城市统计")
            result = fetchall_sql(
                """select house_cityName,count(house_cityName) as count from  SELECT distinct
(house_id),house_cityName FROM hotelapp_house) hello group by house_cityName""")
            cache.set('house_city', result, 3600 * 12)  # 设置缓存

        else:
            pass
```

```
c = (
    Geo()
        .add_schema(maptype="china")
        .add(
        "房源",
        [z for z in zip([i[0] for i in result], [i[1] for i in result])],
        type_=ChartType.HEATMAP,
        )
        .set_series_opts(label_opts=opts.LabelOpts(is_show=False))
        .set_global_opts(
        visualmap_opts=opts.VisualMapOpts(),
        title_opts=opts.TitleOpts(title="美团民宿房源热点图"),
        )
        .dump_options_with_quotes()
    )

    return JsonResponse(json.loads(c))  # f 安徽这个
```

(5) 编写函数 houseScoreLine()绘制详情页评分折线图，代码如下：

```
class houseScoreLine(APIView):
    def get(self, request):
        house_id = request.GET.get("house_id")
        result = fetchall_sql(
            f'select house_date,house_avarageScore,house_img,house_descScore,house_hygieneScore,
house_positionScore,house_talkScore from hotelapp_house where house_id="{house_id}" '
            f'and house_oriprice !=0.00 and house_discountprice!=0.00  order by house_date
limit 0,7')  # todo 这个很有意思
        week_name_list = [house[0] for house in result]
        avarageScore = [house[1] for house in result]
        # discountprice = [house[2] for house in result]
        descScore = [house[3] for house in result]
        hygieneScore = [house[4] for house in result]
        positionScore = [house[5] for house in result]
        talkScore = [house[6] for house in result]
        c = (
            Line(init_opts=opts.InitOpts(width="1600px", height="800px",
theme=ThemeType.LIGHT))
                .add_xaxis(xaxis_data=week_name_list)
                # .add_xaxis(xaxis_data=date_count)
                .add_yaxis(
                series_name="平均分",
                # y_axis=high_temperature,
                y_axis=avarageScore,
                markpoint_opts=opts.MarkPointOpts(
                    data=[
                        opts.MarkPointItem(type_="max", name="最高分"),
                        #   opts.MarkPointItem(type_="min", name="最高价"),
```

```
                ]
            )
        )
            .add_yaxis(
            series_name="描述得分",
            is_connect_nones=True,
            y_axis=descScore,
        )
            .add_yaxis(
            series_name="沟通得分",
            is_connect_nones=True,
            y_axis=talkScore,
        ).add_yaxis(
            series_name="卫生得分",
            is_connect_nones=True,
            y_axis=hygieneScore,
        )
            .add_yaxis(
            series_name="位置得分",
            is_connect_nones=True,
            y_axis=positionScore,
        )

            .set_global_opts(
            title_opts=opts.TitleOpts(title="最近房源评价情况", subtitle="满分 5 分"),
            # tooltip_opts=opts.TooltipOpts(trigger="axis"),
            # toolbox_opts=opts.ToolboxOpts(is_show=True),
            xaxis_opts=opts.AxisOpts(type_="category", boundary_gap=False),
        )
            .dump_options_with_quotes()   # 这个是序列化为 json 必须加上的参数最后
    )
    return JsonResponse(json.loads(c))
```

(6) 编写函数 get_twoLatestYear()提取每个民宿信息的发布时间，获得最近两年的发布数量的情况，代码如下：

```
class get_twoLatestYear(APIView):  # 按各个月份进行统计
    # @cache_response(timeout=60 * 60*3, cache='default')
    def get(self, request, *args, **kwargs):
        yearRange = request.GET.get("yearRange")
        oneYear = yearRange.split("-")[0]
        twoYear = yearRange.split("-")[1]
        print(yearRange)

        temp_df = cache.get('house_firstOnSale_df', None)  # 使用缓存，可以共享真好。
        if temp_df is None:  # 如果无，则向数据库查询数据
            print("没有缓存，重新查询,house_firstOnSale_df")
```

```
      result = fetchall_sql_dict('''SELECT distinct(id),house_firstOnSale FROM
            hotelapp_house ''')
    temp_df = pd.DataFrame(result)
    temp_df.index = pd.to_datetime(temp_df.house_firstOnSale)
    # df.resample("Q-DEC").count()  # 季度
    cache.set('house_firstOnSale_df', temp_df, 3600 * 12)  # 设置缓存

dff = temp_df.id.resample("QS-JAN").count().to_period("Q")  # 加上这个就好了
        .to_period('Q')  # 季度

import pyecharts.options as opts
from pyecharts.charts import Line
c = (
    Line(init_opts=opts.InitOpts(width="1600px", height="800px"))
        .add_xaxis(
        # xaxis_data=[str(j) for j in dff[oneYear].index],
        xaxis_data=[str(twoYear) + "Q" + str(j) for j in range(1, 5)],
    )
        .extend_axis(
        # xaxis_data=[str(j) for j in dff[twoYear].index],
        xaxis_data=[str(oneYear) + "Q" + str(jx) for jx in range(1, 5)],

        xaxis=opts.AxisOpts(
            type_="category",
            axistick_opts=opts.AxisTickOpts(is_align_with_label=True),
            axisline_opts=opts.AxisLineOpts(
                is_on_zero=False, linestyle_opts=opts.LineStyleOpts(color="#6e9ef1")
            ),
            axispointer_opts=opts.AxisPointerOpts(
                is_show=True,
                # label=opts.LabelOpts(formatter=JsCode(js_formatter)
                #                      )
            ),
        ),
    )
        .add_yaxis(
        series_name=f"{oneYear}",
        is_smooth=True,
        symbol="emptyCircle",
        is_symbol_show=False,
        # xaxis_index=1,
        color="#d14a61",
        # y_axis=[2.6, 5.9, 9.0, 26.4, 28.7, 70.7, 175.6, 182.2, 48.7, 18.8, 6.0, 2.3],
        y_axis=[int(x) for x in dff[oneYear].values],

        label_opts=opts.LabelOpts(is_show=False),
        linestyle_opts=opts.LineStyleOpts(width=2),
```

```
    )
        .add_yaxis(
        series_name=f"{twoYear}",
        is_smooth=True,
        symbol="emptyCircle",
        is_symbol_show=False,
        color="#6e9ef1",
        # y_axis=[3.9, 5.9, 11.1, 18.7, 48.3, 69.2, 231.6, 46.6, 55.4, 18.4, 10.3, 0.7],
        y_axis=[int(x) for x in dff[twoYear].values],

        label_opts=opts.LabelOpts(is_show=False),
        linestyle_opts=opts.LineStyleOpts(width=2),
    )

        .set_global_opts(
        legend_opts=opts.LegendOpts(),
        title_opts=opts.TitleOpts(title=f"{yearRange}期间发布房源的数量",
                    subtitle="单位个"),
        tooltip_opts=opts.TooltipOpts(trigger="none", axis_pointer_type="cross"),
        xaxis_opts=opts.AxisOpts(
            type_="category",
            axistick_opts=opts.AxisTickOpts(is_align_with_label=True),
            axisline_opts=opts.AxisLineOpts(
                is_on_zero=False, linestyle_opts=opts.LineStyleOpts(color="#d14a61")
            ),
            axispointer_opts=opts.AxisPointerOpts(
                # is_show=True, label=opts.LabelOpts(formatter=JsCode(js_formatter))
            ),
        ),
        yaxis_opts=opts.AxisOpts(
            type_="value",
            splitline_opts=opts.SplitLineOpts(
                is_show=True, linestyle_opts=opts.LineStyleOpts(opacity=1)
            ),
        ),
    )
        .dump_options_with_quotes()   # 这个是序列化为json必须加上的参数最后
    )

    return JsonResponse(json.loads(c))
```

(7) 编写函数 get_postTimeLine()，根据封装好的按月份分或年份分绘制的时间折线图，代码如下：

```
class get_postTimeLine(APIView):  # 按月份分，或者按年份分
    # @cache_response(timeout=60 * 60*3, cache='default')
    def get(self, request, *args, **kwargs):
```

```python
timeFreq = request.GET.get("timeFreq")
# print(timeFreq)
temp_df = cache.get('house_firstOnSale_df', None)  # 使用缓存，可以共享真好。
if temp_df is None:  # 如果无，则向数据库查询数据
    print("没有缓存,重新查询")
    result = fetchall_sql_dict('''SELECT distinct(id),house_firstOnSale FROM
            hotelapp_house ''')
    temp_df = pd.DataFrame(result)
    temp_df.index = pd.to_datetime(temp_df.house_firstOnSale)
    # type(df.id.resample("1M").count())  # huode 按月份来
    # df.id.resample("Y").count()
    # df.id.resample("M").count()
    # df.id.resample("D").count()  # 忽略为 0 的值来处理
    # df.resample("Q-DEC").count()  # 季度
    cache.set('house_firstOnSale_df', temp_df, 3600 * 12)  # 设置缓存
else:
    pass
# if timeFreq!="" or timeFreq!=None:
label = ""
title = ""
if timeFreq == "month":
    timeFreq = "M"
    label = "月新增房源"
if timeFreq == "year":
    timeFreq = 'A'
    label = "年新增房源"
if timeFreq == "season":
    timeFreq = 'Q-DEC'
    label = "季度新增房源"
dff = temp_df.house_firstOnSale.resample(f"{timeFreq}").count().to_period(
    f"{timeFreq}")  # 加上这个就好了 .to_period('Q')  # 季度

# dff.resample('A').mean().to_period('A')

x_data = [str(y) for y in dff.index]
y_data = [str(x) for x in dff.values]

c = (
    Line()
        .add_xaxis(xaxis_data=x_data)
        .add_yaxis(
        series_name=label,
        stack="新增房源数量",
        y_axis=y_data,
        label_opts=opts.LabelOpts(is_show=False),
    )
        .set_global_opts(
```

```
            title_opts=opts.TitleOpts(title="房源发布时间序列分析"),
            tooltip_opts=opts.TooltipOpts(trigger="axis"),
            yaxis_opts=opts.AxisOpts(
                type_="value",
                axistick_opts=opts.AxisTickOpts(is_show=True),
                splitline_opts=opts.SplitLineOpts(is_show=True),
            ),
            xaxis_opts=opts.AxisOpts(type_="category", boundary_gap=False),
        )
        .dump_options_with_quotes()  # 这个是序列化为json必须加上的参数最后
)

return JsonResponse(json.loads(c))
```

为了节省本书篇幅，本项目介绍到此为止，有关本项目的具体实现流程，请参考本书的配套源码。本项目可视化模块后的执行结果如图7-3所示。

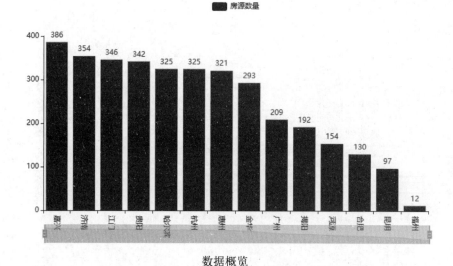

数据概览

图7-3　可视化执行结果

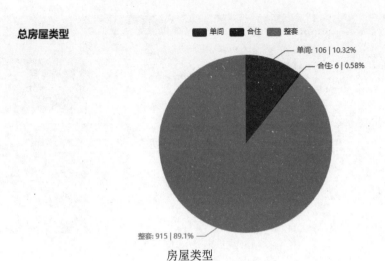

房屋类型

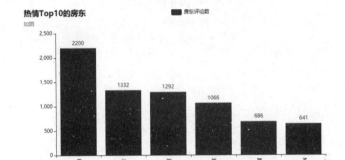

热情 Top10 的房东

房屋设施分析

房屋设施分析

图 7-3　可视化执行结果(续)

搜索房源

图 7-3 可视化执行结果(续)

```
mirror_mod.use_x = False
mirror_mod.use_y = True
mirror_mod.use_z = False
elif _operation == "MIRROR_Z":
    mirror_mod.use_x = False
    mirror_mod.use_y = False
    mirror_mod.use_z = True

#selection at the end -add back the deselected mirror modifier object
mirror_ob.select= 1
modifier_ob.select=1
bpy.context.scene.objects.active = modifier_ob
print("Selected" + str(modifier_ob)) # modifier
mirror_ob.
```

第8章

足球数据可视化分析和机器学习 预测系统(Matplotlib+Pandas+ Seaborn+Scikit–Learn 实现)

足球赛事是全世界的青少年都十分喜欢的赛事之一，在国内外诞生了很多球迷群体。本章详细介绍使用 Python 技术开发一个足球数据可视化程序的过程，并使用机器学习技术对足球比赛进行预测。

8.1 欧洲足球五大联赛

扫码看视频

欧洲足球五大联赛是指欧洲足球竞技水平排名前五的国家联赛,是目前最具影响力和观赏性的联赛。联赛会吸引顶级球星加盟,也是球迷们最喜爱的联赛。

(1) 英格兰足球超级联赛

英格兰足球超级联赛简称"英超",是英格兰足协旗下最高级别的职业足球联赛,前身为"英格兰足球甲级联赛"。英超由 20 支球队组成,具体运作由英超联盟负责。英超赛季结束后,积分榜倒数三名将降级到英格兰足球冠军联赛。英超一直被认为是世界上最好的联赛之一,其特点是节奏快、竞争激烈、强队众多。

(2) 西班牙足球甲级联赛

西班牙足球甲级联赛(La Liga)简称"西甲",是西班牙最高级别的足球联赛,也是欧洲乃至世界最高水平的职业足球联赛之一,目前有 20 支队伍参赛。迄今共有 3 支球队参加了西甲的所有赛季:皇家马德里、巴塞罗那和毕尔巴鄂竞技。截至到 2023 年,西甲是世界上产生《法国足球》金球奖和足球运动员最多的联赛。

(3) 意大利足球甲级联赛

意大利足球甲级联赛(Serie A)简称"意甲",是意大利最高级别的足球联赛,由意甲职业联盟管理和运营。联赛采用双循环赛的方式进行,积分榜垫底的 3 支球队降级到意大利足球乙级联赛(简称"意乙"),意乙冠军和亚军直接升入意甲,意乙第 3～第 8 名可以通过联赛争夺一个升级名额。

(4) 德国足球甲级联赛

德甲是德国最高级别的足球联赛简称"德甲",由德国足球协会于 1962 年 7 月 28 日在多特蒙德成立,始于 1963-64 赛季。德甲共有 18 支球队参加,采取主客场双循环赛制,冠军队将获得俗称"沙拉盘"的冠军奖盘;垫底的两支球队直接降级到德国足球乙级联赛;排名倒数第三的球队将在附加赛中与德乙第三名展开角逐,胜者将参加下赛季的德甲联赛。

(5) 法国足球甲级联赛

法国足球甲级联赛(Ligue 1)简称"法甲",是法国最高级别的足球联赛,由法国职业足球联盟(Ligue de Football Professionnel)管理和运营。法甲最后 2 支球队直接降级法乙,法乙前 2 名直接晋级法甲;法乙第 4 和第 5 先出战,两队胜者将与法乙第 3 展开较量,获胜方与法甲倒数第 3 较量,胜者参加下赛季法甲。

8.2 系统架构

本足球数据可视化分析和机器学习预测系统的系统架构如图 8-1 所示。

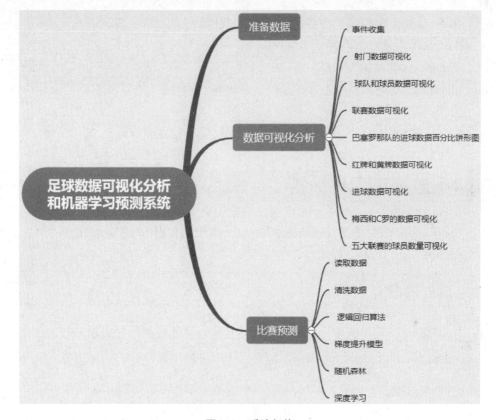

图 8-1 系统架构

8.3 准备数据

本项目将使用 Kaggle 网提供的足球比赛数据，下载地址如下：

https://www.kaggle.com/datasets/secareanualin/football-events

在数据中主要包含两个 CSV 文件——events.csv 和 ginf.csv，其中在文件 ginf.csv 中保存了足球比赛的基本信息，主要包含如下字段。

- ID：比赛的编号。
- General：概述信息，包括所属联赛、赛季、日期和主办国。
- Teams：主、客场球队。
- Results：比赛结果，提供主客场进球数据。
- Odds：赔率(分别包含主场获胜、客场获胜和平局的赔率)。

在文件 events.csv 中保存了比赛的事件信息，主要包含如下字段。

- ID：编号，包含比赛编号和事件编号。
- Teams：比赛的两支球队。
- Player：比赛的球员动态，记录球员在比赛中的重要时刻，如射门、身体部位、机会等信息。
- Shot：射门信息，包括位置(在球场上)、结果、地点和目标。

8.4 数据可视化分析

本节将提取两个 CSV 文件 events.csv 和 ginf.csv 中的数据，为和足球比赛相关的数据实现可视化分析。

8.4.1 事件收集

扫码看视频

(1) 加载数据集，其中包含一些要与事件数据集合并的数据，代码如下所示。

```
df_events = pd.read_csv("./events.csv")
df_ginf = pd.read_csv("./ginf.csv")
df_ginf = df_ginf[['id_odsp', 'date', 'league', 'season', 'country']]
```

在上述最后一行代码中，设置只选将数据项 id_odsp 用作唯一标识符，用于合并两个数据集。

(2) 加入两个数据集，将"date(日期)""league(联赛)""赛季(season)""国家(country)"信息添加到主数据集，代码如下所示。

```
df_events = df_events.merge(df_ginf, how='left')

##用流行的名字来命名联赛，这会让我们更加清楚
leagues = {'E0': 'Premier League', 'SP1': 'La Liga',
        'I1': 'Serie A', 'F1': 'League One', 'D1': 'Bundesliga'}
```

```
##应用映射
df_events['league'] = df_events['league'].map(leagues)
```

(3) 准备三种事件类型，它们和球场中发生的比赛相关，代码如下所示。

```
##事件类型 1
event_type_1 = pd.Series([
    'Announcement',
    'Attempt',
    'Corner',
    'Foul',
    'Yellow card',
    'Second yellow card',
    'Red card',
    'Substitution',
    'Free kick won',
    'Offside',
    'Hand ball',
    'Penalty conceded'], index=[[item for item in range(0, 12)]])

##事件类型 2
event_type2 = pd.Series(['Key Pass', 'Failed through ball', 'Sending off', 'Own goal'],
                index=[[item for item in range(12, 16)]])

## 匹配 side
side = pd.Series(['Home', 'Away'], index=[[item for item in range(1, 3)]])

## 射门时球相对于球门的位置
shot_place = pd.Series([
    'Bit too high',
    'Blocked',
    'Bottom left corner',
    'Bottom right corner',
    'Centre of the goal',
    'High and wide',
    'Hits the bar',
    'Misses to the left',
    'Misses to the right',
    'Too high',
    'Top centre of the goal',
    'Top left corner',
    'Top right corner'
], index=[[item for item in range(1, 14)]])

##射门结果
shot_outcome = pd.Series(['On target', 'Off target', 'Blocked', 'Hit the bar'],
                index=[[item for item in range(1, 5)]])
##射门位置
```

```
location = pd.Series([
    'Attacking half',
    'Defensive half',
    'Centre of the box',
    'Left wing',
    'Right wing',
    'Difficult angle and long range',
    'Difficult angle on the left',
    'Difficult angle on the right',
    'Left side of the box',
    'Left side of the six yard box',
    'Right side of the box',
    'Right side of the six yard box',
    'Very close range',
    'Penalty spot',
    'Outside the box',
    'Long range',
    'More than 35 yards',
    'More than 40 yards',
    'Not recorded'
],
index=[[item for item in range(1, 20)]])

##球员射门使用的身体部位
bodypart = pd.Series(['right foot', 'left foot', 'head'], index=[[item for item in range(1, 4)]])

##辅助方法
assist_method = pd.Series(['None', 'Pass', 'Cross', 'Headed pass', 'Through ball'],
                    index=[item for item in range(0, 5)])

##基本信息(例如常规进球、角球、任意球等)
situation = pd.Series(['Open play', 'Set piece', 'Corner', 'Free kick'],
                index=[item for item in range(1, 5)])
],

event_type_1
```

此时会输出：

```
0           Announcement
1                Attempt
2                 Corner
3                   Foul
4            Yellow card
5     Second yellow card
6               Red card
7           Substitution
8          Free kick won
```

```
9              Offside
10         Hand ball
11    Penalty conceded
dtype: object
```

(4) 绘制不同事件的发生次数条形图，代码如下所示。

```python
def plot_barplot(data, x_ticks, x_labels, y_labels, title, color='muted'):
    ##使用 whitegrid 样式绘制(也可以通过 param 自定义)
    sns.set_style("whitegrid")    #建议的主题：暗格、白格、暗格、白色和记号

    ##使用自定义图形设置大小
    #plt.figure(figsize=(num, figsize)) num=10, figsize=8
    ## 绘图
    ax = sns.barplot(x = [j for j in range(0, len(data))], y=data.values, palette=color)
    ##设置从数据索引中提取数据
    ax.set_xticks([j for j in range(0, len(data))])
    ##设置图表标签
    ax.set_xticklabels(x_ticks, rotation=45)
    ax.set(xlabel = x_labels, ylabel = y_labels, title = title)
    ax.plot();
    plt.tight_layout()

##事件发生的次数
events_series = df_events['event_type'].value_counts()

##绘图
plot_barplot(events_series, event_type_1.values,"Event type", "Number of events", "Event types")
```

代码的执行结果如图 8-2 所示。

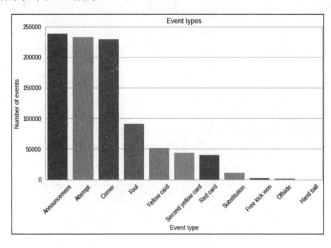

图 8-2 事件次数条形图

8.4.2 射门数据可视化

(1) 绘制进球的射门位置条形图，代码如下所示。

```
##过滤数据
df_shot_places = df_events[(df_events['event_type'] == 1) &
                    (df_events['is_goal'] == 1)]['shot_place'].value_counts()

##绘制图表
plot_barplot(df_shot_places, shot_place[[3, 4, 5, 13, 12]], 'Shot places', 'Number of events',
    'Shot places resulting in goals')
```

代码的执行结果如图 8-3 所示。

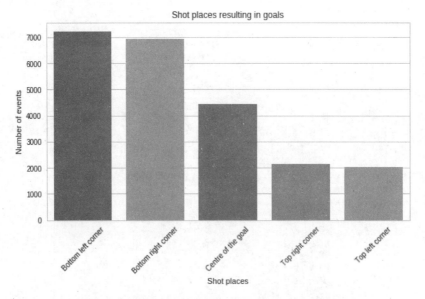

图 8-3　进球的射门位置条形图

(2) 绘制没进球的射门位置条形图，代码如下所示。

```
df_shot_places = df_events[(df_events['event_type'] == 1) &
                    (df_events['is_goal'] == 0)]['shot_place'].value_counts()
plot_barplot(df_shot_places, shot_place, 'Shot places', 'Number of events',
    'Shot places no resulting in goals')
```

代码的执行结果如图 8-4 所示。

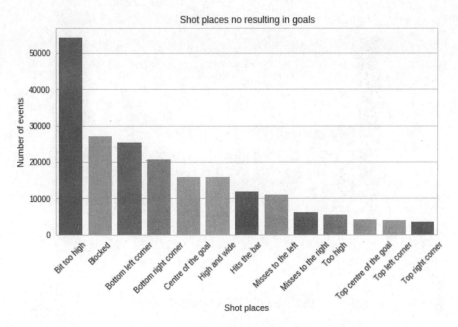

图 8-4　没进球的射门位置条形图

(3) 按照射门位置分组数据，并绘制出对应的条形图，代码如下所示。

```
##复制原始数据帧
df_shot_places_ed = df_events.copy()
df_shot_places_ed = df_events.groupby('shot_place',
                as_index=False).count().sort_values('id_event',
                ascending=False).dropna()

##将数据帧索引映射到快照，将标签放在字典文件中
df_shot_places_ed['shot_place'] = df_shot_places_ed['shot_place'].map(shot_place)

##绘制图表
plot_barplot(df_shot_places_ed['id_event'], df_shot_places_ed['shot_place'],
        'Shot places',
        'Number of events',
        'Shot places',
        'BuGn_r')
```

代码的执行结果如图 8-5 所示。

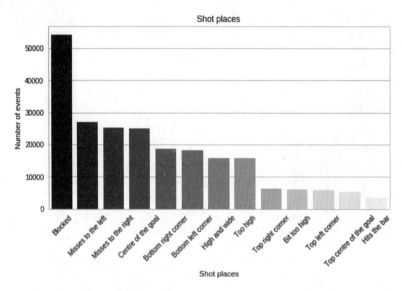

图 8-5　射门位置分组数据条形图

8.4.3　球队和球员数据可视化

(1) 提取西甲联赛的射门数据，绘制西甲联赛最具攻击力的球队条形图，代码如下所示。

```
## 按照球队分组
grouping_by_offensive = df_events[df_events['league']=='La
                        Liga'][df_events['is_goal']==1].groupby('event_team')

##对值进行排序
grouping_by_offensive = grouping_by_offensive.count().sort_values(by='id_event',
                        ascending=False)[:10]
teams = grouping_by_offensive.index
scores = grouping_by_offensive['id_event']

##绘制图形
plot_barplot(scores, teams, 'Teams', 'Number of goals', 'Most offensive teams in La
            Liga','PRGn_r')
plt.savefig('offensiveteam.jpg', format='jpg', dpi=1000)
```

代码的执行结果如图 8-6 所示。

(2) 提取西甲联赛的射门数据，绘制西甲联赛攻击力较弱的球队条形图，代码如下所示。

```
grouping_by_offensive = df_events[df_events['league']=='La Liga']
                        [df_events['is_goal']==1].groupby('event_team')
```

```
grouping_by_offensive = grouping_by_offensive.count().sort_values(by='id_event',
                          ascending=True)[:10]
teams = grouping_by_offensive.index
scores = grouping_by_offensive['id_event']

plot_barplot(scores, teams, 'Teams', 'Number of goals', 'Less offensive teams in La Liga', 'PRGn_r')
plt.savefig('lessoffensiveteam.jpg', format='jpg', dpi=1000)
```

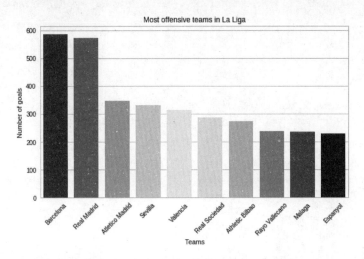

图 8-6　西甲联赛最具攻击力的球队条形图

代码的执行结果如图 8-7 所示。

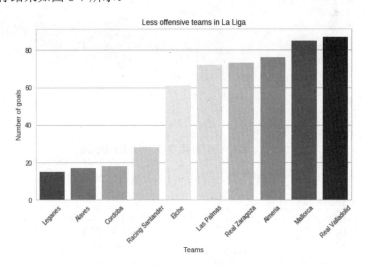

图 8-7　西甲联赛攻击力较弱的球队条形图

(3) 根据球员分组进球数据，绘制西甲联赛最具进攻性的球员条形图，代码如下所示。

```
grouping_by_offensive_player = df_events[df_events['league']=='La Liga']
               [df_events['is_goal']==1].groupby('player')

##根据球员的进球数排序，然后选出前 10 名球员
grouping_by_offensive_player =
grouping_by_offensive_player.count().sort_values(by='id_event', ascending=False)[:10]
##提取球员名字
players = grouping_by_offensive_player.index
##提取进球数
scores = grouping_by_offensive_player['id_event']

##绘制图形
plot_barplot(scores, players, 'Players', 'Number of Goal', 'Most offensive players in La Liga')
plt.savefig('offensiveteamplayer.jpg', format='jpg', dpi=1000)
```

代码的执行结果如图 8-8 所示。

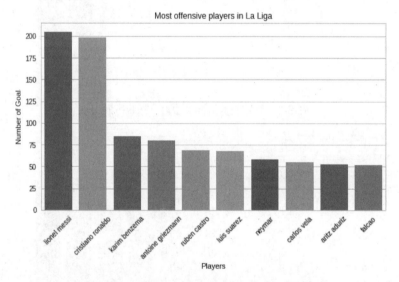

图 8-8 西甲联赛最具攻击力的球员条形图

(4) 根据 event_type 中的事件类型，绘制射门结果百分比饼图，代码如下所示。

```
goal = df_events[df_events['event_team']=='Barcelona'][df_events['league']=='La Liga']
goal['shot_outcome'] = goal['shot_outcome'].map(shot_outcomes)
goal1=goal.copy()

plt.subplot(2,1,2)
plt.figure(figsize=(10,8))
```

```
data2=goal1.groupby(by=['shot_outcome'])['shot_outcome'].count()
colors=["green", "red","yellow", "pink"]
plt.pie(data2,autopct='%1.1f%%',labels=data2.index,startangle=60,explode=(0.1,0,0,0))
plt.axis('equal')
plt.title("Percentage of shot outcome",fontsize=15)
plt.legend(fontsize=12,loc='best')
plt.show()
```

代码的执行结果如图 8-9 所示。

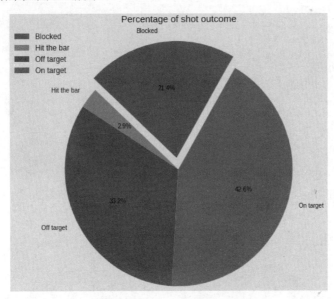

图 8-9　射门结果数据饼图

(5) 分别绘制巴塞罗那队进球情况百分比和射门结果百分比的饼图，代码如下所示。

```
from matplotlib.gridspec import GridSpec

the_grid = GridSpec(1, 2)
goal = df_events[df_events['event_team']=='Barcelona'][df_events['league']=='La Liga']
        [df_events['is_goal'] == 1]
goal['situation'] = goal['situation'].map(situations)
goal1=goal.copy()
plt.figure(figsize=(10,8))
# plt.subplot(2,1,1)

data1=goal1.groupby(by=['situation'])['situation'].count()
# colors=["green", "red","yellow", "pink"]
plt.subplot(the_grid[0, 0], aspect=1)
plt.pie(data1,autopct='%1.1f%%',labels=data1.index,startangle=60,explode=(0,0,0,0.1))
```

```
plt.axis('equal')
plt.title("Percentage of goals situations for Barcelona",fontsize=15)
plt.legend(fontsize=12,loc='best')


goals = df_events[df_events['event_team']=='Barcelona'][df_events['league']=='La Liga']
goals['shot_outcome'] = goals['shot_outcome'].map(shot_outcomes)
goals1=goals.copy()
# plt.subplot(2,1,2)
# plt.figure(figsize=(10,8))
data2=goals1.groupby(by=['shot_outcome'])['shot_outcome'].count()
colors=["green", "red","yellow", "pink"]
plt.subplot(the_grid[0, 1], aspect=1)
plt.pie(data2,autopct='%1.1f%%',labels=data2.index,startangle=60,explode=(0,0,0,0.1))
plt.axis('equal')
plt.title("Percentage of shot outcome for Barcelona",fontsize=15)
plt.legend(fontsize=12,loc='best')
plt.savefig('barca.jpg', format='jpg', dpi=1000)
plt.show()
```

代码的执行结果如图 8-10 所示。

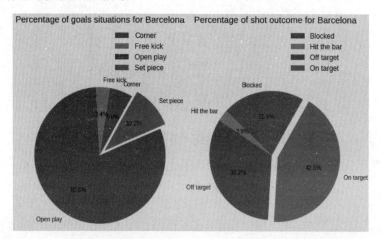

图 8-10 巴塞罗那队进球情况百分比和射门结果百分比的饼图

(6) 分别绘制巴塞罗那队进球情况百分比和皇马队进球情况百分比的饼图，代码如下所示。

```
the_grid = GridSpec(1, 2)
goal = df_events[df_events['event_team']=='Barcelona'][df_events['league']=='La Liga']
        [df_events['is_goal'] == 1]
goal['situation'] = goal['situation'].map(situations)
goal1=goal.copy()
```

```
plt.figure(figsize=(10,8))
# plt.subplot(2,1,1)

data1=goal1.groupby(by=['situation'])['situation'].count()
plt.subplot(the_grid[0, 0], aspect=1)
plt.pie(data1,autopct='%1.1f%%',labels=data1.index,startangle=60,explode=(0,0,0,0.1))
plt.axis('equal')
plt.title("Percentage of goals situations for Barcelona",fontsize=15)
plt.legend(fontsize=12,loc='best')


goal = df_events[df_events['event_team']=='Real Madrid'][df_events['league']=='La
Liga'][df_events['is_goal'] == 1]
goal['situation'] = goal['situation'].map(situations)
goal1=goal.copy()
# plt.subplot(2,1,2)
# plt.figure(figsize=(10,8))
data1=goal1.groupby(by=['situation'])['situation'].count()
plt.subplot(the_grid[0, 1], aspect=1)
plt.pie(data1,autopct='%1.1f%%',labels=data1.index,startangle=60,explode=(0,0,0,0.1))
plt.axis('equal')
plt.title("Percentage of goals situations for Real Madrid",fontsize=15)
plt.legend(fontsize=12,loc='best')
plt.savefig('barcavsrealmadrid.jpg', format='jpg', dpi=1000)
plt.show()
```

代码的执行结果如图 8-11 所示。

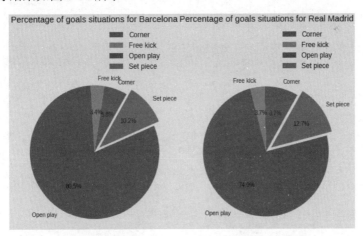

图 8-11　巴塞罗那队进球情况百分比和皇马队进球情况百分比的饼图

(7) 分别绘制皇马队进球情况百分比和皇马队射门成功率百分比的饼图，代码如下所示。

```
the_grid = GridSpec(1, 2)
goal = df_events[df_events['event_team']=='Real Madrid'][df_events['league']=='La Liga']
    [df_events['is_goal'] == 1]
goal['situation'] = goal['situation'].map(situations)
goal1=goal.copy()
plt.figure(figsize=(10,8))

data1=goal1.groupby(by=['situation'])['situation'].count()
plt.subplot(the_grid[0, 0], aspect=1)
plt.pie(data1,autopct='%1.1f%%',labels=data1.index,startangle=60,explode=(0,0,0,0.1))
plt.axis('equal')
plt.title("Percentage of goals situations for Real Madrid",fontsize=15)
plt.legend(fontsize=12,loc='best')

goals = df_events[df_events['event_team']=='Real Madrid'][df_events['league']=='La Liga']
goals['shot_outcome'] = goals['shot_outcome'].map(shot_outcomes)
goals1=goals.copy()
data2=goals1.groupby(by=['shot_outcome'])['shot_outcome'].count()
colors=["green", "red","yellow", "pink"]
plt.subplot(the_grid[0, 1], aspect=1)
plt.pie(data2,autopct='%1.1f%%',labels=data2.index,startangle=60,explode=(0,0,0,0.1))
plt.axis('equal')
plt.title("Percentage of shot outcome for Real Madrid",fontsize=15)
plt.legend(fontsize=12,loc='best')
plt.savefig('realmadrid.jpg', format='jpg', dpi=1000)
plt.show()
```

代码的执行结果如图 8-12 所示。

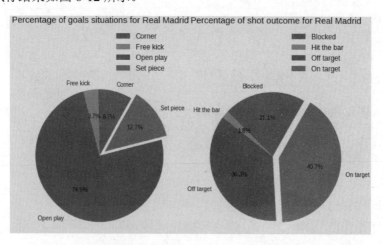

图 8-12　皇马队进球情况百分比和皇马队射门成功率百分比的饼图

8.4.4 联赛数据可视化

(1) 加载 events.csv 和 ginf.csv 中的数据，将日期、联赛、赛季和国家等信息添加到主数据集，代码如下所示。

```
df_events1 = pd.read_csv("./events.csv")
df_ginf1 = pd.read_csv("./ginf.csv")
df_events1 = df_events1.merge(df_ginf1, how='left')
df_events1 = df_events1[['id_odsp', 'id_event', 'league', 'season', 'ht', 'at',
'event_team', 'is_goal']]
leagues = {'E0': 'Premier League', 'SP1': 'La Liga',
        'I1': 'Serie A', 'F1': 'League One', 'D1': 'Bundesliga'}
df_events1['league'] = df_events1['league'].map(leagues)
```

执行代码输出如下：

```
<class 'pandas.core.frame.DataFrame'>
Int64Index: 941009 entries, 0 to 941008
Data columns (total 8 columns):
id_odsp      941009 non-null object
id_event     941009 non-null object
league       941009 non-null object
season       941009 non-null int64
ht           941009 non-null object
at           941009 non-null object
event_team   941009 non-null object
is_goal      941009 non-null int64
dtypes: int64(2), object(6)
memory usage: 64.6+ MB
```

(2) 获取指定联赛的某赛季数据信息，例如获取意甲联赛数据，代码如下：

```
for league in Leagues[::-1]:
    if league == 'Premier League' :
        print('No details on {}'.format(league))
    else:
        for season in Seasons[::-1]:
            print('****Information about {}'.format(league) + ' ' +'{} ****'.format(season))
            Stats = []
            Teams = df_events1[df_events1['league']== league][df_events1['season'] ==
                    season]['ht'].unique()
            Games = df_events1[df_events1['league']== league][df_events1['season'] ==
                    season]['id_odsp'].unique()
            for game in Games:
                Events = df_events1[df_events1['league']== league][df_events1['season'] ==
                        season][df_events1['id_odsp']==game]
```

```
        ht= Events.iloc[1,4]
        at= Events.iloc[1,5]
        Butat=0
        Butht=0
        for j in range(1,Events.shape[0]):
            if Events.iloc[j,7] == 1 :
                if Events.iloc[j,6] == ht:
                    Butat +=1
                else:
                    Butht +=1
        item = [ht, at, Butht, Butat]
        Stats.append(item)
    Stats = np.array(Stats)
    df_Stats = pd.DataFrame({'Teamht': Stats[:,0], 'Butht':Stats[:,2], 'Teamat':
            Stats[:,1], 'But at':Stats[:,3] })

    results = []
    for team in Teams:
        data_team = df_Stats.loc[(df_Stats['Teamht'] == team)|(df_Stats['Teamat'] == team)]
        nbrgoals = 0
        for j in range(1, data_team.shape[0]):
            if data_team.iloc[j,2]== team:
                nbrgoals += int(data_team.iloc[j,0])
            else:
                nbrgoals += int(data_team.iloc[j,1])
        elem = [team, nbrgoals]
        results.append(elem)

    results = np.array(results)
    ids = np.argsort(results[:,1])[::-1]
    results[:,1] = results[:,1][ids]
    results[:,0] = results[:,0][ids]

    df_results = pd.DataFrame({'ATeam': results[:,0], 'ButsE': results[:,1]})
    print(df_results)
```

执行代码输出如下：

```
No details on Premier League
****Information about Serie A 2017 ****
         ATeam ButsE Butsoo
0        Cagliari    42    43
1        Palermo    40    41
2      US Pescara    39    40
3        Crotone    35    36
4        Sassuolo    32    33
5    Chievo Verona    30    31
```

```
6           Torino    28    29
7            Genoa    28    29
8        Sampdoria    27    28
9           Empoli    25    26
10         Bologna    25    26
11         Udinese    24    25
12          Napoli    22    23
13      Fiorentina    21    22
14        AC Milan    21    22
15           Lazio    21    22
16        Atalanta    20    21
17   Internazionale  20    21
18         AS Roma    18    19
19        Juventus    15    16
****Information about Serie A 2016 ****
         ATeam ButsE Butsoo
0        Frosinone    70    71
1          Palermo    61    62
2    Hellas Verona    59    60
3          Udinese    57    58
4        Sampdoria    54    55
5           Torino    52    53
6            Carpi    51    52
7            Lazio    47    48
8         Atalanta    45    46
9           Empoli    44    45
10           Genoa    44    45
11   Chievo Verona    44    45
12         Bologna    43    44
13      Fiorentina    40    41
14         AS Roma    39    40
15        AC Milan    38    39
16        Sassuolo    38    39
17   Internazionale  34    35
18          Napoli    28    29
19        Juventus    19    20
****Information about Serie A 2015 ****
         ATeam ButsE Butsoo
0            Parma    74    75
1           Cesena    73    74
2         Cagliari    67    68
3    Hellas Verona    64    65
4          Udinese    56    57
5         Sassuolo    56    57
6         Atalanta    56    57
7          Palermo    54    55
8           Napoli    52    53
9           Empoli    50    51
```

```
10      AC Milan    49    50
11  Internazionale  47      48
12       Torino    45      46
13     Fiorentina  44      45
14       Genoa     44      45
15     Sampdoria   40      41
16   Chievo Verona  40      41
17       Lazio     35      36
18      AS Roma    31      32
19     Juventus    24      25
****Information about Serie A 2014 ****
```

(3) 按球员分组统计进球时间，绘制不同时间段的进球数据条形图，代码如下所示。

```
goal = df_events[df_events['is_goal']==1]

plt.hist(goal.time, 100)
plt.xlabel("TIME (min)",fontsize=10)
plt.ylabel("Number of goals",fontsize=10)
plt.title("goal counts vs time",fontsize=15)
x=goal.groupby(by='time')['time'].count().sort_values(ascending=False).index[0]
y=goal.groupby(by='time')['time'].count().sort_values(ascending=False).iloc[0]
x1=goal.groupby(by='time')['time'].count().sort_values(ascending=False).index[1]
y1=goal.groupby(by='time')['time'].count().sort_values(ascending=False).iloc[1]
plt.text(x=x-10,y=y+10,s='time:'+str(x)+',max:'+str(y),fontsize=12,fontdict={'color':'red'})
plt.text(x=x1-10,y=y1+10,s='time:'+str(x1)+',the 2nd
max:'+str(y1),fontsize=12,fontdict={'color':'black'})
plt.savefig('goals.jpg', format='jpg', dpi=1000)
plt.show()
```

代码的执行结果如图 8-13 所示。

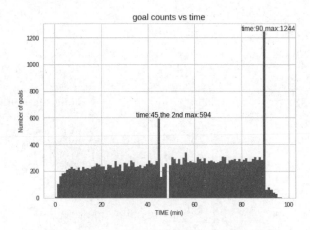

图 8-13 不同时间段的进球数据条形图

8.4.5 巴塞罗那队的进球数据百分比饼图

根据 event_type 中的事件类型，绘制巴塞罗那队的进球数据百分比饼图，其中 On target 表示命中目标，Off target 表示偏离目标，Blocked 表示受阻挡，Hit the bar 表示击中横梁或门框，代码如下所示。

```
shot_outcomes = {1:'On target', 2:'Off target', 3:'Blocked', 4:'Hit the bar'}
assist_methods = {0:np.nan, 1:'Pass', 2:'Cross', 3:'Headed pass', 4:'Through ball'}
situations = {1:'Open play', 2:'Set piece', 3:'Corner', 4:'Free kick'}
goal['shot_outcome'] = goal['shot_outcome'].map(shot_outcomes)
goal['assist_method'] =goal['assist_method'].map(assist_methods)
goal['situation'] = goal['situation'].map(situations)
goal1=goal.copy()
plt.subplot(2,1,1)
plt.figure(figsize=(10,8))
data1=goal1.groupby(by=['situation'])['situation'].count()
colors=["green", "red","yellow", "pink"]
plt.pie(data1,autopct='%1.1f%%',labels=data1.index,startangle=60,explode=(0,0,0,0.1))
plt.axis('equal')
plt.title("Percentage of situations for Barcelona",fontsize=15)
plt.legend(fontsize=12,loc='best')
plt.show()
```

代码的执行结果如图 8-14 所示。

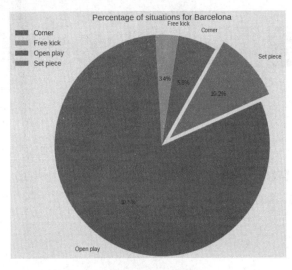

图 8-14　巴塞罗那队的进球数据百分比饼图

8.4.6 红牌和黄牌数据可视化

(1) 绘制西甲联赛红牌数据条形图，代码如下所示。

```
redCards = df_events[df_events['league']=='La Liga'][df_events['event_type'] == 6]\
        ['event_team']

##红牌事件发生次数
redCards_series = redCards.value_counts().sort_values(ascending=True)[:10]

## 绘制条形图
plot_barplot(redCards_series, redCards_series.index,
        "Event_team", "Number of Red Cards", "Red Cards per team in La Liga", 'gist_earth')
plt.savefig('redcard.jpg', format='jpg', dpi=1000)
```

代码的执行结果如图 8-15 所示。

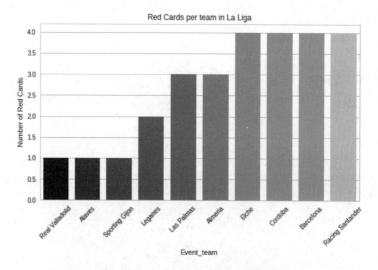

图 8-15 西甲联赛红牌数据条形图

(2) 绘制西甲联赛黄牌数据条形图，代码如下所示。

```
yellowCards = df_events[df_events['league']=='La Liga'][df_events['event_type'] == (4 or 5)]
        ['event_team']

yellowCards_series = yellowCards.value_counts().sort_values(ascending=True)[:10]

plot_barplot(yellowCards_series, yellowCards_series.index,
        "Event_team", "Number of yellow Cards", "Yellow Cards per team", 'gist_earth')
```

代码的执行结果如图 8-16 所示。

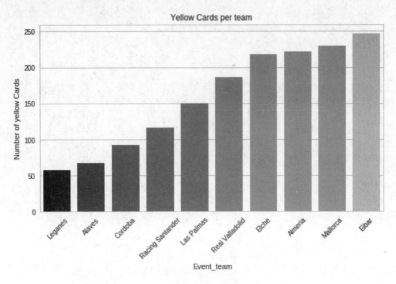

图 8-16　西甲联赛黄牌数据条形图

(3) 获取红牌和黄牌数据，然后绘制红牌条形图，展示最有可能收到红牌的时间，代码如下所示。

```
df_unique_events = df_events.drop_duplicates()

first_yellow_cards = df_unique_events [df_unique_events ['event_type'] == ('Yellow card')]
# select first yellow cards
second_yellow_cards= df_unique_events [df_unique_events ['event_type'] == ('Second
                    yellow card')] # select second yellow cards
red_cards = df_unique_events [df_unique_events['event_type'] == ('Red card')] # select
        red cards
yellow_cards= df_unique_events [df_unique_events ['event_type'] == ('Yellow card' or
        'Second yellow card')]

card_frames = [red_cards, yellow_cards]
all_cards = pd.concat(card_frames)
```

代码的执行结果如图 8-17 所示。

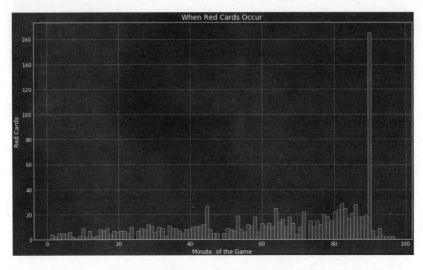

图 8-17　最有可能收到红牌的时间条形图

(4) 绘制黄牌条形图，展示最有可能收到黄牌的时间，代码如下所示。

```python
fig2 = plt.figure(figsize=(14,8))
plt.hist(first_yellow_cards.time, 100, color="yellow")
plt.xlabel("Minute of the Game")
plt.ylabel("First Yellow Cards")
plt.title("When First Yellow Cards Occur")
```

代码的执行结果如图 8-18 所示。

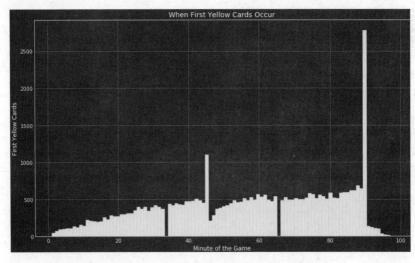

图 8-18　最有可能收到黄牌的时间条形图

（5）绘制第二张黄牌条形图，展示最有可能收到第二张黄牌的时间，代码如下所示。

```
fig3 = plt.figure(figsize=(14,8))
plt.hist(second_yellow_cards.time, 100, color="yellow")
plt.xlabel("Minute of the Game")
plt.ylabel("Second Yellow Cards")
plt.title("When Second Yellow Cards Occur")
```

代码的执行结果如图 8-19 所示。

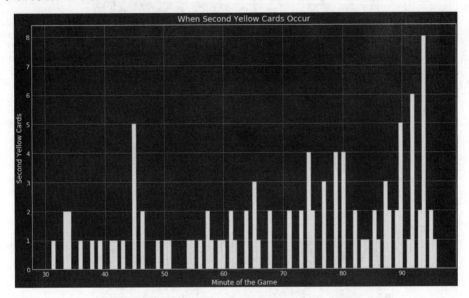

图 8-19　最有可能收到第二张黄牌的时间条形图

（6）绘制不同联赛的黄牌数据条形图，代码如下所示。

```
yellow_league = pd.crosstab(index=yellow_cards.event_type, columns=yellow_cards.league)
yellow_league.plot(kind='bar', figsize=(14,14))
```

代码的执行结果如图 8-20 所示。

（7）在拿到红牌、黄牌、第二张黄牌后，绘制影响球员场上表现的条形图，代码如下所示。

```
event_per_player = all_players_event_types.set_index('player')

f, ax = plt.subplots(figsize=(12, 12))
all_players_goals.goal_True
sns.distplot(all_players_goals.goal_False, color='g')
```

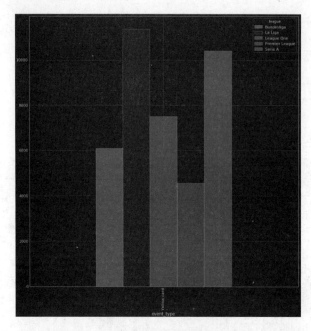

图 8-20　不同联赛的黄牌数据条形图

代码的执行结果如图 8-21 所示。

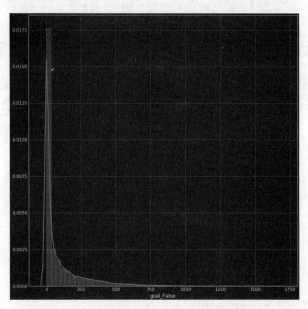

图 8-21　拿牌后球员表现受影响的条形图

8.4.7 进球数据可视化

(1) 绘制尤文图斯队在各个时间段以不同方式进球的数据条形图，代码如下所示。

```
team = 'Juventus'
Team_strategy(team)
```

代码的执行结果如图 8-22 所示。

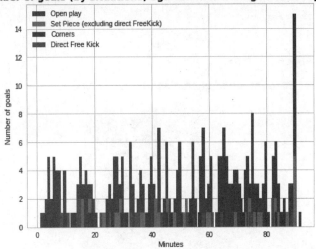

图 8-22 尤文图斯队在各个时间段以不同方式的进球数据条形图

(2) 在数据中用 penalties 表示点球。绘制点球数据饼图，展示和点球相关的信息，例如中路、上中、左下、右下、没有命中等数据。代码如下所示。

```
penalties=df_events[df_events["location"]==14]

# 射门位置
for i in range(14):
    if sum(penalties["shot_place"]==i)==0:
        print(i)

top_left=sum(penalties["shot_place"]==12)
bot_left=sum(penalties["shot_place"]==3)
top_right=sum(penalties["shot_place"]==13)
bot_right=sum(penalties["shot_place"]==4)
centre=sum(penalties["shot_place"]==5)+sum(penalties["shot_place"]==11)
```

```
missed=sum(penalties["shot_place"]==1)+sum(penalties["shot_place"]==6)+sum(penalties[
"shot_place"]==7)+sum(penalties["shot_place"]==8)+sum(penalties["shot_place"]==9)+sum
(penalties["shot_place"]==10)

labels_pen=["top left","bottom left","centre","top right","bottom right","missed"]
num_pen=[top_left,bot_left,centre,top_right,bot_right,missed]
colors_pen=["red", "aqua","royalblue","yellow","violet","m"]
plt.pie(num_pen,labels=labels_pen,colors=colors_pen,autopct='%1.1f%%',startangle=60,
explode=(0,0,0,0,0,0.2))
plt.axis('equal')
plt.title("Percentage of each placement of penalties",fontsize=18,fontweight="bold")
fig=plt.gcf()
fig.set_size_inches(8,6)
plt.show()
```

代码的执行结果如图 8-23 所示。

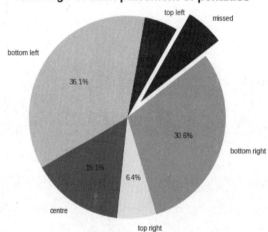

Percentage of each placement of penalties

图 8-23　点球数据饼图

(3) 绘制命中点球时的左、右脚统计图，代码如下所示。

```
scored_pen=penalties[penalties["is_goal"]==1]
pen_rightfoot=scored_pen[scored_pen["bodypart"]==1].shape[0]
pen_leftfoot=scored_pen[scored_pen["bodypart"]==2].shape[0]

penalty_combi=pd.DataFrame({"right foot":pen_rightfoot,"left
foot":pen_leftfoot},index=["Scored"])
penalty_combi.plot(kind="bar")
plt.title("Penalties scored (Right/Left foot)",fontsize=14,fontweight="bold")
penalty_combi
```

代码的执行结果如图 8-24 所示。

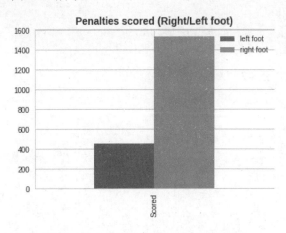

图 8-24　命中点球时的左、右脚统计图

(4) 分别绘制比赛前 15 分钟和后 15 分钟的进球数据条形图，代码如下所示。

```
first_15 = df_events[df_events['time'] <= 15]
last_15 = df_events[(df_events['time'] >= 75) & (df_events['time'] <= 90)]

top_10_scorer_first_15 = first_15[first_15['is_goal'] ==
1].groupby('event_team').count().sort_values(by='id_event', ascending=False)

teams = top_10_scorer_first_15.index[:10]
scores = top_10_scorer_first_15['id_event'][:10]

sns.set_style("whitegrid")
fig, axs = plt.subplots(ncols=2, figsize=(15, 6))
ax = sns.barplot(x = [j for j in range(0, len(scores))], y=scores.values, ax=axs[0])
ax.set_xticks([j for j in range(0, len(scores))])
ax.set_xticklabels(teams, rotation=45)
ax.set(xlabel = 'Teams', ylabel = 'Number of goals', title = 'Goals scored in the 1st 15
    minutes');

top_10_scorer_last_15 = last_15[last_15['is_goal'] ==
1].groupby('event_team').count().sort_values(by='id_event', ascending=False)[:10]

teams_last_15 = top_10_scorer_last_15.index[:10]
scores_last_15 = top_10_scorer_last_15['id_event'][:10]

ax = sns.barplot(x = [j for j in range(0, len(scores_last_15))], y=scores_last_15.values,
    ax=axs[1])
ax.set_xticks([j for j in range(0, len(scores_last_15))])
```

```
ax.set_xticklabels(teams_last_15, rotation=45)
ax.set(xlabel = 'Teams', ylabel = 'Number of goals', title = 'Goals scored in the last
    15 minutes');
plt.savefig('Lastminutewinners.jpg', format='jpg', dpi=1000)
fig.tight_layout()
```

代码的执行结果如图 8-25 所示。

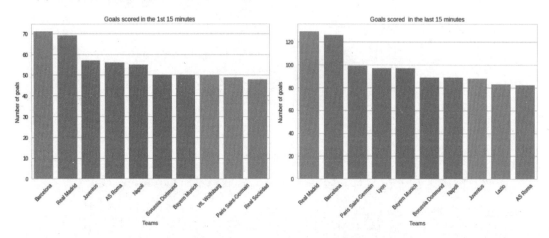

图 8-25　比赛前 15 分钟和后 15 分钟的进球数据条形图

(5) 统计不同球队在各个时间段以不同方式进球的数据，例如下面代码是绘制切尔西队的进球数据条形图。

```
def Team_strategy(team):
    goal = df_events[df_events['is_goal']==1][df_events['event_team'] == team]
    plt.hist(goal[goal["situation"]==1]["time"],width=1,bins=100,label="Open play")
    plt.hist(goal[goal["situation"]==2]["time"],width=1,bins=100,label="Set Piece
        (excluding direct FreeKick)")
    plt.hist(goal[goal["situation"]==3]["time"],width=1,bins=100,label="Corners")
    plt.hist(goal[goal["situation"]==4]["time"],width=1,bins=100,label="Direct Free Kick")
    plt.xlabel("Minutes")
    plt.ylabel("Number of goals")
    plt.legend()
    plt.title("Number of goals (by situations) against Time during match for
        {}".format(team),fontname="Times New Roman Bold",fontsize=14,fontweight="bold")
    plt.tight_layout()

team = 'Chelsea'
Team_strategy(team)
```

代码的执行结果如图 8-26 所示。

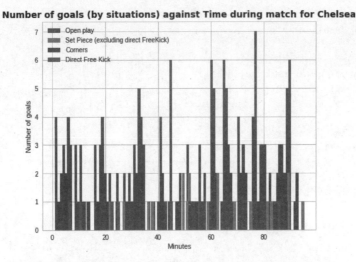

图 8-26　切尔西队在各个时间段以不同方式的进球数据条形图

（6）绘制各个球队的射门效率条形图，此时需要先创建包含总射门次数和总进球次数的数据帧，代码如下所示。

```
result_df = pd.DataFrame({'total': total.dropna(), 'is_goal':
grouped_by_player_is_goal_filtered['id_event']})

result_df.sort_values('total', ascending=False, inplace=True)
sns.set(style="darkgrid")

f, ax = plt.subplots(figsize=(10, 6))

## Plotting chart
sns.set_color_codes("pastel")
sns.barplot(x="total",
        y=result_df.index,
        data=result_df,
        label="# of attempts", color="b")

sns.set_color_codes("muted")
sns.barplot(x='is_goal',
        y=result_df.index,
        data=result_df,
        label="# of goals", color="b")

ax.legend(ncol=2, loc="lower right", frameon=True)
ax.set(ylabel="Teams",
     xlabel="Number of goals x attempts", title='Shooting Accuracy')
```

```
each = result_df['is_goal'].values
the_total = result_df['total'].values
x_position = 50

for i in range(len(ax.patches[:30])):
    ax.text(ax.patches[i].get_width() - x_position, ax.patches[i].get_y() +.50,
            str(round((each[i]/the_total[i])*100, 2))+'%')

sns.despine(left=True, bottom=True)
f.tight_layout()
plt.savefig('ShootingAccuracy.jpg', format='jpg', dpi=1000)
```

代码的执行结果如图 8-27 所示。

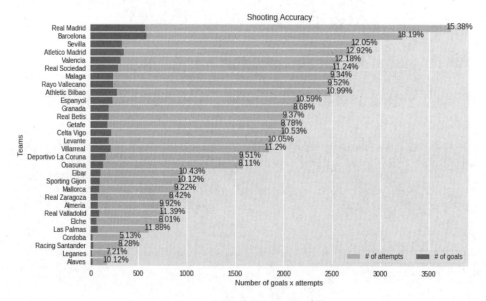

图 8-27　各球队的射门效率条形图

(7) 绘制进球时间条形图，分析出什么时候最有可能进球，代码如下所示。

```
goals=df_unique_events[df_unique_events["is_goal"]==1]

fig4=plt.figure(figsize=(14,8))
plt.hist(goals.time,width=1,bins=100,color="green")    #100 so 1 bar per minute
plt.xlabel("Minutes")
plt.ylabel("Number of goals")
plt.title("Number of goals against Time during match")
```

代码的执行结果如图 8-28 所示。

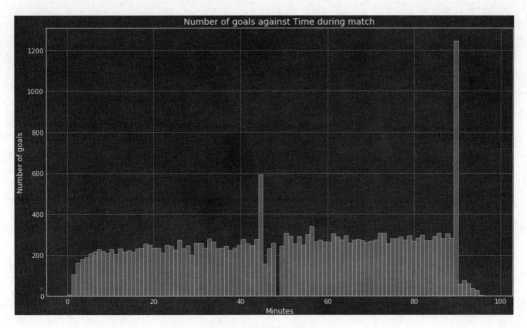

图 8-28 进球时间条形图

(8) 绘制五大联赛进球数据对比条形图,代码如下所示。

```
no_goal=df_unique_events[df_unique_events["is_goal"]==0]
goal=df_unique_events[df_unique_events["is_goal"]==1]

goals=pd.concat([no_goal, goal])

player_no_goal = no_goal[['player','is_goal']]
player_no_goals = player_no_goal.groupby('player').count()

player_no_goals.columns = ['goal_False']

player_goal = goal[['player','is_goal']]
player_goals = player_goal.groupby('player').count()
player_goals.columns = ['goal_True']

plt.figure(figsize=(14,8))
sns.countplot(x='league', hue='is_goal', data=goals)
```

代码的执行结果如图 8-29 所示。

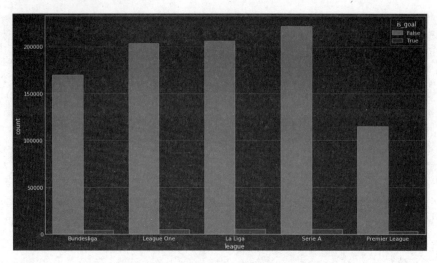

图 8-29　五大联赛进球数据对比条形图

8.4.8　梅西和 C 罗的数据可视化

(1) 分别统计梅西和 C 罗的射门数据，代码如下所示。

```
def pen_full_stats(player):
    player_pen=penalties[penalties["player"]==player]
    scored_pen=player_pen[player_pen["is_goal"]==1]
    missed_pen=player_pen[player_pen["is_goal"]==0]

    top_left_rightfoot=scored_pen[scored_pen["shot_place"]==12][scored_pen
["bodypart"]==1].shape[0]
    top_left_leftfoot=scored_pen[scored_pen["shot_place"]==12][scored_pen
["bodypart"]==2].shape[0]
    bot_left_rightfoot=scored_pen[scored_pen["shot_place"]==3][scored_pen
["bodypart"]==1].shape[0]
    bot_left_leftfoot=scored_pen[scored_pen["shot_place"]==3][scored_pen
["bodypart"]==2].shape[0]
    top_right_rightfoot=scored_pen[scored_pen["shot_place"]==13][scored_pen
["bodypart"]==1].shape[0]
    top_right_leftfoot=scored_pen[scored_pen["shot_place"]==13][scored_pen
["bodypart"]==2].shape[0]
    bot_right_rightfoot=scored_pen[scored_pen["shot_place"]==4][scored_pen
["bodypart"]==1].shape[0]
    bot_right_leftfoot=scored_pen[scored_pen["shot_place"]==4][scored_pen
["bodypart"]==2].shape[0]
    centre_rightfoot=scored_pen[scored_pen["shot_place"]==5][scored_pen["bodypart"]
==1].shape[0]+scored_pen[scored_pen["shot_place"]==11][scored_pen["bodypart"]==1].shape[0]
```

```
    centre_leftfoot=scored_pen[scored_pen["shot_place"]==5][scored_pen["bodypart"]
==2].shape[0]+scored_pen[scored_pen["shot_place"]==11][scored_pen["bodypart"]==2].shape[0]
    scored_without_recorded_loc_rightfoot=scored_pen[scored_pen["shot_place"].isnull()]
[scored_pen["bodypart"]==1].shape[0]
    scored_without_recorded_loc_leftfoot=scored_pen[scored_pen["shot_place"].isnull()]
[scored_pen["bodypart"]==2].shape[0]
    missed_rightfoot=missed_pen[missed_pen["bodypart"]==1].shape[0]
    missed_leftfoot=missed_pen[missed_pen["bodypart"]==2].shape[0]

    right_foot=pd.DataFrame({"Top Left Corner":top_left_rightfoot,"Bottom Left
Corner":bot_left_rightfoot,"Top Right Corner":top_right_rightfoot,"Bottom Right
Corner":bot_right_rightfoot,"Centre":centre_rightfoot,"Unrecorded placement":
scored_without_recorded_loc_rightfoot,"Missed":missed_rightfoot},index=["Right Foot attempt"])
    left_foot=pd.DataFrame({"Top Left Corner":top_left_leftfoot,"Bottom Left
Corner":bot_left_leftfoot,"Top Right Corner":top_right_leftfoot,"Bottom Right
Corner":bot_right_leftfoot,"Centre":centre_leftfoot,"Unrecorded placement":
scored_without_recorded_loc_leftfoot,"Missed":missed_leftfoot},index=["Left Foot attempt"])

    fullstats=right_foot.append(left_foot)
    fullstats=fullstats[["Top Right Corner","Bottom Right Corner","Top Left Corner",
"Bottom Left Corner","Centre","Unrecorded placement","Missed"]]
    return fullstats
pen_full_stats("lionel messi")
pen_full_stats("cristiano ronaldo")
```

执行代码后会分别展示梅西和 C 罗的射门数据：

	Top Right Corner	Bottom Right Corner	Top Left Corner	Bottom Left Corner	Centre	Unrecorded placement	Missed
Right Foot attempt	0	0	0	0	0	0	0
Left Foot attempt	7	8	3	6	5	1	7

	Top Right Corner	Bottom Right Corner	Top Left Corner	Bottom Left Corner	Centre	Unrecorded placement	Missed
Right Foot attempt	3	14	2	19	3	2	8
Left Foot attempt	0	0	0	0	0	0	0

(2) 分别统计梅西和 C 罗的进球数据，代码如下所示。

```
def stats(player):
    player_pen=df_events[df_events["player"]==player]
    right_attempt=player_pen[player_pen["bodypart"]==1]
    right_attempt_scored=right_attempt[right_attempt["is_goal"]==1].shape[0]
    right_attempt_missed=right_attempt[right_attempt["is_goal"]==0].shape[0]
    left_attempt=player_pen[player_pen["bodypart"]==2]
    left_attempt_scored=left_attempt[left_attempt["is_goal"]==1].shape[0]
    left_attempt_missed=left_attempt[left_attempt["is_goal"]==0].shape[0]
    head_attempt=player_pen[player_pen["bodypart"]==3]
    head_attempt_scored=head_attempt[head_attempt["is_goal"]==1].shape[0]
```

```
    head_attempt_missed=head_attempt[head_attempt["is_goal"]==0].shape[0]
    scored=pd.DataFrame({"right foot":right_attempt_scored,"left
foot":left_attempt_scored, "head": head_attempt_scored},index=["Scored"])
    missed=pd.DataFrame({"right foot":right_attempt_missed,"left
foot":left_attempt_missed, "head": head_attempt_missed},index=["Missed"])
    combi=scored.append(missed)
    return combi

stats('lionel messi')

stats("cristiano ronaldo")
```

执行代码后会分别展示梅西和 C 罗的进球数据：

	head	left foot	right foot
Scored	8	167	30
Missed	45	585	79

	head	left foot	right foot
Scored	36	32	130
Missed	123	205	664

(3) 绘制多名球员的射门效率条形图，代码如下所示。

```
#最有效的球员
##尝试时按球员分组==1
grouped_by_player = df_events[df_events['event_type'] == 1].groupby('player').count()

##按球员分组，目标和尝试时间==1
grouped_by_player_goals = df_events[(df_events['event_type'] == 1) &
                    (df_events['is_goal'] == 1)].groupby('player').count()

##当不是目标且尝试==1 时，按球员分组
grouped_by_player_not_goals = df_events[(df_events['event_type'] == 1) &
                    (df_events['is_goal'] == 0)].groupby('player').count()

##设置一个阈值，以过滤少量尝试的球员，这可能导致最终结果缺乏一致性
threshold = grouped_by_player['id_event'].std()

grouped_by_player_is_goal = df_events[df_events['is_goal'] ==
1].groupby('player').count()
##过滤至少有超过平均次数的球员
##例如，有 2 次尝试和 1 个进球的球员具有非常高的效力，
##这位球员没有为他的球队创造多少机会
grouped_by_player_is_goal_filtered =
grouped_by_player_goals[grouped_by_player_goals['id_event'] > threshold]
```

```
grouped_by_players_not_goal_filtered =
grouped_by_player_not_goals[grouped_by_player_not_goals['id_event'] > threshold]

##射门总数
total = grouped_by_players_not_goal_filtered['id_event'] +
grouped_by_player_is_goal_filtered['id_event']

result = total/grouped_by_player_is_goal_filtered['id_event']
result.dropna(inplace=True)
sorted_results = result.sort_values(ascending=True)
players = sorted_results[:10].index
effectiveness = sorted_results[:10]
plot_barplot(effectiveness, players, 'Players',
        '# of shots needed to score a goal',
        'Most effective players',
        'RdBu_r', 8, 6)
```

代码的执行结果如图 8-30 所示。

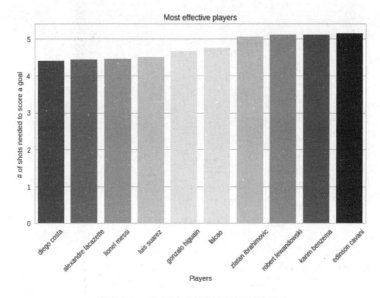

图 8-30   多名球员的射门效率条形图

8.4.9   五大联赛的球员数量可视化

绘制 Venn 图，展示五大联赛的球员数量，代码如下所示。

```
AA = goals.player.groupby(goals.league)
names = list(AA.groups.keys())
```

```
labels = venn.get_labels([set(AA.get_group(names[i])) for i in range(5)], fill=['number', 'logic'])

fig, ax = venn.venn5(labels, names=names, figsize=(20,20), fontsize=14)
fig.show()
```

代码的执行结果如图 8-31 所示。

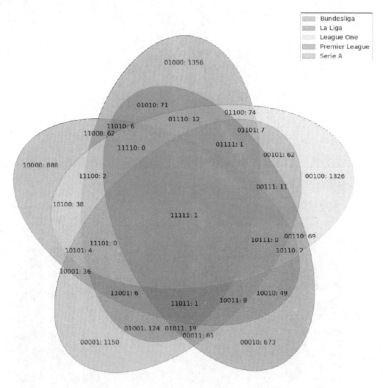

图 8-31　五大联赛球员数量 Venn 图

8.5　比赛预测

接下来将根据射门的位置、射手、联赛、助攻方式、比赛状态、球场上的球员数量、时间，预测射门成为进球的概率是多少，并预测比赛结果。

扫码看视频

8.5.1　读取数据

(1) 创建函数 read_merge()，读取文件 events.csv 和 ginf.csv 合并后的数据，代码如下

所示。

```python
def read_merge():
    df_events = pd.read_csv("../events.csv")
    df_game_info = pd.read_csv("../ginf.csv")

    #手动将 dictionary.txt 转换为 python dicts
    event_types = {1:'Attempt', 2:'Corner', 3:'Foul', 4:'Yellow card', 5:'Second yellow
card', 6:'Red card', 7:'Substitution', 8:'Free kick won', 9:'Offside', 10:'Hand ball',
11:'Penalty conceded'}
    event_types2 = {12:'Key Pass', 13:'Failed through ball', 14:'Sending off', 15:'Own
goal'}
    sides = {1:'Home', 2:'Away'}
    shot_places = {1:'Bit too high', 2:'Blocked', 3:'Bottom left corner', 4:'Bottom right
corner', 5:'Centre of the goal', 6:'High and wide', 7:'Hits the bar', 8:'Misses to the
left', 9:'Misses to the right', 10:'Too high', 11:'Top centre of the goal', 12:'Top left
corner', 13:'Top right corner'}
    shot_outcomes = {1:'On target', 2:'Off target', 3:'Blocked', 4:'Hit the bar'}
    locations = {1:'Attacking half', 2:'Defensive half', 3:'Centre of the box', 4:'Left
wing', 5:'Right wing', 6:'Difficult angle and long range', 7:'Difficult angle on the left',
8:'Difficult angle on the right', 9:'Left side of the box', 10:'Left side of the six yard
box', 11:'Right side of the box', 12:'Right side of the six yard box', 13:'Very close range',
14:'Penalty spot', 15:'Outside the box', 16:'Long range', 17:'More than 35 yards', 18:'More
than 40 yards', 19:'Not recorded'}
    bodyparts = {1:'right foot', 2:'left foot', 3:'head'}
    assist_methods = {0:np.nan, 1:'Pass', 2:'Cross', 3:'Headed pass', 4:'Through ball'}
    situations = {1:'Open play', 2:'Set piece', 3:'Corner', 4:'Free kick'}

    #将 dict 映射到 events(事件)dataframe
    df_events['event_type'] = df_events['event_type'].map(event_types)
    df_events['event_type2'] = df_events['event_type2'].map(event_types2)
    df_events['side'] =       df_events['side'].map(sides)
    df_events['shot_place'] = df_events['shot_place'].map(shot_places)
    df_events['shot_outcome']= df_events['shot_outcome'].map(shot_outcomes)
    df_events['location'] =   df_events['location'].map(locations)
    df_events['bodypart'] =   df_events['bodypart'].map(bodyparts)
    df_events['assist_method']= df_events['assist_method'].map(assist_methods)
    df_events['situation'] =  df_events['situation'].map(situations)

    ##使用常见的缩写来代表不同的足球联赛，以提高代码的可读性
    leagues = {'E0': 'Premier League', 'SP1': 'La Liga',
            'I1': 'Serie A', 'F1': 'League One', 'D1': 'Bundesliga'}

    ## 映射到 events
    df_game_info.league = df_game_info.league.map(leagues)

    #合并到一个表中(合并其他数据集以包含国家、联赛、日期和赛季)
```

```
df_events = df_events.merge(df_game_info ,how = 'left')

return df_events
```

(2) 编写函数 fill_unk(df)填充数据，用 UNK 填充 df 中的分类特征：shot_place、player、shot_outcome、bodypart、location 和 assist_method、situationb，代码如下所示。

```
def fill_unk(df):
    #用新类UNK填充所需功能
    df.shot_place.fillna('UNK'   ,inplace = True)
    df.player.fillna('UNK'       ,inplace = True)
    df.shot_outcome.fillna('UNK' ,inplace = True)
    df.bodypart.fillna('UNK'     ,inplace = True)
    df.location.fillna('UNK'     ,inplace = True)
    df.assist_method.fillna('UNK',inplace = True)
    df.situation.fillna('UNK'    ,inplace = True)
    df.location.replace('Not recorded', 'UNK', inplace= True)
```

(3) 编写函数 missing_values_table(df)，按列 Funct 计算缺失值，代码如下所示。

```
def missing_values_table(df):

    #缺失值总计
    mis_val = df.isnull().sum()

    #缺失值的百分比
    mis_val_percent = 100 * df.isnull().sum() / len(df)

    #制作结果表
    mis_val_table = pd.concat([mis_val, mis_val_percent], axis=1)

    #重命名列
    mis_val_table_ren_columns = mis_val_table.rename(
    columns = {0 : 'Missing Values', 1 : '% of Total Values'})

    #按缺少的百分比对表格降序排序
    mis_val_table_ren_columns = mis_val_table_ren_columns[
        mis_val_table_ren_columns.iloc[:,1] != 0].sort_values(
            '% of Total Values', ascending=False).round(1)

    #打印一些摘要信息
    print ("Your selected dataframe has " + str(df.shape[1]) + " columns.\n"
        "There are " + str(mis_val_table_ren_columns.shape[0]) +
        " columns that have missing values.")

    #返回缺少信息的数据帧
    return mis_val_table_ren_columns
```

8.5.2　清洗数据

处理缺失值，用 UNK 填充分类特征，并在分类列中用新类 UNK 替换任何空值，代码如下所示。

```
df = read_merge()
df[df.location == 'Not recorded'].location.count()
df.dtypes
#检查每个功能中缺少的值
missing_values_table(df)

#手动功能选择
feat_cols = ['odd_h', 'odd_d', 'odd_a',
          'assist_method', 'location',
          'side', 'shot_place', 'situation',
          'bodypart', 'time', 'is_goal']

df_feats = select_feats(df, feat_cols)
df_feats['first_half'] = df_feats.time <= 45
```

浏览数据，并绘制可视化条形图，代码如下所示。

```
#查找与 is_goal 的相关性
correlations = df_feats.corr()['is_goal'].sort_values()
correlations

import seaborn as sns
%matplotlib inline

sns.barplot(df_feats.situation, df_feats.is_goal);
```

代码的执行结果如图 8-32 所示。

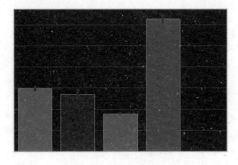

图 8-32　可视化条形图

8.5.3 逻辑回归算法

使用逻辑回归算法进行预测分析，并绘制出对比图，代码如下所示。

```python
from sklearn import metrics
from sklearn.linear_model import LogisticRegression

model = LogisticRegression()
model.fit(X_res_u, y_res_u)

print(model)

#作出预测
expected = y_val
predicted = model.predict(x_val)

#总结模型的适合性
print(metrics.classification_report(expected, predicted))
print(metrics.confusion_matrix(expected, predicted))

print('Accuracy: ', metrics.accuracy_score(expected, predicted))
print('Balanced Acc: ', metrics.balanced_accuracy_score(expected, predicted))

# 查找残差
pred = predicted.astype('int8')
y = y_val.as_matrix().astype('int8')
residuals = abs(pred - y)
x = x_val.as_matrix()
# 提取最错误的预测
wrong = x[np.argmax(residuals), :]

from lime import lime_tabular

# 创建lime解释器对象
explainer = lime_tabular.LimeTabularExplainer(training_data = X_res_u,
        mode = 'classification', training_labels = y_res_u,
        feature_names = df_feats_dumm.columns.tolist())

exp = explainer.explain_instance(data_row = wrong,
                    predict_fn = model.predict_proba, labels=(0,1))

# 绘制预测解释
exp.as_pyplot_figure(label=0);
```

代码的执行结果如图 8-33 所示。

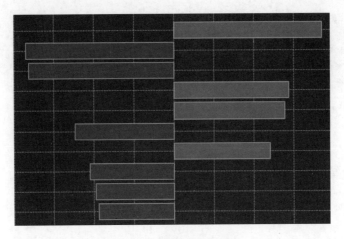

图 8-33　逻辑回归对比图

8.5.4　梯度提升模型

创建梯度提升模型(Gradient Boosting model)，并评估模型，代码如下所示。

```python
from sklearn.ensemble import GradientBoostingClassifier

gradient_boosted = GradientBoostingClassifier()

#根据训练数据拟合模型
gradient_boosted.fit(X_res_u, y_res_u)

#对测试数据进行预测
predictions = gradient_boosted.predict(x_val)

#总结模型的适合性
print(metrics.classification_report(y_val, predictions))
print(metrics.confusion_matrix(y_val, predictions))

#评估模型
print('Accuracy: ', metrics.accuracy_score(y_val, predictions))
print('Balanced Acc: ', metrics.balanced_accuracy_score(y_val, predictions))
```

执行代码输出如下：

	precision	recall	f1-score	support
False	1.00	0.94	0.97	91631
True	0.32	1.00	0.49	2470

```
    micro avg        0.94      0.94      0.94     94101
    macro avg        0.66      0.97      0.73     94101
weighted avg         0.98      0.94      0.96     94101


[[86439 5192]
 [    1 2469]]
Accuracy: 0.9448146140848662
Balanced Acc: 0.9714665475065742
```

8.5.5 随机森林

创建随机森林分类器模型，提取项目中 15 个重要的 features(特征)，并绘制出对应的条形图，代码如下所示。

```python
def plot_feature_importances(df):

    #根据重要性对特征进行排序
    df = df.sort_values('importance', ascending = False).reset_index()

    #标准化 features
    df['importance_normalized'] = df['importance'] / df['importance'].sum()

    #制作 features 重要性的水平条形图
    plt.figure(figsize = (10, 6))
    ax = plt.subplot()

    #反转索引，以在顶部绘制最重要的内容
    ax.barh(list(reversed(list(df.index[:15]))),
            df['importance_normalized'].head(15),
            align = 'center', edgecolor = 'k')

    # 设置 yticks
    ax.set_yticks(list(reversed(list(df.index[:15]))))
    ax.set_yticklabels(df['feature'].head(15))

    #绘图标签
    plt.xlabel('Normalized Importance'); plt.title('Feature Importances')
    plt.show()

    return df

from sklearn.ensemble import RandomForestClassifier

#制作随机森林分类器
random_forest = RandomForestClassifier(n_estimators = 100, random_state = 12,
            verbose = 1, n_jobs = -1)
```

```
# Train on the training data
random_forest.fit(X_res_u, y_res_u);

features = list(df_feats_dumm.columns)

#提取重要特征
feature_importance_values = random_forest.feature_importances_
feature_importances = pd.DataFrame({'feature': features, 'importance':
feature_importance_values})

#对测试数据进行预测
predictions = random_forest.predict(x_val)

#总结模型
print(metrics.classification_report(y_val, predictions))
print(metrics.confusion_matrix(y_val, predictions))

print('Accuracy: ', metrics.accuracy_score(y_val, predictions))
print('Balanced Acc: ', metrics.balanced_accuracy_score(y_val, predictions))

#显示默认功能
feature_importances_sorted = plot_feature_importances(feature_importances)
```

代码的执行结果如图 8-34 所示。

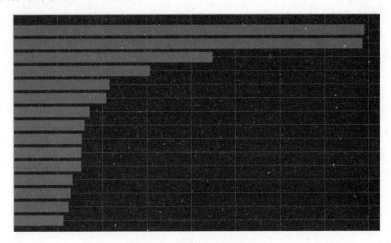

图 8-34　15 个特征的条形图

8.5.6　深度学习

为了节省篇幅，深度学习方面的知识不在本书中讲解，具体实现请参阅本书提供的素材源码和视频。下面只展示和深度学习相关的执行结果，例如预测比赛结果中的进球数，如图 8-35 所示。

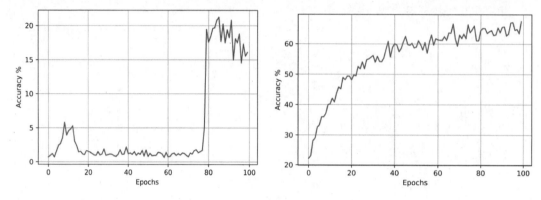

图 8-35　预测比赛结果中的进球数

第 9 章

网络舆情数据分析和可视化系统
(Scikit-Learn+Tornado+Celery+
FastAPI+Pandas+Vue)

　　网络舆情是以网络为载体,针对社会问题、现象以及事件等,广大网民情感、态度、意见、观点的表达、传播与互动,以及后续影响力的集合。本章详细介绍使用 Python 语言开发一个网络舆情数据分析的过程,并使用可视化技术实现一个用户画像分析系统。

9.1 系统介绍

互联网的飞速发展促进了很多新媒体的发展，不论是知名的大V、明星，还是围观群众都可以通过手机在微博、朋友圈或者点评网站上发表观点，分享自己的所见所想，使得"人人都有了麦克风"。不论是热点新闻还是娱乐八卦，传播速度远超我们的想象。可以在短短数分钟内，有数万计转发，数百万的阅读。如此海量的信息可以得到爆炸式的传播，如何能够实时地把握民情并做出相应的处理，对很多企事业单位来说都是至关重要的，而这一切也意味着传统的舆情系统升级成为大数据舆情采集和分析系统。

9.1.1 舆情数据分析的意义

舆情数据分析的常用方式有两种：

(1) 人工检索，借助于商业搜索引擎等开放性工具、平台，进行实时监测，并筛选获取的数据。

(2) 使用专业网络舆情监测系统，实现跨屏、跨库、跨区域、跨媒介的全方位信息收集。如人民在线、方正智思、军犬、清博舆情系统、新浪舆情通、林克艾普、企鹅风讯、舆情雷达、鹰击舆情系统等。

网络舆情分析的意义主要突出两个方面：一是还原舆情发展过程，找到舆情产生的根源；二是预测，分析网络舆情的未来走向，再根据预测结果提出应对方案。针对这两方面的工作，网络舆情分析的重点在于舆情数据分析中的热度分析、倾向性分析、预测分析。

9.1.2 舆情热度分析

舆情热度分析，还原舆情发展过程，找到舆情产生的根源，它是网络舆情分析工作的重点之一。通过数据反映出信息的变化趋势，也能够监测出负面舆情扩散的严重程度。

(1) 热度概况与全网声量分析

分析舆情热度，首先要看热度概况和全网声量，以便从总体上把握事件的热度情况。

以新浪微热点的热度指数为例，它是指在从新闻媒体、微博、微信、客户端、网站、论坛等互联网平台采集海量信息的基础上，提取与指定事件、人物、品牌、地域等相关的信息，并对所提取的信息进行标准化计算后得出的热度指数。

（2）热度指数趋势分析

在了解总体热度指数后，再来分析热度指数的趋势。

（3）声量走势分析

声量走势分析是对某舆情事件的信息发布数量的趋势分析，它是对信息数据发布量的统计和展示。通过声量走势图，可以从网民和媒体生产和传递信息的角度观察事件热度。

（4）舆情信息来源、活跃媒体分析

舆情信息来源和活跃媒体分析是对舆情信息主要来源和传播时较活跃的媒体进行分析和统计。目前网络舆情的产生和传播主要是在新闻网站、论坛、微博、移动客户端和微信几类平台，来源于不同平台的热点舆情，在传播上也会呈现出不同的特征。

（5）地域热度分析

地域要素体现了舆情爆发的地域性特征。通过对舆情主要分布地域的分析，可以获知全国不同地区网民和媒体对事件的关注程度；同时，舆情的地域分布也可以反映出舆情的热度，一些地方性事件，由于其影响较大，讨论较多，其舆情分布可能遍及全国。

（6）舆情演化分析

舆情演化分析是从舆情内容和热度的双重方面对舆情进行分析。分析网络舆情热度，需要了解舆情爆发和演进的过程——潜伏期、爆发期、蔓延期、缓解期、反复期、消退期，从而梳理舆情的起因、经过、结果。

9.2 架构设计

架构设计的目标是解决目前或者未来软件系统由于复杂度可能带来的问题。就目前而言，架构设计主要是为了识别、梳理用例模型交互、功能模块实现、接口设计和概念模型设计等涉及的复杂点，再针对这些复杂点制定处理方案，从而通过设计来增强效用、减少成本，降低复杂度。就未来而言，系统架构设计将随着业务发展不断演变、完善，以解决未来软件系统由于复杂度可能带来的问题。

扫码看视频

9.2.1 模块分析

（1）网络爬虫

使用网络爬虫技术获取微博中的各种类型数据信息，通过 Tornado 框架以协程运行方式完成数据分类。

- 推文搜索：快速获取指定关键字的信息。
- 推文展示：根据推文 id 搜索推文。
- 用户搜索：根据关键词搜索用户。
- 用户展示：根据用户 id 搜索用户。
- 用户朋友列表接口(朋友关注的人)：根据用户的 id 搜索用户朋友，同时也要返回他们的信息。

(2) 系统后端

使用 FastAPI 框架搭建，结合分布式异步任务处理框架 Celery 实现任务发布和任务执行的解耦，使得异步、快速处理话题分析任务成为可能。

- 微博话题博文搜索：根据用户输入关键字搜索出热度最高的 50 页近 1000 条博文。
- 微博话题分析：用户可以将相关话题加入分析任务队列中，后端会异步执行分析任务(基于 Celery)。
- 博文分析：对话题中热度前十的博文进行详细分析。

(3) 系统前端

前端使用 Vue 框架，调用后端生成的 API 实现数据展示和可视化功能。

9.2.2　系统架构

本网络舆情数据分析和可视化的系统架构如图 9-1 所示。

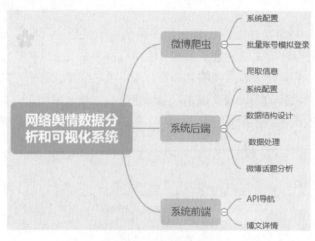

图 9-1　系统架构

9.3　微博爬虫

本项目将爬取某知名微博中的数据信息,通过 Tornado 框架以协程运行方式完成爬取微博信息,目的是为系统后台提供各种类型数据的 Web 服务。

扫码看视频

9.3.1　系统配置

在文件 settings.py 中设置程序运行的端口号和日志的记录位置,在 cookies 字段中填写由多个有效 cookie 组成的列表,在 proxies 字段中填写由多个代理组成的列表,每个代理的格式为[proxy_host, proxy_port]。代码如下所示。

```
import logging
PORT_NUM = 8000  # app 运行的端口号
# 发送一个 request 最多重新尝试的次数
RETRY_TIME = 3

# requests 的 headers
HEADERS = {
    "User-Agent": "MMozilla/5.0 (Windows NT 10.0; Win64; x64) AppleWebKit/537.36 (KHTML,
like Gecko) Chrome/84.0.4147.105 Safari/537.36 Edg/84.0.522.52",
}
HEADERS_WITH_COOKIR = HEADERS.copy()
HEADERS_WITH_COOKIR["Cookie"] = ""
# requests 的超时时长限制 das
REQUEST_TIME_OUT = 10
# 爬取结果正确时返回结果的格式
SUCCESS = {
    'error_code': 0,
    'data': None,
    'error_msg': None
}
# 日志
LOGGING = logging
```

9.3.2　批量账号模拟登录

为了提高爬取效率,本项目允许用多个微博账号实现模拟登录。编写实例文件 login.py,对批量账号进行模拟登录并获取 cookie,代码如下所示。

```python
class WeiboLogin():
    def __init__(self, username, password):
        self.url = 'https://passport.weibo.cn/signin/login?entry=mweibo&r=https://weibo.cn/'
        options = webdriver.ChromeOptions()
        options.add_argument('--no-sandbox')
        user_agent = "Mozilla/5.0 (Macintosh; Intel Mac OS X 10_14_2) AppleWebKit/537.36 (KHTML, like Gecko) Chrome/71.0.3578.98 Safari/537.36"
        mobile_emulation = {"deviceMetrics": {"width": 1050, "height": 840,
                            "pixelRatio": 3.0}, "userAgent": user_agent}
        options.add_experimental_option('mobileEmulation', mobile_emulation)
        options.add_argument('--headless')
        self.browser = webdriver.Chrome(chrome_options=options)
        self.username = username
        self.password = password

    def login(self):
        """
        open login page and login
        :return: None
        """
        self.browser.get(self.url)
        wait = WebDriverWait(self.browser, 5)
        username = wait.until(EC.presence_of_element_located((By.ID, 'loginName')))
        password = wait.until(EC.presence_of_element_located((By.ID, 'loginPassword')))
        submit = wait.until(EC.element_to_be_clickable((By.ID, 'loginAction')))
        username.send_keys(self.username)
        password.send_keys(self.password)
        submit.click()

    def run(self):
        try:
            self.login()
            WebDriverWait(self.browser, 20).until(
                EC.title_is('我的首页')
            )
            cookies = self.browser.get_cookies()
            cookie = [item["name"] + "=" + item["value"] for item in cookies]
            cookie_str = '; '.join(item for item in cookie)
            return cookie_str
        except Exception as e:
            print(e)
        finally:
            self.browser.quit()
        return None

if __name__ == '__main__':
    username = 'tnnmyvxj27431@sina.com'
```

```
password = 'cxy633lil'
cookie_str = None
try:
    cookie_str = WeiboLogin(username, password).run()
    print('Cookie:', cookie_str)
except Exception as e:
    print(e)
```

9.3.3 爬取信息

(1) 编写文件 index_parser.py 获取指定 id 号的微博用户信息，代码如下所示。

```python
class IndexParser(BaseParser):
    def __init__(self, user_id, response):
        super().__init__(response)
        self.user_id = user_id

    def get_user_id(self):
        """获取用户id,使用者输入的 user_id 不一定是正确的,可能是个性域名等,需要获取真正的 user_id"""
        user_id = self.user_id
        url_list = self.selector.xpath("//div[@class='u']//a")
        for url in url_list:
            if (url.xpath('string(.)')) == u'资料':
                if url.xpath('@href') and url.xpath('@href')[0].endswith(
                        '/info'):
                    link = url.xpath('@href')[0]
                    user_id = link[1:-5]
                    break
        self.user_id = user_id
        return user_id

    def get_user(self, user_info):
        """获取用户信息、微博数、关注数、粉丝数"""
        self.user = user_info
        try:
            user_info = self.selector.xpath("//div[@class='tip2']/*/text()")
            self.user['id'] = self.user_id
            self.user['weibo_num'] = int(user_info[0][3:-1])
            self.user['following'] = int(user_info[1][3:-1])
            self.user['followers'] = int(user_info[2][3:-1])
            return self.user
        except Exception as e:
            utils.report_log(e)
            raise HTMLParseException

    def get_page_num(self):
```

```python
    """"获取微博总页数"""
    try:
        if not self.selector.xpath("//input[@name='mp']"):
            page_num = 1
        else:
            page_num = int(self.selector.xpath("//input[@name='mp']")
                        [0].attrib['value'])
        return page_num
    except Exception as e:
        utils.report_log(e)
        raise HTMLParseException


class InfoParser(BaseParser):
    def __init__(self, response):
        super().__init__(response)


    def extract_user_info(self):
        """提取用户信息"""
        user = USER_TEMPLATE.copy()
        nickname = self.selector.xpath('//title/text()')[0]
        nickname = nickname[:-3]
        # 检查cookie
        if nickname == u'登录 - 新' or nickname == u'新浪':
            LOGGING.warning(u'cookie 错误或已过期')
            raise CookieInvalidException()

        user['nickname'] = nickname
        # 获取头像
        try:
            user['head'] = self.selector.xpath('//div[@class="c"]/img[@alt="头像"]')[0].get('src')
        except:
            user['head'] = ''
        # 获取基本信息
        try:
            basic_info = self.selector.xpath("//div[@class='c'][3]/text()")
            zh_list = [u'性别', u'地区', u'生日', u'简介', u'认证', u'达人']
            en_list = [
                'gender', 'location', 'birthday', 'description',
                'verified_reason', 'talent'
            ]
            for i in basic_info:
                if i.split(':', 1)[0] in zh_list:
                    user[en_list[zh_list.index(i.split(':', 1)[0])]] = \
                                i.split(':', 1)[1].replace('\u3000', '')


            if self.selector.xpath(
```

```
                "//div[@class='tip'][2]/text()")[0] == u'学习经历':
                user['education'] = self.selector.xpath(
                    "//div[@class='c'][4]/text()")[0][1:].replace(
                    u'\xa0', u' ')
                if self.selector.xpath(
                        "//div[@class='tip'][3]/text()")[0] == u'工作经历':
                    user['work'] = self.selector.xpath(
                        "//div[@class='c'][5]/text()")[0][1:].replace(
                        u'\xa0', u' ')
            elif self.selector.xpath(
                    "//div[@class='tip'][2]/text()")[0] == u'工作经历':
                user['work'] = self.selector.xpath(
                    "//div[@class='c'][4]/text()")[0][1:].replace(
                    u'\xa0', u' ')
            return user
        except Exception as e:
            utils.report_log(e)
            raise HTMLParseException


# 封装一个用户信息的dict
USER_TEMPLATE = {
    'id': '',
    'nickname': '',
    'gender': '',
    'location': '',
    'birthday': '',
    'description': '',
    'verified_reason': '',
    'talent': '',
    'education': '',
    'work': '',
    'weibo_num': 0,
    'following': 0,
    'followers': 0
}
```

(2) 编写文件 fans_parser.py 爬取粉丝信息，代码如下所示。

```
class FansParser(BaseParser):
    def __init__(self, response):
        super().__init__(response)

    def get_fans(self):
        fans_list = list()
        fans_nodes = self.selector.xpath(r'//table')
        for node in fans_nodes:
            a_fans = self.get_one_fans(node)
```

```
        if a_fans is not None:
            fans_list.append(a_fans)
    return fans_list


@staticmethod
def get_one_fans(fans_node):
    return utils.extract_from_one_table_node(fans_node)


def get_max_page_num(self):
    """
    获取总页数
    """
    total_page_num = ''.join(self.selector.xpath(r'//div[@id="pagelist"]/form/div/text()'))
    total_page_num = total_page_num[total_page_num.rfind(r'/') + 1:
total_page_num.rfind('页')]
    return int(total_page_num)
```

(3) 编写文件 search_users_parser.py，搜索指定关键字用户的用户信息，代码如下所示。

```
class SearchUsersParser(BaseParser):
    """搜索用户页面的解析器"""

    USER_TEMPLATE = {
        'user_id': None,  # 用户的 id
        'nickname': None,  # 昵称
        'head': None,
        'title': None,  # 所拥有的头衔
        'verified_reason': None,  # 认证原因
        'gender': None,  # 性别
        'location': None,  # 位置
        'description': None,  # 简介
        'tags': None,  # 标签
        'education': None,  # 教育信息
        'work': None,  # 工作信息
        'weibo_num': None,  # 微博数
        'following': None,  # 关注数
        'followers': None  # 粉丝数
    }

    @staticmethod
    def make_a_user():
        """生成一个用来存储一个 user 信息的 dict"""
        return SearchUsersParser.USER_TEMPLATE.copy()

    def __init__(self, response):
        super().__init__(response)
```

```python
def parse_page(self):
    """解析网页"""
    try:
        user_list = self._get_all_user()
        return user_list
    except Exception as e:
        utils.report_log(e)
        raise HTMLParseException


def _get_all_user(self):
    """获取全部用户信息"""
    user_list = list()
    user_nodes = self.selector.xpath('//div[@id="pl_user_feedList"]/div')
    for node in user_nodes:
        user = self._parse_one_user(node)
        # print(user)
        user_list.append(user)
    return user_list


def _parse_one_user(self, user_node):
    """解析单个用户的 selector 节点"""
    user = SearchUsersParser.make_a_user()
    # 获取用户头像
    try:
        user['head'] = user_node.xpath('.//div[@class="avator"]/a/img')[0].get('src')
    except:
        user['head'] = ''
    # 获取其他信息
    info_selector = user_node.xpath('./div[@class="info"]')[0]
    headers = info_selector.xpath('./div[1]/a')

    if len(headers) > 2:  # 拥有头衔的情况
        header_node = headers[1]
        title = header_node.get('title')
        if title is not None:
            user['title'] = title

    user_id = headers[-1].get('uid')
    if user_id is None:
        # 尝试另外一种方法获取 uid
        user_index_url = headers[0].get('href')
        pattern1 = re.compile(r'(?<=com/u/).+')
```

```python
        # 正则匹配 '//weibo.com/u/61248565' 类型，提取出其中的'61248565'
        user_id = pattern1.search(user_index_url)
        if user_id is not None:
            user_id = user_id.group()
        else:
            # 尝试另外一种方法获取 uid
            pattern2 = re.compile(r'(?<=com/).+')
            # 正则匹配 'weibo.com/xiena' 类型，提取出其中的'xiena'
            user_id = pattern2.search(user_index_url)
            if user_id is not None:
                user_id = user_id.group()
user['user_id'] = user_id

user['nickname'] = ''.join(headers[0].xpath(".//text()"))

all_p_node = info_selector.xpath('./p')
first_p = all_p_node[0]
gender_info = first_p.xpath('./i')[0].get('class')
user['gender'] = 0 if gender_info.rfind('female') != -1 else 1  # 0 为女性，1 位男性
user['location'] = ''.join(first_p.xpath('./text()')).strip()

footer = None
other_p_nodes = list()
for p_node in all_p_node:
    if p_node is first_p:
        continue
    elif len(p_node.xpath('./span')) == 3:
        footer = p_node
    else:
        other_p_nodes.append(p_node)

if footer is not None:
    spans = footer.xpath('./span')
    user['following'] = spans[0].xpath('./a/text()')[0]
    user['followers'] = spans[1].xpath('./a/text()')[0]
    user['weibo_num'] = spans[2].xpath('./a/text()')[0]

for node in other_p_nodes:
    info = ''.join(node.xpath('.//text()'))
    info_type = info[0: 2]

    if info_type == '教育':
        user['education'] = info
    elif info_type == '职业':
        user['work'] = info
    elif info_type == '简介':
        user['description'] = info
```

```
    elif info_type == '标签':
        user['tags'] = node.xpath('./a/text()')
    else:
        user['verified_reason'] = info

return user
```

(4) 编写文件 weibo_curl_api.py，具体实现流程如下。

● 创建 Tornado Web 程序，根据搜索关键字爬取指定的信息，并将信息保存到 MongoDB 数据库，代码如下所示。

```
SEARCH_LIMIT_PAGES = 50  # 微博的搜索接口限制的最大页数
class BaseHandler(tornado.web.RequestHandler):
    def write(self, dict_data: dict):
        """在发送之前将编码方式转化成 Unicode"""
        data = json.dumps(dict_data, ensure_ascii=False)
        super().write(data)

    def args2dict(self):
        """
        将请求 url 中的请求查询字符串转化成 dict
        :return: 转化后的 dict
        """
        input_dict = dict()
        args = self.request.arguments
        for i in args:
            input_dict[i] = self.get_argument(i)
        return input_dict

    def get_json(self):
        """
        将获取 post 时的 json
        """
        json_str = self.request.body.decode('utf8')
        json_obj = json.loads(json_str)
        return json_obj

    def save_data_to_mongo(self, dict_data: list, table_name: str):
        """
        将获得的数据存到 Mongo 数据库中
        """
        mongo_client = pymongo.MongoClient('mongodb://localhost:27017')
        weibo_db = mongo_client['weibo']
        weibo_table = weibo_db[table_name]
        weibo_table.insert_many(dict_data)
        print('向 Mongo 写入数据成功')
```

```python
class SearchTweetsHandler(BaseHandler):
    """
    微博搜索接口
        说明：根据关键词搜索微博
        路由: /weibo_curl/api/search_tweets
    """
    @gen.coroutine
    def get(self):
        # 获取参数
        args_dict = self.args2dict()    # 查询参数 -> 参数字典
        keyword, cursor, is_hot = args_dict.get('keyword'), args_dict.get(
            'cursor', '1'), args_dict.get('is_hot', False)
        if keyword is None:
            self.write(WeiboCurlError.REQUEST_LACK_ARGS)  # 缺少参数
            return
        try:
            cursor = 1 if not cursor else int(cursor)
        except ValueError:
            self.write(WeiboCurlError.REQUEST_ARGS_ERROR)
            return


        # 进行爬取
        search_weibo_curl_result = yield weibo_web_curl(SpiderAim.search_weibo,
                              keyword=keyword, page_num=cursor, is_hot=is_hot)
        if not search_weibo_curl_result['error_code']:
            self.response = search_weibo_curl_result['response']
        else:
            error_res = curl_result_to_api_result(search_weibo_curl_result)
            self.write(error_res)
            return
    # 构建解析器
    searchWeiboParser = SearchWeiboParser(self.response)
    # 获取微博信息
    try:
        weibo_list = searchWeiboParser.parse_page()
        # print(weibo_list)
    except HTMLParseException:
        self.write(WeiboCurlError.HTML_PARSE_ERROR)
        return


    if weibo_list is None:
        self.write(WeiboCurlError.PAGE_NOT_FOUND)  # 页面找不到
        return
    # 成功返回结果
    success = settings.SUCCESS.copy()
    success['data'] = {
        'result': weibo_list,
```

```
            'cursor': str(cursor + 1) if cursor < 50 else '0'
        }
        self.write(success)
        #self.save_data_to_mongo(weibo_list, 'search_tweets')
        print(success)
        return
```

- 实现微博搜索接口类 SearchTweetsHandler，根据输入的关键词搜索对应的微博信息，代码如下所示。

```
class SearchTweetsHandler(BaseHandler):
    """
    微博搜索接口
        说明：根据关键词搜索微博
        路由：/weibo_curl/api/search_tweets
    """
    @gen.coroutine
    def get(self):
        # 获取参数
        args_dict = self.args2dict()    # 查询参数 -> 参数字典
        keyword, cursor, is_hot = args_dict.get('keyword'), args_dict.get(
            'cursor', '1'), args_dict.get('is_hot', False)
        if keyword is None:
            self.write(WeiboCurlError.REQUEST_LACK_ARGS)    # 缺少参数
            return
        try:
            cursor = 1 if not cursor else int(cursor)
        except ValueError:
            self.write(WeiboCurlError.REQUEST_ARGS_ERROR)
            return

        # 进行爬取
        search_weibo_curl_result = yield weibo_web_curl(SpiderAim.search_weibo,
                                keyword=keyword, page_num=cursor, is_hot=is_hot)
        if not search_weibo_curl_result['error_code']:
            self.response = search_weibo_curl_result['response']
        else:
            error_res = curl_result_to_api_result(search_weibo_curl_result)
            self.write(error_res)
            return
        # 构建解析器
        searchWeiboParser = SearchWeiboParser(self.response)
        # 获取微博信息
        try:
            weibo_list = searchWeiboParser.parse_page()
            # print(weibo_list)
        except HTMLParseException:
```

```
        self.write(WeiboCurlError.HTML_PARSE_ERROR)
        return

    if weibo_list is None:
        self.write(WeiboCurlError.PAGE_NOT_FOUND)  # 页面找不到
        return
    # 成功返回结果
    success = settings.SUCCESS.copy()
    success['data'] = {
        'result': weibo_list,
        'cursor': str(cursor + 1) if cursor < 50 else '0'
    }
    self.write(success)
    #self.save_data_to_mongo(weibo_list, 'search_tweets')
    print(success)
    return
```

- 创建微博推文信息展示接口类 StatusesShowHandler，根据推文的 id 搜索出对应的推文信息，代码如下所示。

```
class StatusesShowHandler(BaseHandler):
    """
    推文展示接口
    说明：根据推文id搜索推文
    路由：/weibo_curl/api/statuses_show
    """
    @gen.coroutine
    def get(self):
        # 获取参数
        args_dict = self.args2dict()
        weibo_id = args_dict.get('weibo_id')
        if weibo_id is None:
            self.write(WeiboCurlError.REQUEST_LACK_ARGS)
            return
        hot = args_dict.get('hot', False)  # 是否获取热评
        cursor = args_dict.get('cursor', '1')
        try:
            cursor = 1 if not cursor else int(cursor)
        except ValueError:
            self.write(WeiboCurlError.REQUEST_ARGS_ERROR)
            return
        if cursor > SEARCH_LIMIT_PAGES:
            results = settings.SUCCESS.copy()
            results['data'] = {
                'result': [],
                'cursor': '0'
            }
```

```
        self.write(results)
        return
# 进行爬取
comment_curl_result = yield weibo_web_curl(SpiderAim.weibo_comment,
                        weibo_id=weibo_id, page_num=cursor)
if not comment_curl_result['error_code']:
    self.response = comment_curl_result['response']
else:
    error_res = curl_result_to_api_result(comment_curl_result)
    self.write(error_res)
    return
# 构建解析器
try:
    commonParser = CommentParser(weibo_id, response=self.response)
except CookieInvalidException:
    self.write(WeiboCurlError.COOKIE_INVALID)
    return


try:
    weibo_detail = yield commonParser.parse_one_weibo()
except HTMLParseException as e:
    report_log(e)
    self.write(WeiboCurlError.HTML_PARSE_ERROR)
    return
except Exception as e:
    report_log(e)
    self.write(WeiboCurlError.UNKNOWN_ERROR)
    return


# 根据 hot 参数来确定获取 comment_list 的方式
if not hot:
    comment_list = commonParser.get_all_comment()
else:
    hot_comment_curl_result = yield weibo_web_curl(SpiderAim.hot_comment,
        weibo_id=weibo_id, page_num=cursor)
    if not hot_comment_curl_result['error_code']:
        self.hot_comment_response = hot_comment_curl_result['response']
    else:
        error_res = curl_result_to_api_result(comment_curl_result)
        self.write(error_res)
        return

    try:
        comment_list = HotCommentParser(
            weibo_id, self.hot_comment_response).get_all_comment()
    except HTMLParseException:
        self.write(WeiboCurlError.HTML_PARSE_ERROR)
```

```
            return
        except Exception as e:
            report_log(
                (__class__.__name__, StatusesShowHandler.get.__name__), e)
            self.write(WeiboCurlError.UNKNOWN_ERROR)
            return
    # 成功时返回结果
    weibo_detail['weibo_id'] = weibo_id
    weibo_detail['comments'] = comment_list
    success = settings.SUCCESS.copy()
    success['data'] = {
        'result': weibo_detail,
        'cursor': str(cursor + 1) if cursor < weibo_detail['max_page'] else '0'
    }
    print(success)
    self.write(success)
    return
```

9.4　系统后端

本项目的系统后端使用 FastAPI 框架搭建实现，结合分布式异步任务处理框架 Celery 实现任务发布和任务执行的解耦，使得异步、快速处理话题分析任务成为可能。

扫码看视频

9.4.1　系统配置

编写文件 config_class.py，首先设置系统后端的主机地址和端口号，然后设置爬虫模块的 API 地址，代码如下所示。

```python
from pydantic import BaseSettings
from typing import Union, List, Dict, Any


class AppConfig(BaseSettings):
    """
    app 启动的相关配置
    """
    HOST: str = '127.0.0.1'
    PORT: int = 81


class WeiBoConfig(BaseSettings):
    """weibo 爬虫 api 的相关配置"""
    BASEPATH: str = 'http://127.0.0.1:8000'
```

9.4.2 数据结构设计

本项目后端数据分析的数据是爬虫模块保存在数据库中的数据,在 models 目录中保存了实现数据库模型的程序文件。

(1) 话题任务

话题任务 tag_task 的设计结构如表 9-1 所示。

表 9-1 tag_task 的设计结构

key	description	value type
tag_task_id	话题任务 id:由时间戳+tag 的 MD5 构成	str
tag_celery_task_id	celery_task id:任务初始化时生成	str
tag_introduce_task_id	话题基本信息 id:初始化任务时插入 tag_introduce 的返回值	str
tag_hot_id	话题热度信息 id:初始化任务时插入 tag_hot 的返回值	str
tag_word_cloud_task_id	话题词云 id:初始化任务时插入 tag_word_cloud 的返回值	str
tag_character_task_id	人物角色分类 id:初始化任务时插入 mongo 的返回值	str
tag_relation_task_id	话题传播关系 id:初始化任务时插入 mongo 的返回值	str
tag_evolve_task_id	话题演变 id:初始化任务时插入 mongo 的返回值	str
tag_weibo_task_id	博文任务 id:初始化任务时插入 mongo 的返回值	str
tag_create_time	创建时间:创建任务的时间	datetime
status	任务状态	str

文件 task_control_dto.py 实现话题人物 tag_task 的模型设计工作,代码如下所示。

```
class TaskCManage(BaseModel):
    tag_task_id: str = Field(None, title='话题任务 id',
                        description='由时间戳+tag 的 MD5 构成')
    tag: str = Field(None, title='话题内容',
                description='搜索的话题关键字')
    tag_celery_task_id: str = Field(None, title='celery 任务 id',
                            description='任务执行时生成')
    tag_introduce_id: str = Field(None, title='话题基本信息 id',
                            description='由热度、用户数量等数据组成')
    tag_hot_id: str = Field(None, title='话题热度',
                        description='话题一天、一周、一个月内的热度数据')
    tag_word_cloud_task_id: str = Field(None, title='话题词云 id',
                            description='以分析后的词云为数据项')
    tag_character_task_id: str = Field(None, title='人物角色分类 id',
```

```
                        description='依据节点特征对人物进行分类')
    tag_relation_task_id: str = Field(None, title='话题传播关系id',
                        description='以关系数图据结构为数据项')
    tag_evolve_task_id: str = Field(None, title='tag_evolve_task_id',
                        description='以演变数据结构为数据项')
    tag_comment_task_id: str = Field(None, title='博文任务id',
                        description='博文评论分析任务的id')
    status: str = Field(None, title='任务状态')
    tag_create_time: datetime = Field(None, title='创建时间').
```

(2) 人物分类

人物分类 character_category 的设计结构如表 9-2 所示。

表 9-2　character_category 的设计结构

key	description	value type
tag_task_id	话题任务 id：表示属于该话题任务	str
id	人物角色分类 id：初始化任务时插入 mongo 的返回值	str
user_id	用户 id：微博用户 id	str
user_name	用户昵称：微博用户昵称	str
category	人物类别：暂分为推手(0)、水军(1)、普通用户(2)、最具影响力用户(3)	int

文件 character_category.py 实现人物分类 character_category 的模型设计工作，代码如下所示。

```
from pydantic import Field, BaseModel
from enum import Enum

class Category(Enum):
    rumor = 0   # 推手
    faker = 1   # 水军
    user = 2    # 普通用户
    major = 3   # 最具影响力用户

class CharacterCategory(BaseModel):
    tag_task_id: str = Field(None, title='话题任务id', description='参照初始化任务时的任务id')
    tag_character_task_id: str = Field(None, title='人物角色分类id', description='依据节点
特征对人物进行分类')
    user_id: str = Field(None, title='微博用户id')
    category: Category = Field(2, title='人物类别', description='暂分为推手(0)、水军(1)、普
通用户(2)、最具影响力用户(3)')
```

(3) 话题基本信息

话题基本信息 tag_introduce 的设计结构如表 9-3 所示。

表 9-3　tag_introduce 的设计结构

key	description	value type
id	话题基本信息 id：初始化任务时插入 mongo 的返回值	str
tag	话题名称	str
tag_task_id	话题任务 id：表示属于该话题任务	str
user_count	涉及用户数量：话题涉及用户数量	int
weibo_count	涉及博文数量：话题涉及博文数量	int
vital_user	重要用户	dict

在表 9-3 中，vital_user 字段的设计结构如表 9-4 所示。

表 9-4　vital_user 字段的设计结构

key	description	value type	example
user_id	用户真实 id	str	'1669879400'
head	用户头像	str	"..."
nickname	昵称	str	'Dear-迪丽热巴'
gender	性别	str	'女'
location	用户所在地	str	'上海'
birthday	生日	str	'0001-00-00'
description	用户简介	str	'一只喜欢默默表演的小透明。工作联系...'
verified_reason	认证信息	str	'嘉行传媒签约演员'
education	学习经历	str	'上海戏剧学院'
work	工作经历	str	'嘉行传媒 '
weibo_num	微博数	int	1178
following	关注数	int	257
followers	粉丝数	int	72325060
max_page	个人微博的最大页数	int	200

文件 introduce_dto.py 实现话题基本信息 tag_introduce 的模型设计工作，代码如下所示。

```
class User(BaseModel):
    """
    重要用户信息
    """
    user_id: str = Field(None, title='用户的id')
    head: str = Field(None, title='头像url')
```

```
    nickname: str = Field(None, title='用户名')
    birthday: str = Field(None, title='生日')
    verified_reason: str = Field(None, title='认证信息')
    gender: str = Field(None, title='性别')
    location: str = Field(None, title='位置')
    description: str = Field(None, title='简介')
    education: str = Field(None, title='受教育信息')
    work: str = Field(None, title='工作信息')
    weibo_num: str = Field(None, title='微博数')
    following: str = Field(None, title='关注数')
    followers: str = Field(None, title='粉丝数')
    max_page: int = Field(None, title='个人微博的最大页数')

class ProgressTask(BaseModel):
    """
    执行中的任务
    """
    tag_task_id: str = Field(None, title='话题任务 id')
    tag: str = Field(None, title='话题名称', description='用户输入的查询话题')
    status: str = Field(None, title='任务状态', description='后端实时任务状态')

class TagBase(BaseModel):
    """
    话题的基本信息
    """
    tag_task_id: str = Field(None, title='话题任务 id')
    tag: str = Field(None, title='话题名称', description='用户输入的查询话题')
    user_count: int = Field(None, title='涉及用户数量', description='话题涉及用户数量')
    weibo_count: int = Field(None, title='涉及博文数量', description='话题涉及博文数量')
    vital_user: User = Field(None, title='最具影响力用户基本信息',
                description='dict(用户名、头像 url、昵称、认证、标签、粉丝数)')
```

(4) 话题热度

话题热度 tag_hot 的设计结构如表 9-5 所示。

表 9-5　话题热度 tag_hot 的设计结构

key	description	value type
id	话题基本信息 id：初始化任务时插入 mongo 的返回值	str
tag	话题名称	str
tag_task_id	话题任务 id：表示属于该话题任务	str
one_day	一天内热度	dict
one_month	一月内热度	dict
three_month	三个月内热度	dict

文件 tag_hot.py 实现话题热度 tag_hot 的模型设计工作，代码如下所示。

```
class TagHot(BaseModel):
    tag_task_id: str = Field(None, title='任务id',
                    description='话题任务id')
    tag: str = Field(None, title='话题',
                description='该话题内容')
    one_day: dict = Field(None, title='一天热度',
                    description='话题一天的热度数据')
    one_month: dict = Field(None, title='一月热度',
                    description='话题一个月内的热度数据')
    three_month: dict = Field(None, title='三月热度',
                    description='话题三个月内的热度数据')
```

(5) 词云信息

词云信息 tag_word_cloud 的设计结构如表 9-6 所示。

表 9-6　词云信息 tag_word_cloud 的设计结构

key	description	value type
tag_task_id	话题任务 id：表示属于该话题任务	str
id	词云 id：初始化任务时插入 mongo 的返回值	str
data	list 类型，每一个元素都是 key，value 组成，key 表示聚类后的关键字，value 表示出现过的次数，如[{'key':奥运会, 'count': 7}, {'key':中国,'count':5},……]	list

文件 word_cloud.py 实现词云信息 tag_word_cloud 的模型设计工作，代码如下所示。

```
class WordCloud(BaseModel):
    tag_task_id: str = Field(None, title='话题任务id')
    tag_word_cloud_task_id: str = Field(None, title='词云的id')
    data: List[dict] = Field(None, title='数据内容',
                    description='每一个元素都是 key，value 组成，key 表示聚类后的关键字，
                        value 表示出现过的次数')
```

9.4.3　数据处理

将爬取到的信息保存到数据库后，需要对数据进行进一步的处理，删除掉敏感数据和非法数据。

(1) 编写文件 task.py 清洗数据，根据预先设置的停用词，将数据库中的非法信息删除，代码如下所示。

```python
# 去除中文和英文以外的字符,去除其他国字符
def cleantxt(raw):
    fil = re.compile(u'[^0-9a-zA-Z\u4e00-\u9fa5.,，。“”]+', re.UNICODE)
    return fil.sub(' ', raw)


def filter_emoji(desstr, restr=''):
    # 过滤表情
    try:
        co = re.compile(u'[\U00010000-\U0010ffff]')
    except re.error:
        co = re.compile(u'[\uD800-\uDBFF][\uDC00-\uDFFF]')
    return co.sub(restr, desstr)


def Traditional2Simplified(sentence):
    '''
    将 sentence 中的繁体字转为简体字
    :param sentence: 待转换的句子
    :return: 将句子中繁体字转换为简体字之后的句子
    '''
    sentence = Converter('zh-hans').convert(sentence)
    return sentence


# 加载停用词
stopword_list = set()
with open(os.path.join(os.path.dirname(os.path.abspath(__file__)), 'stopwords.txt'),
encoding="utf8") as f:
    for line in f:
        item = line.strip()
        stopword_list.add(item)
stopword_list.add("转发")

# 加载色情词
pron_list = set()
with open(os.path.join(os.path.dirname(os.path.abspath(__file__)), 'pronography.txt'),
encoding="utf8") as f:
    for line in f:
        item = line.strip()
        pron_list.add(item)


def tokenize_text(text):
    tokens = jieba.lcut(text)
    tokens = [token.strip() for token in tokens if len(token.strip()) > 0]
    return tokens
```

```python
# 去停用词
def remove_stopwords(text):
    tokens = tokenize_text(text)
    filtered_tokens = [token for token in tokens if token not in stopword_list]
    #    filtered_tokens=[]
    # #     flag=True
    #    for token in tokens:
    #        if token not in stopword_list:
    #            filtered_tokens.append(token)
    #        if token in pron_list and flag:
    #            filtered_tokens.append("色情")
    #            flag=False

    return filtered_tokens


def normalize_corpus(twitter_data):
    # 清洗数据
    fulltext = []
    pron_pttn = r"|".join(pron_list)  # 色情词
    url_pattern = re.compile(r'https://[a-zA-Z0-9.?/&=:]*', re.S)  # 过滤网址
    name_pattern = re.compile(r'RT @[a-z,A-Z,0-9,_]+:|@[a-z,A-Z,0-9,_]+')  # 过滤 @微博名
    for item in twitter_data['fulltext']:
        dd = Traditional2Simplified(item)  # 将繁体字转化为中文
        dd = url_pattern.sub("", dd)  # 去除推文后面的链接
        dd = filter_emoji(dd)  # 去除表情
        dd = name_pattern.sub("", dd)
        dd = cleantxt(dd)  # 去除外文
        dd = dd.replace('&amp', '')
        dd = dd.replace('RT', '')
        dd = dd.strip()  # 去除空格
        # isfind=re.search(pron_pttn,dd)#查找色情词汇
        # if isfind is not None:
        #     dd="情色"+dd
        fulltext.append(dd)

    # 去停用词
    normalized_corpus = []

    for text in fulltext:
        #        isfind=re.search(pron_pttn, text)#查找色情词汇
        noStopWords = remove_stopwords(text)

        text = " ".join(noStopWords)
        #        if isfind is not None:
```

```
#               text+=" 色情"
        normalized_corpus.append(text)


    return normalized_corpus, fulltext


def normalize_corpus_part(twitter_data):
    # 清洗数据
    fulltext = []
    pron_pttn = r"|".join(pron_list)  # 色情词
    url_pattern = re.compile(r'https://[a-zA-Z0-9.?/&=:]*', re.S)  # 过滤网址
    name_pattern = re.compile(r'RT @[a-z,A-Z,0-9,_]+:|@[a-z,A-Z,0-9,_]+')  # 过滤 @微博名
    for item in twitter_data:
        dd = Traditional2Simplified(item)  # 将繁体字转化为中文
        dd = url_pattern.sub("", dd)  # 去除推文后面的链接
        dd = filter_emoji(dd)  # 去除表情
        dd = name_pattern.sub("", dd)
        dd = cleantxt(dd)  # 去除外文
        dd = dd.replace('&amp', '')
        dd = dd.replace('RT', '')
        dd = dd.replace('微博', '')
        dd = dd.strip()  # 去除空格
        # isfind=re.search(pron_pttn,dd)#查找色情词汇
        # if isfind is not None:
        #     dd="情色"+dd
        if len(dd) != 0:
            fulltext.append(dd)


    # 去停用词
    normalized_corpus = []


    for text in fulltext:
        #          isfind=re.search(pron_pttn, text)#查找色情词汇
        noStopWords = remove_stopwords(text)

        text = " ".join(noStopWords)
        #      if isfind is not None:
        #              text+=" 色情"
        normalized_corpus.append(text)

    words = []
    for i in normalized_corpus:
        words.append(i.split(' '))
    return words
```

(2) 编写文件 tfidf.py 使用 TF-IDF 算法处理数据，获取文本信息的权重数据，代码如下所示。

```
"""
    TF-IDF 权重：
        1、CountVectorizer 构建词频矩阵
        2、TfidfTransformer 构建 tfidf 权值计算
        3、文本的关键字
        4、对应的 tfidf 矩阵
"""
# 数据预处理操作：分词，去停用词，词性筛选
def dataPrepos(text, stopkey):
    l = []
    pos = ['n', 'nz', 'v', 'vd', 'vn', 'l', 'a', 'd']  # 定义选取的词性
    seg = jieba.posseg.cut(text)  # 分词
    for i in seg:
        if i.word not in stopkey and i.flag in pos:  # 去停用词 + 词性筛选
            l.append(i.word)
    return l


# tf-idf 获取文本 top10 关键词
def getKeywords_tfidf(data,stopkey,topK):
#    idList, titleList, abstractList = data['id'], data['title'], data['abstract']
    idList,textList,categoryList =
data['_id'],data['Cleaned_fulltext'],data['cluster_num']
    corpus = []  # 将所有文档输出到一个 list 中，一行就是一个文档
    for index in range(len(categoryList)):
#        text = '%s。%s' % (titleList[index], abstractList[index])  # 拼接标题和摘要
        fulltext=''.join(textList[index]).replace(' ','')
        text = dataPrepos(fulltext,stopkey)  # 文本预处理
        text = " ".join(text)  # 连接成字符串，空格分隔
        corpus.append(text)

    # 1、构建词频矩阵，将文本中的词语转换成词频矩阵
    vectorizer = CountVectorizer()
    X = vectorizer.fit_transform(corpus) # 词频矩阵,a[i][j]:表示 j 词在第 i 个文本中的词频
    # 2、统计每个词的 tf-idf 权值
    transformer = TfidfTransformer()
    tfidf = transformer.fit_transform(X)
    # 3、获取词袋模型中的关键词
    word = vectorizer.get_feature_names()
    # 4、获取 tf-idf 矩阵, a[i][j]表示 j 词在 i 篇文本中的 tf-idf 权重
    weight = tfidf.toarray()
    # 5、打印词语权重
    ids, keys,texts = [], [], []
    for i in range(len(weight)):
#        # print("-------这里输出第", i+1 , "篇文本的词语 tf-idf------")
        ids.append(idList[i])
        texts.append(textList[i])
#        titles.append(titleList[i])
```

```
        df_word,df_weight = [],[] # 当前文章的所有词汇列表、词汇对应权重列表
        for j in range(len(word)):
            # 想在 tiidf 去除转发作为主题
            if word[j] == "转发":
                continue
            df_word.append(word[j])
            df_weight.append(weight[i][j])
        df_word = pd.DataFrame(df_word,columns=['word'])
        df_weight = pd.DataFrame(df_weight,columns=['weight'])
        word_weight = pd.concat([df_word, df_weight], axis=1) # 拼接词汇列表和权重列表
        word_weight = word_weight.sort_values(by="weight",ascending = False)
        # 按照权重值降序排列
        keyword = np.array(word_weight['word']) # 选择词汇列并转成数组格式
        word_split = [keyword[x] for x in range(0,topK)] # 抽取前 topK 个词汇作为关键词
        word_split = " ".join(word_split)
        keys.append(word_split)

    result = pd.DataFrame({"id": ids, "key": keys,
"content":texts},columns=['id','key',"content"])
    return result
```

(3) 创建文件 rule_cluster.ipynb，具体实现流程如下：

● 读取数据库中的数据，代码如下所示。

```
client = pymongo.MongoClient('10.245.142.249', 27017)
# 连接所需数据库、集合,twitter_search 为数据库名,mingyan 为表名
mongodata = client['twitter_search']['user_timeline'].find()
twitter_data=[]
for item in mongodata:
    t1=item['user_post']['full_text']
    data={}
    data['_id']=str(item["_id"])
    data['fulltext']=t1
    twitter_data.append(data)
#将 twitter 数据转换为 Dataframe 数据格式
twitter_data=pd.DataFrame(twitter_data)
```

● 实现分词去停用词等文本处理功能，代码如下所示。

```
documents,cleaned_fulltext=normalize_corpus(twitter_data)
print(documents[:10])
print(cleaned_fulltext[:10])
```

● 迭代采样聚类处理，代码如下所示。

```
def compute_V(texts):
    V = set()
    for text in texts:
```

```
                for word in text:
                    V.add(word)
            return len(V)


texts = [text.split() for text in documents]
V = compute_V(texts)
mgp=MovieGroupProcess(K=6,alpha=0.01,beta=0.02,n_iters=40)
y=mgp.fit(texts,V)
```

- 获取簇数据，分别获取簇中心、每个簇的关键特征和每个簇的 id，代码如下所示。

```
def get_cluster_data(twitter_data,num_clusters):
    cluster_details={}
    #获取簇的中心

    #获取每个簇的关键特征
    #获取每个簇的id
    for cluster_num in range(num_clusters):
        cluster_details[cluster_num]={}
        cluster_details[cluster_num]['cluster_num']=cluster_num#簇序号

        id_s=twitter_data[twitter_data['cluster']==cluster_num]['_id'].values.tolist()
        cluster_details[cluster_num]['_id']=id_s


fulltext=twitter_data[twitter_data['cluster']==cluster_num]['cleaned_fulltext'].value
s.tolist()
        cluster_details[cluster_num]['Cleaned_fulltext']=fulltext

    return cluster_details
```

- 打印输出簇数据的详细信息，代码如下所示。

```
def print_cluster_data(cluster_data):

    for cluster_num,cluster_details in cluster_data.items():
        print('Cluster{} details'.format(cluster_num))
        print('-'*20)
#        print('Key features:',cluster_details['key_features'])
        print('sentence in this clusters:')
        print('》'.join(cluster_details['Cleaned_fulltext']).replace('\n',''))
        print('='*40)
```

- 打印输出聚类结果文本，代码如下所示。

```
num_clusters=len(set(y))
```

```
cluster_data=get_cluster_data(twitter_data,num_clusters)
print_cluster_data(cluster_data)
```

● 提取每一类的关键词，代码如下所示。

```
#获取聚类后的数据
cluster_data=get_cluster_data(twitter_data,num_clusters)

#把聚好类的数据，转换成dataframe数据格式
cluster_dfdata=pd.DataFrame(cluster_data)
cluster_dfdata_T=cluster_dfdata.T #获得矩阵的转置

#使用tf-idf法提取关键词

stopkey = [w.strip() for w in codecs.open('./stopwords.txt', 'r').readlines()]
# tf-idf 关键词抽取
result = getKeywords_tfidf(cluster_dfdata_T,stopkey,10)
result
```

9.4.4 微博话题分析

本项目将实现微博话题数据分析功能，用户可以将相关话题加入分析任务队列中，后端会异步执行分析任务(基于 Celery)。

(1) 编写文件 task.py，创建异步任务处理，实现异步处理的初始化操作，代码如下所示。

```
async def init_task(tag: str, mongo_db: AsyncIOMotorDatabase) -> dict:
    """
    初始化并执行任务
    :param mongo_db: mongo 数据库
    :param tag: 话题
    :return: 初始化后生成的任务各部分 id
    """
    time_str = str(time.time())  # 当前时间戳
    tag_task_id = md5((time_str + tag).encode('utf-8')).hexdigest()
    task = task_schedule.delay(tag_task_id, tag=tag)
    tag_introduce_id = await mongo_db['tag_introduce'].insert_one({"tag_task_id": tag_task_id})
    tag_hot_id = await mongo_db['tag_hot'].insert_one({"tag_task_id": tag_task_id})
    tag_word_cloud_task = await mongo_db['tag_word_cloud'].insert_one({"tag_task_id":
tag_task_id})
    tag_character_task = await mongo_db['character_category'].insert_one({"tag_task_id":
tag_task_id})
    tag_relation_task = await mongo_db['tag_relation_graph'].insert_one({"tag_task_id":
tag_task_id})
    tag_evolve_task = await mongo_db['tag_evolve'].insert_one({"tag_task_id": tag_task_id})
    tag_weibo_task = await mongo_db['tag_weibo_task'].insert_one({"tag_task_id": tag_task_id})
```

```
tag_user_task = await mongo_db['tag_user'].insert_one({'tag_task_id': tag_task_id})
tag_create_time = datetime.now()

task_init = {'tag_task_id': tag_task_id,
            'tag': tag,
            'tag_celery_task_id': task.id,
            'tag_word_cloud_task_id': str(tag_word_cloud_task.inserted_id),
            'tag_hot_task_id': str(tag_hot_id.inserted_id),
            'tag_introduce_task_id': str(tag_introduce_id.inserted_id),
            'tag_character_task_id': str(tag_character_task.inserted_id),
            'tag_relation_task_id': str(tag_relation_task.inserted_id),
            'tag_evolve_task_id': str(tag_evolve_task.inserted_id),
            'tag_weibo_task_id': str(tag_weibo_task.inserted_id),
            'tag_user_id': str(tag_user_task.inserted_id),
            'status': 'PENDING',
            'tag_create_time': str(tag_create_time)}
await mongo_db['tag_task'].insert_one(task_init)

print(task_init)
return task_init
```

(2) 编写文件 tag_introduce_task.py，构建基本话题任务，代码如下所示。

```
def introduce(tag_data: dict, tag_task_id: str):
    """
    :param tag_task_id: 话题任务 id
    :param tag_data: 话题下的微博数据
    :return:
    """
    data_list = tag_data['data']
    weibo_count = len(data_list)            # 微博数
    weibo_userid = set()                    # 用户集合
    vital_user_id = str()                   # 用户 id
    hot = 0
    for weibo in data_list:
        weibo_userid.add(weibo['weibo_id'])
        if int(weibo['hot_count']) > hot:
            vital_user_id = weibo['user_id']
            hot = int(weibo['hot_count'])
    vital_user = get_user_data(vital_user_id)
    tag_introduce_dict = {'tag_task_id': tag_task_id,
                    'tag': tag_data['tag'],
                    'user_count': len(weibo_userid),
                    'weibo_count': weibo_count,
                    'vital_user': vital_user}
    query_by_task_id = {'tag_task_id': tag_task_id}
    update_data = {"$set": tag_introduce_dict}
    mongo_client.db[mongo_conf.INTRODUCE].update_one(query_by_task_id, update_data)
```

```
    # with Mongo('tag_introduce', 'test') as mongo_db:
    #     mongo_db.collect.update_one(query_by_task_id, update_data)


def get_user_data(user_id) -> json:
    """
    获取 user 详细信息
    :param user_id:微博 user_id
    :return:
    """
    url = f'http://127.0.0.1:8000/weibo_curl/api/users_show?user_id={user_id}'
    response = requests.get(url)
    response_dict = json.loads(response.text)
    if response_dict.get('data'):
        user_dict = response_dict.get('data').get('result')
        return user_dict
    else:
        return user(user_id)
```

(3) 编写文件 tag_relaton_task.py，创建话题关系任务，代码如下所示。

```
def tag_relation(weibo_data: dict, tag_task_id: str, user_mark_data: dict):
    """
    处理话题人物关系网的函数
    :param user_mark_data: 用户分类数据
    :param weibo_data:微博数据
    :param tag_task_id:话题任务
    :return:
    """
    node_list = list()
    link_list = list()
    weibo_list = reduce(lambda x, y: x if y in x else x + [y], [[], ] + weibo_data['data'])
    screen_name_set = set(i['screen_name'] for i in weibo_list)
    relation_data = list()
    for screen_name in screen_name_set:
        at_users_list = list()
        user_id = 0
        hot_count = 0
        for weibo in weibo_list:
            if weibo.get('screen_name') == screen_name:
                at_users_list.extend(weibo.get('at_users'))
                hot_count += int(weibo.get('hot_count'))
                user_id = weibo['user_id']
        relation_data.append({'screen_name': screen_name,
                    'user_id': user_id,
                    'at_users': at_users_list,
                    'hot_count': hot_count
                    }
                    )
```

```
for data in relation_data:
    category = -1
    for user_mark in user_mark_data.get('data'):
        if user_mark.get('user_id') == data['user_id']:
            category = user_mark.get('category')
            break
    node = {'category': category, 'name': data['screen_name'], 'userId': data['user_id'],
            'value': int(data['hot_count'])}
    node_list.append(node)
    for i in data['at_users']:
        link = {'source': data['screen_name'], 'target': i, 'weight': data['at_users'].count(i)}
        if link not in link_list:
            link_list.append(link)
        if i not in screen_name_set:
            node = {'category': -1, 'name': i, 'userId': None,
                    'value': int(data['hot_count'])}
            node_list.append(node)
            screen_name_set.add(i)
        else:
            for node_item in node_list:
                if node_item['name'] == i:
                    node_item['value'] += int(data['hot_count'])
                    break
query_by_task_id = {'tag_task_id': tag_task_id}
update = {"$set": {'nodes_list': node_list, 'links_list': link_list, 'categories':
            user_mark_data.get('categories')}}
mongo_client.db[mongo_conf.RELATION].update_one(query_by_task_id, update)
mongo_client.db[mongo_conf.CHARACTER].update_one(query_by_task_id,
            {'$set': {'detail': node_list}})
```

(4) 编写文件 tag_hot_task.py，创建话题热度任务，展示该话题近一天、一个月、三个月的关注热度，代码如下所示。

```
def hot_task(tag: str, tag_task_id: str):
    """
    获取话题发展趋势信息
    :param tag:
    :param tag_task_id:
    :return:
    """
    try:
        hot_one_day = tendency(tag, '1day')
        dict_one_day = hot_one_day.to_dict()
        hot_one_month = tendency(tag, '1month')
        dict_one_month = hot_one_month.to_dict()
        hot_three_month = tendency(tag, '3month')
        dict_three_month = hot_three_month.to_dict()
```

```
        final_dict = {'tag': tag, 'one_day': {str(time): value for time, value in
            dict_one_day[tag].items()}, 'one_month': {str(time): value for time,
            value in dict_one_month[tag].items()}, 'three_month': {str(time):
            value for time, value in dict_three_month[tag].items()}}
    query_by_id = {'tag_task_id': tag_task_id}
    update_data = {"$set": final_dict}
    mongo_client.db[mongo_conf.HOT].update_one(query_by_id, update_data)
except AttributeError as exc:
    query_by_id = {'tag_task_id': tag_task_id}
    mongo_client.db[mongo_conf.HOT].update_one(query_by_id, {"$set": {"tag": tag}})
    # TODO log
    print(exc)
    # logging.log(exc)
```

(5) 编写文件 tag_word_cloud_task.py，构建话题词云任务，根据话题中爬取到的所有博文内容分析出话题关联的词语，代码如下所示。

```
def word_cloud(weibo: dict, tag_task_id: str):
    """
    词云构建函数
    :param weibo: 微博信息
    :param tag_task_id:话题任务id
    :return:
    """
    # 读取博文数据
    weibo_list = list()
    for weibo_item in weibo['data']:
        weibo_list.append(weibo_item['text'])

    # 词云构建
    my_cloud = MyCloud(weibo_list)
    word_cloud_list = my_cloud.GetWordCloud()
    if len(word_cloud_list) > 200:
        word_cloud_list = word_cloud_list[0: 200]

    # 存储词云
    query_by_task_id = {'tag_task_id': tag_task_id}
    update_data = {"$set": {'data': word_cloud_list}}
    mongo_client.db[mongo_conf.CLOUD].update_one(query_by_task_id, update_data)
```

在上述文件 tag_word_cloud_task.py 中调用了文件 my_cloud.py 中的功能函数，代码如下所示。

```
def Traditional2Simplified(sentence):
    '''
    将 sentence 中的繁体字转为简体字
    :param sentence: 待转换的句子
```

```
    :return: 将句子中繁体字转换为简体字之后的句子
    '''
    sentence = Converter('zh-hans').convert(sentence)
    return sentence

def Sent2Word(sentence):
    """将一个句子变成标记化单词列表，并删除使用 jieba 标记化的中文
    """
    global stop_words

    words = jieba.cut(sentence)
    words = [w for w in words if w not in stop_words]

    return words

def Match(content):
    content_comment = []
    advertisement = ["王者荣耀", "券后", "售价", '¥', "￥", '下单', '转发微博', '转发', '微博']
    words = []
    for k in range(0, len(content)):
        judge = []
        print('Processing train ', k)
        content[k] = Traditional2Simplified(content[k])
        for adv in advertisement:
            if adv in content[k]:
                judge.append("True")
                break
        if re.search(r"买.*赠.*", content[k]):
            judge.append("True")
            continue
        if content[k] == "":
            judge.append("True")
            continue
        # 通过上面的两种模式判断是不是广告
        if "True" not in judge:
            # 数据清洗
            a2 = re.compile(r'#.*?#')
            content[k] = a2.sub('', content[k])
            a3 = re.compile(r'\[组图共.*张\]')
            content[k] = a3.sub('', content[k])
            a4 = re.compile(r'http:.*')
            content[k] = a4.sub('', content[k])
            a5 = re.compile(r'@.*? ')
            content[k] = a5.sub('', content[k])
            a6 = re.compile(r'\[.*?\]')
            content[k] = a6.sub('', content[k])
            words.append(Sent2Word(content[k]))
```

```python
        return words

def getRepostSent(tag_comment_task_id):
    sent = []
    my_query = {"tag_comment_task_id": tag_comment_task_id}
    my_doc = mongo_client.db[mongo_conf.COMMENT_REPOSTS].find(my_query)
    for item in my_doc:
        sent.append(item['content'])
    return sent

def countWords(sent_words):
    words_dict = dict()
    for words in sent_words:
        for word in words:
            if len(word) == 0 or word == '':
                continue
            elif word not in words_dict.keys():
                words_dict[word] = 1
            else:
                words_dict[word] += 1
    return words_dict

# 改变形式 + 排序
def reshapeDict(words_dict):
    words_list = []
    for key in words_dict:
        item = {}
        item['name'] = key
        item['value'] = words_dict[key]
        words_list.append(item)
    words_list.sort(key=lambda i: i['value'], reverse=True)
    return words_list

def preContent(tag_comment_task_id=None, doc_id=None):
    print("回复读取")
    content = getRepostSent(tag_comment_task_id)

    print("分词")
    # sent_words_a = Match(content)
    sent_words_b = normalize_corpus_part(content)

    print("统计")
    # words_dict_a = countWords(sent_words_a)
    words_dict_b = countWords(sent_words_b)

    print("排序")
    # words_dict_a = reshapeDict(words_dict_a)
```

```
words_dict_b = reshapeDict(words_dict_b)

if len(words_dict_b) >= 200:
    # words_dict_a = words_dict_a[0:200]
    words_dict_b = words_dict_b[0:200]

print(words_dict_b)
mongo_client.db[mongo_conf.COMMENT_CLOUD].update_one({"tag_comment_task_id":
tag_comment_task_id}, {"$set": {"data": words_dict_b}})
```

9.5 系统前端

本项目的前端使用 Vue 框架实现，调用后端生成的 API 实现数据展示和可视化功能。

9.5.1 API 导航

扫码看视频

在文件 index.js 中设置了后端 API 导航和前端 URL 的映射，代码如下所示。

```
import VueRouter from 'vue-router'

import wbAnalyze from '../pages/wbAnalyze';
import home from '../pages/home';
import login from '../pages/login';
import blog_detail from '../pages/blog_detail';
import person_list from '../pages/person_list';

export default new VueRouter({
    routes: [{
        path: "/",
        component: home,
        meta: {
            title: "舆情系统"
        }
    },
    {
        path: "/home",
        component: home,
        meta: {
            title: "舆情系统"
        }
    },
```

```
    {
        path: "/wb",
        component: wbAnalyze,
        meta: {
            title: "微博舆情分析"
        }
    },
    {
        path: "/login",
        name: 'login',
        component: login,
        meta: {
            title: "登录注册"
        }
    },
    {
        path: "/blog_detail",
        component: blog_detail,
        meta: {
            title: "博文详情"
        }
    },
    {
        path: "/person_list",
        component: person_list,
        meta: {
            title: "用户列表"
        }
    }
    ],
    mode: "history"
})
```

9.5.2 博文详情

文件 blog_info.vue 实现博文详情页面，展示博文的文本内容和发布微博用户的粗略信息。文件 blog_info.vue 的具体实现代码如下所示。

```
<template>
  <div class="hot_point">
    <div class="hot_point_title">热点转发</div>
    <div class="hot_point_contents">
      <div
        class="hot_point_content"
        v-for="(comment, index) in comments"
```

```
          :key="index"
        >
          <div class="hot_point_number red" v-if="index == 0">
            {{ index + 1 }}
          </div>
          <div class="hot_point_number orange" v-if="index == 1">
            {{ index + 1 }}
          </div>
          <div class="hot_point_number blue" v-if="index == 2">
            {{ index + 1 }}
          </div>
          <div class="hot_point_number" v-if="index >= 3">{{ index + 1 }}</div>
          <span>{{ comment.content | snippet }}</span>
        </div>
      </div>
    </div>
</template>

<script>
export default {
  name: "hot_point",
  data() {
    return {
      comments: [],
    };
  },
  filters: {
    snippet(value) {
      if (value.length > 25) value = value.slice(0, 25) + "...";
      return value;
    },
  },
  methods: {
    getHotPoint() {
      let query = this.$route.query;
      this.$axios
        .get("comment/key_node?tag_task_id="+query.tag_task_id+"&weibo_id="+query.weibo_id)
        .then((res) => {
          console.log(res)
          this.comments = res.data.comments;
        });
    },
  },
  mounted() {
    this.getHotPoint();
  },
};
</script>
```

为了节省篇幅，系统前端页面的具体实现不再讲解，其余内容请读者参阅本书的配套资料中的源码和视频。执行后的主页界面效果如图9-2所示。

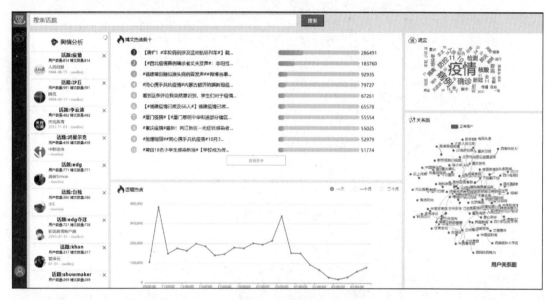

图9-2　系统主页

本项目可以根据用户在不同话题下微博文本的聚类主题为用户打标签，逐步完善用户画像，效果如图9-3所示。

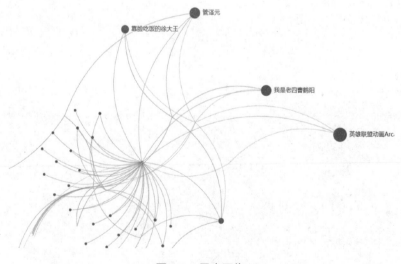

图9-3　用户画像